Supersymmetry, Quantum Groups, Multigravity and Singular Theories

Kharkov Collection

Editor and Lead Author
Steven Duplij

Institute of Mathematics
Münster, Germany

CWP
Central West Publishing

Disclaimer
Every effort has been made by the publisher, editor and authors while preparing this book, however, no warranties are made regarding the accuracy and completeness of the content. The publisher, editor and authors disclaim without any limitation all warranties as well as any implied warranties about sales, along with fitness of the content for a particular purpose. Citation of any website and other information sources does not mean any endorsement from the publisher and authors. For ascertaining the suitability of the contents contained herein for a particular lab or commercial use, consultation with the subject expert is needed. In addition, while using the information and methods contained herein, the practitioners and researchers need to be mindful for their own safety, along with the safety of others, including the professional parties and premises for whom they have professional responsibility. To the fullest extent of law, the publisher, editor and authors are not liable in all circumstances (special, incidental, and consequential) for any injury and/or damage to persons and property, along with any potential loss of profit and other commercial damages due to the use of any methods, products, guidelines, procedures contained in the material herein.

A catalogue record for this book is available from the National Library of Australia

ISBN (print): 978-1-925823-09-7

Суперсимметрия, квантовые группы, мультигравитация и сингулярные теории

Харьковская коллекция

Главный редактор и автор

С. А. Дуплий

*Институт математики
Мюнстер, Германия*

PREFACE

Nonstandard ideas and original mathematical methods in theoretical physics are presented, as a collection of seminal works in Russian. They were developed by scientists from Kharkov, Ukraine, and appeared in local sources.

A variety of topics has been covered: constraint-free description of singular theories in the partial Hamiltonian formalism, which is equivalent to many-time dynamics; generalized nonlinear (super) electrodynamics, its Lagrangian and non-Lagrangian description; nontrivial versions of the interaction in multigravity and the Pauli-Fierz model; noninvertibility properties on the quantum plane, universal enveloping algebras, and various superstructures: the hyperbolic superplane, supermanifolds and super matrix models; the von Neumann regular generalization of the antipode in Hopf algebras and of solutions to the Yang-Baxter equations and the R-matrix.

This collection can be interesting to researches and graduate students who develop new directions in modern theoretical physics and relevant areas of mathematics.

The Editor and Lead Author would like to express his sincere gratitude and appreciation to the Alexander von Humboldt Foundation and the Fulbright Scholar Program for financial support.

Steven Duplij

Münster, Germany
July, 2018

i

ПРЕДИСЛОВИЕ

Представлены математическим методы и нестандартные идеи в теоретической физике, которые разрабатывались учеными Харькова в начале 2000-х годов и появлялись в локальных источниках.

Материалы этих исследований разнообразны по тематике: описание сингулярных теорий с помощью частичного гамильтонового формализма без связей, который эквивалентен многовременной динамике; обобщенная нелинейная классическая (супер) электродинамика, как лагранжева, так и нелагранжева; нетривиальные варианты взаимодействия в мультигравитации и модель Паули-Фирца; свойства необратимости на квантовой плоскости, в универсальных обертывающих алгебрах и различных суперструктурах: гиперболической суперплоскости, супермногообразиях и суперматричных моделях; регулярное обобщение антипода в алгебрах Хопфа и решений квантового уравнения Янга-Бакстера и R-матрицы.

Коллекция может представлять интерес для ученых и аспирантов, которые развивают новые направления в современной теоретической физике и соответствующие аспекты математики.

Редактор выражает глубокую благодарность фонду им. Александра фон Гумбольда и фонду Фулбрайта на финансовую поддержку.

С. А. Дуплий

Мюнстер, Германия
июль, 2018

iv

Содержание

Preface   i

Предисловие   iii

Содержание   v

1 Частичный гамильтонов формализм и связи
С.А. Дуплий   **1**
   1.1   Введение   1
   1.2   Действие и полный гамильтонов формализм   2
   1.3   Частичный гамильтонов формализм   5
   1.4   Многовременная динамика   10
   1.5   Сингулярные теории   12
   1.6   Причины возникновения связей   16

2 Нелинейная суперсимметричная электродинамика
С. А. Дуплий, Дж. А. Голдин, В. М. Штелень   **21**
   2.1   Введение   21
   2.2   Преобразования уравнений Максвелла   22
   2.3   Нелинейные материальные уравнения   24
   2.4   Галилеева электродинамика   26
   2.5   Обобщенные нелинейные материальные уравнения . . .   27
   2.6   Лагранжева нелинейная электродинамика   29
   2.7   Преобразования дуальности   30
   2.8   Суперсимметричная электродинамика   31
   2.9   Суперсимметричные материальные уравнения   36

3 Мультигравитация и модель Паули-Фирца
С.А. Дуплий, А.Т. Котвицкий   **39**
   3.1   Введение   39
   3.2   Обобщение инвариантного объема взаимодействия . . .   40
   3.3   Потенциал взаимодействия в мультигравитации   47

3.4 Бигравитация и модель Паули-Фирца 51

3.5 Разложение $\sqrt{g}$ над произвольной фоновой метрикой . 56

4 Нечетные коциклы и сплетающие четность морфизмы
С.А. Дуплий   **59**

4.1 Введение 59

4.2 Смешанные условия согласованности и нечетные коциклы 60

4.3 Деформации и сплетающие четность морфизмы 63

4.4 Нечетные аналоги препятствий и смешанные θ-коциклы 67

5 Строение гладких полусупермногообразий
С.А. Дуплий, М. В. Чурсин   **69**

5.1 Введение 69

5.2 Модельное редуцированное супермногообразие 69

5.3 Многозначность и полусупермногообразия 74

6 Симметрии гиперболической суперплоскости
С.А. Дуплий   **79**

6.1 Введение 79

6.2 Перманенты и SCF-матрицы 79

6.3 Неэвклидова суперплоскость и SCF-матрицы 84

6.4 Правые и левые двойные отношения 87

6.5 PER-аналог расстояния на суперплоскости 90

7 Суперматричные структуры и обобщенные обратные
С.А. Дуплий, О. И. Котульская   **93**

7.1 Введение 93

7.2 Структура суперматриц 94

7.3 Обобщенные обратные 100

7.4 Суперматрицы над конечномерной грассмановой алгеброй 103

7.5 Необратимый аналог супердетерминанта 107

8 Квазидетерминанты и необратимость
С.А. Дуплий, О. И. Котульская   **113**

8.1 Введение 113

8.2 Кососимметричное поле рациональных функций 114

8.3 Определение квазидетерминанта 116

8.4 Преобразования квазидетерминантов 117

8.5 Свойства квазидетерминантов 118

8.6 Некоммутативные детерминанты 120

8.7 Квазидетерминанты необратимых матриц 125

9 Суперматричные модели и необратимость
С.А. Дуплий, О.И. Котульская **127**
9.1 Введение 127
9.2 Теория матричных моделей 127
9.3 Метод ортогональных полиномов 129
9.4 Типы суперматричных моделей 131
9.5 Фермионная матричная модель 141

10 Регулярные решения уравнения Янга-Бакстера
С.А. Дуплий, А.С. Садовников **143**
10.1 Введение 143
10.2 Регулярные отображения Янга-Бакстера 144
10.3 Линейные регулярные суперотображения Янга-Бакстера 148
10.4 Редуцированные решения 149
10.5 Нередуцированные решения 150
10.6 Блочные решения уравнения Янга-Бакстера 152

11 Константные решения уравнения Янга-Бакстера
С.А. Дуплий, О.И. Котульская, А.С. Садовников **157**
11.1 Введение 157
11.2 Уравнение Янга-Бакстера над грассмановой алгеброй . . 158
11.3 Необратимые решения уравнения Янга-Бакстера 162
11.4 Классификация решений 167
11.5 Решения над грассмановой алгеброй с двумя образующими 172
11.6 Решения с тремя образующими 175
11.7 Некоторые решения с четырьмя образующими 177
11.8 Регулярные решения уравнения Янга-Бакстера 179

12 Квантовая информация, кубиты и квантовые алгоритмы
С. А. Дуплий, В. В. Калашников, Е. А. Маслов **181**
12.1 Введение 181
12.2 Кубиты и их обобщения 182
12.3 Сцепленные состояния и R-матрица 185
12.4 Квантовые алгоритмы 186

13 Квантовая линейная полугруппа
С.А. Дуплий, А.С. Садовников **191**
13.1 Введение 191
13.2 Стандартное квантование $M(2)$ 193
13.3 Квантовый дубль 195
13.4 Необратимый параметр квантования 196

13.5 Универсальная кодействующая $M_{q,\tilde{q}}(2)$ 198
13.6 R-точки алгебры $M_{q,\tilde{q}}(2)$ 199
13.7 Порождающие соотношения $M_{q,\tilde{q}}(2)$ 200

14 Обобщенные алгебры Хопфа и R-матрицы
С.А. Дуплий, С. Д. Синельщиков **205**
14.1 Введение 205
14.2 Алгебры Хопфа и $U_q(\mathfrak{sl}_2)$ 206
14.3 Картановская подалгебра и ее разложение Пирса 208
14.4 Алгебры $U_{K,L,norm}^{(alg)}$ и $U_{K,L,twist}^{(alg)}$ 210
14.5 Базисы Пуанкаре-Биркгофа-Витта 214
14.6 Биалгебры и регулярные антиподы 215
14.7 Квазикоммутативность и регулярные R-матрицы . . . 219
14.8 Скрещенные произведения 223
14.9 Конечномерные представления 224

Список авторов **225**

Литература **227**

Глава 1

ЧАСТИЧНЫЙ ГАМИЛЬТОНОВ ФОРМАЛИЗМ И СВЯЗИ
С.А. Дуплий

1.1. Введение

Многие современные физические модели являются калибровочными теориями (см., например, WEINBERG [2000]), которые на классическом уровне описываются сингулярными (вырожденными) лагранжианами CARINENA [1990]. Обычно, для последовательного квантования используется гамильтонов формализм, переход к которому для сингулярных теорий нетривиален (из-за того, что невозможно непосредственно применить преобразование Лежандра TULCZYJEW [1977], TULCZYJEW AND URBAŃSKI [1999]) и требует дополнительных построений MENZO AND TULCZYJEW [1978], MARMO ET AL. [1997]. Основная трудность заключается в появлении дополнительных соотношений между динамическими переменными, которые называются связями DIRAC [1964]. Далее, важным является разрешение этих связей и выделение физического подпространства (редуцированного фазового пространства), на котором можно последовательно проводить процедуру квантования GITMAN AND TYUTIN [1986], HENNEAUX AND TEITELBOIM [1994]. Несмотря на широкое применение теории связей SUNDERMEYER [1982], REGGE AND TEITELBOIM [1976], она сама не лишена внутренних противоречий и проблем PONS [2005], MIŠKOVIĆ AND ZANELLI [2003]. Поэтому имеет смысл пересмотреть сам гамильтонов формализм для сингулярных теорий с вырожденными лагранжианами DUPLIJ [2009, 2011].

Здесь мы проводим описание сингулярных теорий без помощи связей. Вначале строим частичный гамильтонов формализм, в котором для любой лагранжевой системы определяется гамильтонова система с произвольным и заранее нефиксированным количеством импульсов (произвольно редуцированное фазовое пространство).

Соответствующая система уравнений движения, полученная из принципа наименьшего действия, содержит производные первого порядка канонических переменных и производные второго порядка неканонических обобщенных координат. При определеных условиях уравнения для последних становятся дифференциально-алгебраическими уравнениями первого порядка, и такая физическая система эквивалентна многовременной динамике. Эти условия реализуются в теории с вырожденными лагранжианами, если выбрать число импульсов, которое совпадает с рангом гессиана. Тогда уравнения для неканонических обобщенных скоростей становятся алгебраическими, и динамика определяется в терминах новых скобок, которые, как и скобки Пуассона, являются антисимметричными и удовлетворяют тождеству Якоби.

В приведенном формализме не возникает никаких дополнительных соотношений между динамическими переменными (связей). Показано, что, если расширить фазовое пространство так, чтобы импульсы были определены и для неканонических обобщенных скоростей, то в результате этого и появляются связи, а соответствующе формулы воспроизводят теорию связей Дирака DIRAC [1964].

Для ясности изложения мы пользуемся локальными координатами и рассматриваем системы с конечным числом степеней свободы.

1.2. Действие и полный гамильтонов формализм

Рассмотрим динамическую систему, которая может быть определена в терминах обобщенных координат $q^A(t)$, $A = 1, \ldots, n$ (как функций времени) в конфигурационном пространстве Q_n размерности n. Эволюция динамической системы, то есть траектория в конфигурационном пространстве Q_n, определяется уравнениями движения, которые представляют собой дифференциальные уравнения для обобщенных координат $q^A(t)$ и их производных по времени $\dot{q}^A(t)$, где $\dot{q}^A(t) \equiv dq^A(t)/dt$, которые определяют касательное расслоение TQ ранга n (так что размерность тотального пространства равна $2n$) ARNOLD [1989].

Здесь мы не рассматриваем системы с высшими производными (см., например, NAKAMURA AND HAMAMOTO [1996], ANDRZEJEWSKI ET AL. [2010]). Уравнения движения можно получить с помощью различных принципов действия, которые отождествляют реальную траекторию с требованием экстремальности некоторого функционала LANCZOS [1962].

В стандартном принципе наименьшего действия LANCZOS [1962] рассматривается функционал

$$S = \int_{t_0}^{t} L\left(t', q^A, \dot{q}^A\right) dt', \qquad (1.1)$$

где дифференцируемая функция $L = L\left(t, q^A, \dot{q}^A\right)$ есть лагранжиан, а функционал (на экстремалях) $S = S\left(t, q^A\right)$ — действие динамической системы как функция верхнего предела t (при фиксированном нижнем пределе t_0). Рассмотрим бесконечно малую вариацию функционала (1.1) $\delta S = S\left(t + \delta t, q^A + \delta q^A\right) - S\left(t, q^A\right)$. Без потери общности можно считать, что на нижнем пределе вариация обращается в нуль $\delta q^A\left(t_0\right) = 0$, а на верхнем изменение траектории обозначим δq^A. Для вариации δS после интегрирования по частям получаем[1]

$$\delta S = \int_{t_0}^{t} \left(\frac{\partial L}{\partial q^A} - \frac{d}{dt'}\left(\frac{\partial L}{\partial \dot{q}^A}\right)\right) \delta q^A\left(t'\right) dt' + \frac{\partial L}{\partial \dot{q}^A}\delta q^A + \left(L - \frac{\partial L}{\partial \dot{q}^A}\dot{q}^A\right)\delta t, \qquad (1.2)$$

Тогда из принципа наименьшего действия $\delta S = 0$ стандартным образом получаем уравнения движения Эйлера-Лагранжа LANDAU AND LIFSHITZ [1969]

$$\frac{\partial L}{\partial q^A} - \frac{d}{dt}\left(\frac{\partial L}{\partial \dot{q}^A}\right) = 0, \quad A = 1, \ldots, n, \qquad (1.3)$$

которые определяют экстремали при условии закрепленных концов $\delta q^A = 0$ и $\delta t = 0$. Второе и третье слагаемые в (1.2) определяют полный дифференциал действия (на экстремалях) как функцию $(n + 1)$ переменных: координат и верхнего предела интегрирования в (1.1)

$$dS = \frac{\partial L}{\partial \dot{q}^A}dq^A + \left(L - \frac{\partial L}{\partial \dot{q}^A}\dot{q}^A\right) dt. \qquad (1.4)$$

Таким образом, из определения действия (1.1) и (1.4) следует, что

$$\frac{dS}{dt} = L, \quad \frac{\partial S}{\partial q^A} = \frac{\partial L}{\partial \dot{q}^A}, \quad \frac{\partial S}{\partial t} = L - \frac{\partial L}{\partial \dot{q}^A}\dot{q}^A. \qquad (1.5)$$

В гамильтоновом формализме каждой координате q^A ставится в соответствие канонически сопряженный ей импульс p_A по формуле

$$p_A = \frac{\partial L}{\partial \dot{q}^A}, \quad A = 1, \ldots, n. \qquad (1.6)$$

---

[1]По повторяющимся нижним и верхним индексам подразумевается суммирование. Индексы внутри аргументов функций не суммируются и выписаны в явном виде для отличия между собой разных типов переменных.

Если система уравнений (1.6) разрешима относительно всех скоростей, то можно определить гамильтониан с помощью преобразования Лежандра

$$H = p_A \dot{q}^A - L, \tag{1.7}$$

которое определяет отображение между касательным и кокасательным расслоениями $TQ_{2n}^* \rightarrow TQ_{2n}$ ARNOLD [1989]. В правой части (1.7) все скорости выражены через импульсы, так что $H = H\left(t, q^A, p_A\right)$ есть функция в фазовом пространстве (или на кокасательном расслоении TQ_{2n}^*), то есть зависящая от $2n$ канонических координат $\left(q^A, p_A\right)$. Поскольку в стандартном формализме каждая координата q^A имеет свой сопряженный импульс p_A по формуле (1.6), назовем его полным гамильтоновым формализмом (или гамильтоновым формализмом в полном фазовом пространстве TQ_{2n}^*).

Тогда дифференциал действия (1.4) может быть также записан в полном фазовом пространстве

$$dS = p_A dq^A - H dt. \tag{1.8}$$

Поэтому для частных производных действия получаем

$$\frac{\partial S}{\partial q^A} = p_A, \quad \frac{\partial S}{\partial t} = -H\left(t, q^A, p_A\right), \tag{1.9}$$

откуда следует дифференциальное уравнение Гамильтона-Якоби

$$\frac{\partial S}{\partial t} + H\left(t, q^A, \frac{\partial S}{\partial q^A}\right) = 0. \tag{1.10}$$

Вариация действия

$$S = \int \left(p_A dq^A - H dt\right), \tag{1.11}$$

при рассмотрении координат и импульсов как независимых переменных и интегрировании по частям, приводят LANDAU AND LIFSHITZ [1969] к уравнениям Гамильтона в дифференциальном виде[2]

$$dq^A = \frac{\partial H}{\partial p_A} dt, \quad dp_A = -\frac{\partial H}{\partial q^A} dt \tag{1.12}$$

для полного гамильтонового формализма (то есть динамическая система полностью задана на TQ_{2n}^*). Если ввести (полную) скобку Пуассона

$$\{A, B\}_{full} = \frac{\partial A}{\partial q^A} \frac{\partial B}{\partial p_A} - \frac{\partial B}{\partial q^A} \frac{\partial A}{\partial p_A}, \tag{1.13}$$

---

[2]Уравнения (1.12) являются условиями замкнутости дифференциальной 1-формы (1.8) (Пуанкаре-Картана) ARNOLD [1989].

то уравнения (1.12) запишутся в виде LANDAU AND LIFSHITZ [1969]

$$dq^A = \left\{ q^A, H \right\}_{full} dt, \quad dp_A = \left\{ p_A, H \right\}_{full} dt. \tag{1.14}$$

Понятно, что обе формулировки принципа наименьшего действия (1.1) и (1.11) полностью эквивалентны (описывают одну и ту же динамику) при определениях импульсов (1.6) и гамильтониана (1.7).

1.3. Частичный гамильтонов формализм

Переход от полного к частичному гамильтоновому формализму и многовременной динамике может быть проведен с помощью следующей аналогии LANCZOS [1962]. При изучении параметрической формы канонических уравнений и действия (1.11) формально вводилось расширенное фазовое пространство с дополнительными координатой и импульсом

$$q^{n+1} = t, \tag{1.15}$$
$$p_{n+1} = -H. \tag{1.16}$$

Тогда действие (1.11) принимает симметричный вид и содержит только первое слагаемое LANCZOS [1962]. Здесь мы поступим противоположным образом и зададимся вопросом: можно ли наоборот, уменьшить количество импульсов, описывающих динамическую систему, то есть сформулировать частичный гамильтонов формализм, который был бы эквивалентен (на классическом уровне) лагранжевому формализму? Иными словами, можно ли описать систему с начальным действием (1.1) в редуцированном фазовом пространстве, построить в нем некоторый аналог действия (1.11), и какие дополнительные условия для этого необходимы?

Оказывается, что ответ на все эти вопросы положительный и приводит к описанию сингулярных теорий (с вырожденным лагранжианом) без введения связей DUPLIJ [2009, 2011].

Определим частичный гамильтонов формализм так, что сопряженный импульс ставится в соответствие не каждой q^A по формуле (1.6), а только для первых $n_p < n$ обобщенных координат[3], которые назовем каноническими и обозначим q^i, $i = 1, \ldots n_p$. Полученное редуцированное многообразие $TQ^*_{2n_p}$ определяется $2n_p$ редуцированными каноническими координатами $\left(q^i, p_i \right)$. Остальные обобщенные координаты (и скорости) будем называть неканоническими q^α (и $\dot{q}^\alpha$), $\alpha = n_p + 1, \ldots n$, они

---

[3]Это можно всегда сделать соответствующим переобозначением переменных.

образуют конфигурационное подпространство Q_{n-n_p}, которому соответствует касательное расслоение $TQ_{2(n-n_p)}$ (нижний индекс обозначает соответствующую размерность тотального пространства). Таким образам, динамическая система теперь задается на прямом произведении (многообразий) $TQ^*_{2n_p} \times TQ_{2(n-n_p)}$.

Для редуцированных обобщенных импульсов имеем

$$p_i = \frac{\partial L}{\partial \dot{q}^i}, \quad i = 1, \ldots, n_p. \tag{1.17}$$

Частичный гамильтониан, по аналогии с (1.7), определяется частичным преобразованием Лежандра

$$H_0 = p_i \dot{q}^i + \frac{\partial L}{\partial \dot{q}^\alpha} \dot{q}^\alpha - L, \tag{1.18}$$

которое определяет (частичное) отображение $TQ^*_{2n_p} \times TQ_{2(n-n_p)} \to TQ_{2n}$ (см. (1.7)). В (1.18) канонические обобщенные скорости $\dot{q}^i$ выражены через редуцированные канонические импульсы p_i с помощью (1.17). Для дифференциала действия (1.8) можно записать

$$dS = p_i dq^i + \frac{\partial L}{\partial \dot{q}^\alpha} dq^\alpha - H_0 dt. \tag{1.19}$$

Введем обозначение

$$H_\alpha = -\frac{\partial L}{\partial \dot{q}^\alpha}, \quad \alpha = n_p + 1, \ldots n \tag{1.20}$$

и назовем функции H_α дополнительными гамильтонианами, тогда

$$dS = p_i dq^i - H_\alpha dq^\alpha - H_0 dt. \tag{1.21}$$

Отметим, что без второго слагаемого частичный гамильтониан (1.18) представляет собой функцию Раусса, в терминах которой можно переформулировать уравнения движения Лагранжа LANDAU AND LIFSHITZ [1969]. Однако последовательная формулировка принципа наименьшего действия для S и многовременной динамики сингулярных систем DUPLIJ [2009] естественна в терминах дополнительных гамильтонианов H_α (1.20).

Таким образом, в частичном гамильтоновом формализме динамика системы полностью определяется не одним гамильтонианом, а набором из $(n - n_p + 1)$ гамильтонианов H_0, H_α, $\alpha = n_p + 1, \ldots n$.

Действительно, из (1.21) следует, что частные производные действия $S = S\left(t, q^i, q^\alpha\right)$ имеют вид (см. (1.9))

$$\frac{\partial S}{\partial q^i} = p_i, \tag{1.22}$$

$$\frac{\partial S}{\partial q^\alpha} = -H_\alpha\left(t, q^i, p_i, q^\alpha, \dot{q}^\alpha\right), \tag{1.23}$$

$$\frac{\partial S}{\partial t} = -H_0\left(t, q^i, p_i, q^\alpha, \dot{q}^\alpha\right), \tag{1.24}$$

откуда получаем систему $(n - n_p + 1)$ уравнений типа Гамильтона-Якоби

$$\frac{\partial S}{\partial t} + H_0\left(t, q^i, \frac{\partial S}{\partial q^i}, q^\alpha, \dot{q}^\alpha\right) = 0, \tag{1.25}$$

$$\frac{\partial S}{\partial q^\alpha} + H_\alpha\left(t, q^i, \frac{\partial S}{\partial q^i}, q^\alpha, \dot{q}^\alpha\right) = 0. \tag{1.26}$$

Теперь, на прямом произведении $TQ_{2n_p}^* \times TQ_{2(n-n_p)}$ действие имеет вид

$$S = \int \left(p_i dq^i - H_\alpha dq^\alpha - H_0 dt\right). \tag{1.27}$$

Варьирование в (1.27) производится независимо по $2n_p$ редуцированным каноническим координатам q^i, p_i и по $(n - n_p)$ неканоническим обобщенным координатам q^α. В предположении, что вариации δq^i, δp_i, δq^α на верхнем и нижнем пределах зануляются, после интергрирования по частям для вариации действия (1.27) получаем

$$\delta S = \int \delta p_i \left[dq^i - \frac{\partial H_0}{\partial p_i}dt - \frac{\partial H_\beta}{\partial p_i}dq^\beta\right] - \int \delta q^i \left[dp_i + \frac{\partial H_0}{\partial q^i}dt + \frac{\partial H_\beta}{\partial q^i}dq^\beta\right]$$
$$+ \int \delta q^\alpha \left[\frac{\partial H_\alpha}{\partial \dot{q}^\beta}d\dot{q}^\beta + \frac{\partial H_\alpha}{\partial q^i}dq^i + \frac{\partial H_\alpha}{\partial p_i}dp_i + \frac{d}{dt}\left(\frac{\partial H_0}{\partial \dot{q}^\alpha} + \frac{\partial H_\beta}{\partial \dot{q}^\alpha}\dot{q}^\beta\right)dt\right.$$
$$\left.+ \left(\frac{\partial H_\alpha}{\partial q^\beta} - \frac{\partial H_\beta}{\partial q^\alpha}\right)dq^\beta + \left(\frac{\partial H_\alpha}{\partial t} - \frac{\partial H_0}{\partial q^\alpha}\right)dt\right]. \tag{1.28}$$

Уравнения движения для частичного гамильтонового формализма можно получить из принципа наименьшего действия $\delta S = 0$. Принимая во внимание тот факт, что вариации δq^i, δp_i, δq^α независимы, коэффициенты при них (каждая квадратная скобка в (1.28)) обращаются в нуль.

Введем скобки Пуассона для двух функций A и B на редуцированном фазовом пространстве

$$\{A, B\} = \frac{\partial A}{\partial q^i}\frac{\partial B}{\partial p_i} - \frac{\partial B}{\partial q^i}\frac{\partial A}{\partial p_i}. \tag{1.29}$$

Тогда, подставляя dq^i и dp_i из первой строки (1.28) во вторую строку, получаем уравнения движения на $TQ^*_{2n_p} \times TQ_{2(n-n_p)}$ в дифференциальном виде

$$dq^i = \left\{ q^i, H_0 \right\} dt + \left\{ q^i, H_\beta \right\} dq^\beta, \tag{1.30}$$

$$dp_i = \left\{ p_i, H_0 \right\} dt + \left\{ p_i, H_\beta \right\} dq^\beta, \tag{1.31}$$

$$\frac{\partial H_\alpha}{\partial \dot{q}^\beta} d\dot{q}^\beta + \frac{d}{dt}\left(\frac{\partial H_0}{\partial \dot{q}^\alpha} + \frac{\partial H_\beta}{\partial \dot{q}^\alpha} \dot{q}^\beta \right) dt = \left(\frac{\partial H_\beta}{\partial q^\alpha} - \frac{\partial H_\alpha}{\partial q^\beta} + \left\{ H_\beta, H_\alpha \right\} \right) dq^\beta$$

$$+ \left(\frac{\partial H_0}{\partial q^\alpha} - \frac{\partial H_\alpha}{\partial t} + \left\{ H_0, H_\alpha \right\} \right) dt. \tag{1.32}$$

Осюда видно, что на $TQ^*_{2n_p}$ мы получили уравнения первого порядка (1.30)–(1.31) для канонических координат q^i, p_i, как это и должно быть (см. (1.12)), в то время, как на (неканоническом) подпространстве $TQ_{2(n-n_p)}$ уравнения (1.32) остались второго порядка относительно неканонических обобщенных координат q^α, а именно

$$\dot{q}^i = \left\{ q^i, H_0 \right\} + \left\{ q^i, H_\beta \right\} \dot{q}^\beta, \tag{1.33}$$

$$\dot{p}_i = \left\{ p_i, H_0 \right\} + \left\{ p_i, H_\beta \right\} \dot{q}^\beta, \tag{1.34}$$

$$\frac{\partial H_\alpha}{\partial \dot{q}^\beta} \ddot{q}^\beta + \frac{d}{dt}\left(\frac{\partial H_0}{\partial \dot{q}^\alpha} + \frac{\partial H_\beta}{\partial \dot{q}^\alpha} \dot{q}^\beta \right) = \left(\frac{\partial H_\beta}{\partial q^\alpha} - \frac{\partial H_\alpha}{\partial q^\beta} + \left\{ H_\beta, H_\alpha \right\} \right) \dot{q}^\beta$$

$$+ \left(\frac{\partial H_0}{\partial q^\alpha} - \frac{\partial H_\alpha}{\partial t} + \left\{ H_0, H_\alpha \right\} \right). \tag{1.35}$$

Важно отметить, что полученная система уравнений движения (1.33)–(1.35) частичного гамильтонового формализма справедлива при любом числе редуцированных импульсов

$$0 \le n_p \le n, \tag{1.36}$$

то есть не зависит от размерности редуцированного фазового пространства. При этом, граничные значения n_p соответствуют лагранжевому и гамильтоновому формализму соответственно, так что имеем три случая, которые описываются уравнениями (1.33)–(1.35):

1. $n_p = 0$ — лагранжев формализм на TQ_{2n} (остается последнее уравнение (1.35) без скобок Пуассона) и $\alpha = 1, \ldots, n$;

2. $0 < n_p < n$ — частичный гамильтонов формализм на $TQ^*_{2n_p} \times TQ_{2(n-n_p)}$ (рассматриваются все уравнения);

3. $n_p = n$ — стандартный гамильтонов формализм на TQ^*_{2n} (остаются первые два уравнения (1.33)–(1.34) без вторых слагаемых, содержащих неканонические обобщенные скорости), что совпадает с (1.12)) и $i = 1, \ldots, n$.

Покажем, что в случае 1) получаются уравнения Лагранжа (для неканонических переменных q^α). Действительно, уравнение (1.35) без скобок Пуассона (при $n_p = 0$ канонических переменных q^i, p_i вообще нет) переписывается в виде

$$\frac{\partial H_\alpha}{\partial \dot{q}^\beta} \ddot{q}^\beta + \frac{d}{dt}\frac{\partial}{\partial \dot{q}^\alpha}\left(H_0 + H_\beta \dot{q}^\beta\right) - \frac{dH_\alpha}{dt} = \frac{\partial}{\partial q^\alpha}\left(H_0 + H_\beta \dot{q}^\beta\right) - \frac{\partial H_\alpha}{\partial q^\beta}\dot{q}^\beta - \frac{\partial H_\alpha}{\partial t},$$
$$(1.37)$$

где мы использовали

$$\frac{d}{dt}\left(\frac{\partial H_0}{\partial \dot{q}^\alpha} + \frac{\partial H_\beta}{\partial \dot{q}^\alpha}\dot{q}^\beta\right) = \frac{d}{dt}\left[\frac{\partial}{\partial \dot{q}^\alpha}\left(H_0 + H_\beta \dot{q}^\beta\right) - H_\beta\frac{\partial}{\partial \dot{q}^\alpha}\dot{q}^\beta\right]$$
$$= \frac{d}{dt}\left[\frac{\partial}{\partial \dot{q}^\alpha}\left(H_0 + H_\beta \dot{q}^\beta\right) - H_\alpha\right]. \qquad (1.38)$$

Учитывая выражение для полной производной dH_α/dt, из (1.37) получаем

$$\frac{d}{dt}\frac{\partial}{\partial \dot{q}^\alpha}\left(H_0 + H_\beta \dot{q}^\beta\right) = \frac{\partial}{\partial q^\alpha}\left(H_0 + H_\beta \dot{q}^\beta\right). \qquad (1.39)$$

Формула определения предельного (без переменных q^i, p_i) частичного гамильтониана (1.18) с учетом (1.20) есть

$$H_0 = -H_\alpha \dot{q}^\alpha - L. \qquad (1.40)$$

Отсюда $H_0 + H_\beta \dot{q}^\beta = -L$, так что из (1.39) получаем уравнения Лагранжа в неканоническом секторе

$$\frac{d}{dt}\frac{\partial}{\partial \dot{q}^\alpha}L = \frac{\partial}{\partial q^\alpha}L. \qquad (1.41)$$

Как и в стандартном гамильтоновом формализме LANDAU AND LIFSHITZ [1969], нетривиальная динамика в неканоническом секторе определяется наличием слагаемых со вторыми производными, то есть присутствием ненулевых слагаемых в левой части и полных производных по времени в правой части (1.35). Рассмотрим частных случай частичного гамильтонового формализма, когда этих слагаемых нет, и назовем его нединамическим в неканоническом секторе. Для этого необходимо выполнение условий на гамильтонианы

$$\frac{\partial H_0}{\partial \dot{q}^\beta} = 0, \qquad \frac{\partial H_\alpha}{\partial \dot{q}^\beta} = 0, \qquad \alpha, \beta = n_p + 1, \ldots, n. \qquad (1.42)$$

Тогда в (1.35) останется только правая часть, которую запишем в виде

$$\left(\frac{\partial H_\beta}{\partial q^\alpha} - \frac{\partial H_\alpha}{\partial q^\beta} + \{H_\beta, H_\alpha\}\right) \dot{q}^\beta = -\left(\frac{\partial H_0}{\partial q^\alpha} - \frac{\partial H_\alpha}{\partial t} + \{H_0, H_\alpha\}\right),$$

$$(1.43)$$

что представляет собой систему алгебраических линейных уравнений для неканонических скоростей $\dot{q}^\alpha$ при заданных гамильтонианах H_0, H_α. Поскольку в (1.43) отсутствуют неканонические ускорения $\ddot{q}^\alpha$, то на $TQ_{2(n-n_p)}$ при выполнении условий (1.42) нет и реальной динамики. Это позволяет провести для нединамического в неканоническом секторе частичного гамильтонового формализма следующую аналогию.

1.4. Многовременная динамика

Условия (1.42) означают, что гамильтонианы не зависят явным образом от неканонических скоростей, то есть $H_0 = H_0\left(t, q^i, p_i, q^\alpha\right)$, $H_\alpha = H_\alpha\left(t, q^i, p_i, q^\alpha\right)$, $\alpha = n_p + 1, \ldots, n$. Таким образом, динамическая задача определяется на многообразии $TQ^*_{2n_p} \times Q_{(n-n_p)}$, так что q^α фактически играют роль действительных параметров, аналогичных времени[4]. Вспоминая интерпретацию (1.15) и обращая ее, можно трактовать $(n - n_p)$ неканонических обобщенных координат q^α как $(n - n_p)$ дополнительных (к t) времен, а H_α как $(n - n_p)$ соответствующих гамильтонианов. Действительно, введем обозначения

$$\tau^\mu = t, \qquad H_\mu = H_0, \qquad \mu = 0, \tag{1.44}$$

$$\tau^\mu = q^{\mu+n_p}, \qquad H_\mu = H_{\mu+n_p}, \qquad \mu = 1, \ldots, (n - n_p) \tag{1.45}$$

где $H_\mu = H_\mu\left(\tau_\mu, q^i, p_i\right)$ — гамильтонианы многовременной динамики с $(n - n_p + 1)$ временами τ^μ. В этой формулировке дифференциал действия многовременной динамики $S = S\left(\tau^\mu, q^i\right)$ как функции новых времен запишется в виде

$$dS = p_i dq^i - H_\mu d\tau^\mu. \tag{1.46}$$

Отсюда следует, что частные производные действия S равны

$$\frac{\partial S}{\partial q^i} = p_i, \qquad \frac{\partial S}{\partial \tau^\mu} = -H_\mu, \tag{1.47}$$

и система $(n - n_p + 1)$ уравнений Гамильтона-Якоби для многовременной динамики имеет вид

$$\frac{\partial S}{\partial \tau^\mu} + H_\mu\left(\tau_\mu, q^i, \frac{\partial S}{\partial q^i}\right) = 0, \qquad \mu = 0, \ldots, (n - n_p). \tag{1.48}$$

---

[4]В нединамическом случае $Q_{(n-n_p)}$ изоморфно реальному пространству $R_{(n-n_p)}$.

Отметим, что из (1.47) и (1.1) следует дополнительное соотношение на H_μ. Действительно, продифференцируем уравнение Гамильтона-Якоби (1.1) по τ^ν

$$
\frac{\partial^2 S}{\partial \tau^\mu \partial \tau^\nu} = -\frac{\partial H_\mu}{\partial \tau^\nu} - \frac{\partial H_\mu}{\partial p_i} \frac{\partial}{\partial \tau^\nu} \frac{\partial S}{\partial q^i} = -\frac{\partial H_\mu}{\partial \tau^\nu} - \frac{\partial H_\mu}{\partial p_i} \left(-\frac{\partial H_\nu}{\partial q^i} - \frac{\partial H_\nu}{\partial p_j} \frac{\partial}{\partial q^i} \frac{\partial S}{\partial q^j} \right)
$$
$$
= -\frac{\partial H_\mu}{\partial \tau^\nu} + \frac{\partial H_\mu}{\partial p_i} \frac{\partial H_\nu}{\partial q^i} + \frac{\partial H_\mu}{\partial p_i} \frac{\partial H_\nu}{\partial p_j} \frac{\partial^2 S}{\partial q^i \partial q^j}. \tag{1.49}
$$

Тогда антисимметризация (1.49) дает условия интегрируемости

$$
\frac{\partial^2 S}{\partial \tau^\nu \partial \tau^\mu} - \frac{\partial^2 S}{\partial \tau^\mu \partial \tau^\nu} = \frac{\partial H_\mu}{\partial \tau^\nu} - \frac{\partial H_\nu}{\partial \tau^\mu} + \{H_\mu, H_\nu\} = 0. \tag{1.50}
$$

Чтобы получить уравнения движения, необходимо занулить $\delta S = 0$ вариацию действия

$$
S = \int \left(p_i dq^i - H_\mu d\tau^\mu \right) \tag{1.51}
$$

при независимых вариациях δq^i, δp_i, $\delta \tau^\mu$, исчезающих на концах интервала интегрирования. Получаем

$$
\delta S = \int \delta p_i \left(dq^i - \frac{\partial H_\mu}{\partial p_i} d\tau^\mu \right) + \int \delta q^i \left(-dp_i - \frac{\partial H_\mu}{\partial q^i} d\tau^\mu \right), \tag{1.52}
$$

откуда следуют уравнения Гамильтона для многовременной динамики в дифференциальном виде LONGHI ET AL. [1989]

$$
dq^i = \left\{ q^i, H_\mu \right\} d\tau^\mu, \tag{1.53}
$$
$$
dp_i = \left\{ p_i, H_\mu \right\} d\tau^\mu, \tag{1.54}
$$

которые совпадают с (1.30)–(1.31). Условия интегрируемости (1.50) можно также записать в дифференциальном виде[5]

$$
\left(\frac{\partial H_\mu}{\partial \tau^\nu} - \frac{\partial H_\nu}{\partial \tau^\mu} + \{H_\mu, H_\nu\} \right) d\tau^\nu = 0, \quad \mu, \nu = 0, \ldots, (n - n_p) \tag{1.55}
$$

что совпадает с уравнениями (1.43), записанными также в дифференциальном виде. Таким образом, мы показали, что нединамический в неканоническом секторе вариант частичного гамильтонового формализма (определяемый уравнениями движения (1.33)–(1.35) с дополнительными условиями (1.42)) может быть сформулирован как многовременная динамика с числом времен $(n - n_p + 1)$ и уравнениями (1.53)–(1.55). При этом, в обеих формулировках размерность фазового пространства (и число обобщенных импульсов n_p) произвольна.

---

[5]Как и в стандартном случае ARNOLD [1989], уравнения (1.53)–(1.55) являются условиями замкнутости дифференциальной 1-формы (1.46).

1.5. Сингулярные теории

Рассмотрим более подробно условия (1.42) и выразим их в терминах лагранжиана. Используя (1.18) и определение дополнительных гамильтонианов (1.20), получаем

$$\frac{\partial^2 L}{\partial \dot{q}^\alpha \partial \dot{q}^\beta} = 0, \quad \alpha, \beta = n_p + 1, \ldots, n. \tag{1.56}$$

Это означает, что динамика описывается вырожденным лагранжианом (сингулярная теория), так что ранг r_W матрицы гессиана

$$W_{AB} = \left\| \frac{\partial^2 L}{\partial \dot{q}^A \partial \dot{q}^B} \right\|, \quad A, B = 1, \ldots, n \tag{1.57}$$

не только меньше размерности конфигурационного пространства n, но и меньше либо равна числу импульсов (из-за (1.56))

$$r_W \leq n_p. \tag{1.58}$$

При рассмотрении строгого неравенства в (1.58) мы получаем, что определение "лишних" $(n_p - r_W)$ импульсов приводит к появлению $(n_p - r_W)$ связей, в точности, как и в теории связей Дирака DIRAC [1964], где появляется $(n - r_W)$ (первичных) связей, если пользоваться стандартным гамильтоновым формализмом.

Важно, что размерность конфигурационного пространства n и ранг матрицы гессиана r_W фиксированы самой постановкой задачи, что не позволяет произвольно изменять число связей. В случае частичного гамильтонового формализма число импульсов n_p есть свободный параметр, который может быть выбран так, чтобы связи вообще не появлялись. Для этого естественно приравнять число импульсов рангу гессиана

$$n_p = r_W. \tag{1.59}$$

В результате, с одной стороны, сингулярная динамика (теория с вырожденным лагранжианом) может быть сформулирована как многовременная динамика с $(n - r_W + 1)$ временами (как в предыдущем разделе), а с другой стороны в такой формулировке не будет возникать (первичных, а, следовательно, и вторичных, и более высокого уровня) связей DUPLIJ [2009, 2011].

Для этого, во-первых, переименуем индексы матрицы гессиана W_{AB} (1.57) таким образом, чтобы несингулярный минор ранга r_W находился в верхнем левом углу, при этом латинскими буквами i, j обозначим первые

r_W индексов, а греческими буквами остальные $(n - r_W)$ индексов α, β. Далее, запишем уравнения движения (1.33)–(1.34), (1.43) в виде

$$\dot{q}^i = \left\{ q^i, H_0 \right\} + \left\{ q^i, H_\beta \right\} \dot{q}^\beta, \qquad (1.60)$$

$$\dot{p}_i = \left\{ p_i, H_0 \right\} + \left\{ p_i, H_\beta \right\} \dot{q}^\beta, \qquad (1.61)$$

$$F_{\alpha\beta} \dot{q}^\beta = G_\alpha, \qquad (1.62)$$

где значения индексов связаны с рангом гессиана $i = 1, \ldots, r_W$, $\alpha, \beta = r_W + 1, \ldots, n$, и

$$F_{\alpha\beta} = \frac{\partial H_\alpha}{\partial q^\beta} - \frac{\partial H_\beta}{\partial q^\alpha} + \left\{ H_\alpha, H_\beta \right\}, \qquad (1.63)$$

$$G_\alpha = D_\alpha H_0 = \frac{\partial H_0}{\partial q^\alpha} - \frac{\partial H_\alpha}{\partial t} + \left\{ H_0, H_\alpha \right\}. \qquad (1.64)$$

Отметим, что система уравнений (1.60)–(1.64) совпадает с уравнениями, полученными в подходе к сингулярным теориям, использующем смешанные решения уравнения Клеро DUPLIJ [2009, 2011] (за исключением слагаемого с производной H_α по времени в (1.64)).

Уравнения (1.60)–(1.62) представляют собой систему дифференциальных уравнений первого порядка для канонических координат q^i, p_i, в то время, как относительно неканонических скоростей $\dot{q}^\alpha$ — это алгебраическая система. Действительно, (1.62) есть обычная система линейных уравнений относительно $\dot{q}^\alpha$, по свойствам решений которой можно классифицировать классические сингулярные теории. Будем рассматривать только те случаи, когда система (1.62) совместна, тогда имеется две возможности, определяемые рангом антисимметричной матрицы $F_{\alpha\beta}$

1. Некалибровочная теория, когда rank $F_{\alpha\beta} = r_F = n - r_W$ полный, так что матрица $F_{\alpha\beta}$ обратима. Тогда из (1.62) можно определить все неканонические скорости

$$\dot{q}^\alpha = \bar{F}^{\alpha\beta} G_\beta, \qquad (1.65)$$

где $\bar{F}^{\alpha\beta}$ — матрица, обратная к $F_{\alpha\beta}$, определяемая уравнением $\bar{F}^{\alpha\beta} F_{\beta\gamma} = F_{\gamma\beta} \bar{F}^{\beta\alpha} = \delta^\alpha_\gamma$.

2. Калибровочная теория, когда ранг $F_{\alpha\beta}$ неполный, то есть $r_F < n - r_W$, и матрица $F_{\alpha\beta}$ необратима. В этом случае из (1.62) находятся только r_F неканонических скоростей, в то время, как $(n - r_W - r_F)$ скоростей остаются произвольными калибровочными параметрами, которые соответствуют симметриям сингулярной

динамической системы. В частном случае $r_F = 0$ (или нулевой матрицы $F_{\alpha\beta}$) из (1.62) получаем

$$G_\alpha = 0, \tag{1.66}$$

и все неканонические скорости являются $(n - r_W)$ калибровочными параметрами теории.

В первом случае (некалибровочной теории) можно исключить все неканонические скорости с помощью (1.65) и подставить в (1.60)–(1.61). Тогда получаем уравнения типа Гамильтона для некалибровочной сингулярной системы

$$\dot{q}^i = \left\{ q^i, H_0 \right\}_{nongauge}, \tag{1.67}$$

$$\dot{p}_i = \{ p_i, H_0 \}_{nongauge}, \tag{1.68}$$

где мы ввели новую (некалибровочную) скобку для двух динамических величин A, B

$$\{A, B\}_{nongauge} = \{A, B\} + D_\alpha A \cdot \bar{F}^{\alpha\beta} \cdot D_\beta B, \tag{1.69}$$

и D_α определено в (1.64). Из (1.67)–(1.68) следует, что новая некалибровочная скобка (1.69) однозначно определяет эволюцию любой динамической величины A от времени

$$\frac{dA}{dt} = \frac{\partial A}{\partial t} + \{A, H_0\}_{nongauge}. \tag{1.70}$$

Важно, что некалибровочная скобка (1.69) обладает всеми свойствами скобки Пуассона: она антисимметрична и удовлетворяет тождеству Якоби. Поэтому определение (1.69) может рассматриваться как некоторая деформация скобки Пуассона, но только не для всех $2n$ переменных, как в стандартном случае, а только для $2r_W$ канонических $\left(q^i, p_i \right)$, $i = 1, \ldots, r_W$. Из (1.69) и (1.70) следует, что, как и в стандартном случае, если H_0 не зависит явно от времени, то он сохраняется.

Во втором случае (калибровочной теории) можно исключить только часть неканонических скоростей $\dot{q}^\alpha$, число которых равно рангу r_F матрицы $F_{\alpha\beta}$, а остальные скорости остаются произвольными и могут служить калибровочными параметрами. Действительно, если матрица $F_{\alpha\beta}$ сингулярна и имеет ранг r_F, то можно снова привести ее к такому виду, что несингулярный минор размером $r_F \times r_F$ будет находиться в левом верхнем углу. Тогда в системе (1.62) только первые r_F уравнений будут независимы.

Представим ("неканонические") индексы $\alpha, \beta = r_W + 1, \ldots, n$ в виде пар (α_1, α_2), (β_1, β_2), где $\alpha_1, \beta_1 = r_W + 1, \ldots, r_F$ нумеруют первые r_F независимых строк матрицы $F_{\alpha\beta}$ и соответствуют ее несингулярному минору $F_{\alpha_1\beta_1}$, остальные $(n - r_W - r_F)$ строк будут зависимы от первых, и $\alpha_2, \beta_2 = r_F + 1, \ldots, n$. Тогда система (1.62) может быть записана в виде

$$F_{\alpha_1\beta_1}\dot{q}^{\beta_1} + F_{\alpha_1\beta_2}\dot{q}^{\beta_2} = G_{\alpha_1}, \tag{1.71}$$

$$F_{\alpha_2\beta_1}\dot{q}^{\beta_1} + F_{\alpha_2\beta_2}\dot{q}^{\beta_2} = G_{\alpha_2}. \tag{1.72}$$

Поскольку $F_{\alpha_1\beta_1}$ несингулярна по построению, мы можем выразить первые r_F неканонических скоростей $\dot{q}^{\alpha_1}$ через остальные $(n - r_W - r_F)$ скорости $\dot{q}^{\alpha_2}$

$$\dot{q}^{\alpha_1} = \bar{F}^{\alpha_1\beta_1}G_{\beta_1} - \bar{F}^{\alpha_1\beta_1}F_{\beta_1\alpha_2}\dot{q}^{\alpha_2}, \tag{1.73}$$

где $\bar{F}^{\alpha_1\beta_1}$ — $r_F \times r_F$-матрица, обратная к $F_{\alpha_1\beta_1}$. Далее, из-за того, что $\operatorname{rank} F_{\alpha_1\beta_1} = r_F$, можно выразить остальные блоки через несингулярный блок $F_{\alpha_1\beta_1}$ следующим образом

$$F_{\alpha_2\beta_1} = \lambda_{\alpha_2}^{\alpha_1}F_{\alpha_1\beta_1}, \tag{1.74}$$

$$F_{\alpha_2\beta_2} = \lambda_{\alpha_2}^{\alpha_1}F_{\alpha_1\beta_2} = \lambda_{\alpha_2}^{\alpha_1}\lambda_{\beta_2}^{\gamma_1}F_{\alpha_1\gamma_1}, \tag{1.75}$$

$$G_{\alpha_2} = \lambda_{\alpha_2}^{\alpha_1}G_{\alpha_1}, \tag{1.76}$$

где $\lambda_{\alpha_2}^{\alpha_1} = \lambda_{\alpha_2}^{\alpha_1}\left(q^i, p_i, q^\alpha\right)$ — $r_F \times (n - r_W - r_F)$ гладких функций. Поскольку матрица $F_{\alpha\beta}$ задана, то мы можем определить все функции $\lambda_{\alpha_2}^{\alpha_1}$ из $r_F \times (n - r_W - r_F)$ уравнений (1.74)

$$\lambda_{\alpha_2}^{\alpha_1} = F_{\alpha_2\beta_1}\bar{F}^{\alpha_1\beta_1}. \tag{1.77}$$

Из-за того, что $(n - r_W - r_F)$ скоростей $\dot{q}^{\alpha_2}$ произвольны, мы можем положить их равными нулю

$$\dot{q}^{\alpha_2} = 0, \quad \alpha_2 = r_F + 1, \ldots, n, \tag{1.78}$$

что можно считать некоторым калибровочным условием. Тогда из (1.73) следует, что

$$\dot{q}^{\alpha_1} = \bar{F}^{\alpha_1\beta_1}G_{\beta_1}, \quad \alpha_1 = r_W + 1, \ldots, r_F. \tag{1.79}$$

По аналогии с (1.69) введем новые (калибровочные) скобки

$$\{A, B\}_{gauge} = \{A, B\} + D_{\alpha_1}A \cdot \bar{F}^{\alpha_1\beta_1} \cdot D_{\beta_1}B. \tag{1.80}$$

Тогда уравнения движения (1.60)–(1.62) запишутся в гамильтоновом виде, как и (1.67)–(1.68)

$$\dot{q}^i = \left\{ q^i, H_0 \right\}_{gauge},\qquad(1.81)$$

$$\dot{p}_i = \left\{ p_i, H_0 \right\}_{gauge}.\qquad(1.82)$$

Эволюция физической величины A во времени, как и (1.70), также определяется калибровочной скобкой (1.80)

$$\frac{dA}{dt} = \frac{\partial A}{\partial t} + \left\{ A, H_0 \right\}_{gauge}.\qquad(1.83)$$

В частном предельном случае нулевого ранга $r_F = 0$ имеем

$$F_{\alpha\beta} = 0,\qquad(1.84)$$

а, следовательно, дополнительные гамильтонианы зануляются $H_\alpha = 0$, тогда из определения (1.20) видно, что лагранжиан не зависит от неканонических скоростей $\dot{q}^\alpha$ и поэтому с учетом (1.84) из (1.62) получаем, что и частичный гамильтониан H_0 не зависит от неканонических обобщенных координат q^α

$$\frac{\partial H_0}{\partial q^\alpha} = 0\qquad(1.85)$$

при условии независимости H_0 от времени явно. В этом случае калибровочные скобки совпадают со скобками Пуассона, поскольку второе слагаемое в (1.80) зануляется.

Таким образом, мы показали, что сингулярные теории (с вырожденным лагранжианом) на классическом уровне могут быть описаны в рамках частичного гамильтонового формализма с числом импульсов n_p, равном рангу r_W матрицы гессиана $n_p = r_W$ или сформулированы как многовременная динамика с числом времен $(n - r_W + 1)$ без введения дополнительных соотношений на динамические переменные (связей).

1.6. Причины возникновения связей

Как было отмечено выше (после (1.58)), введение дополнительных динамических переменных с необходимостью должно приводить к появлению дополнительных соотношений на них. Например, введем в рассмотрение "лишние" импульсы p_α (поскольку мы получили полное описание динамики и без них), которые соответствуют неканоническим обобщенным скоростям $\dot{q}^\alpha$ по стандартному определению DIRAC [1964]

$$p_\alpha = \frac{\partial L}{\partial \dot{q}^\alpha},\qquad \alpha = r_W + 1, \ldots, n,\qquad(1.86)$$

так что (1.86) вместе с определением канонических обобщенных импульсов (1.17) совпадают с определением "полных" импульсов (1.6). Пользуясь определением дополнительных гамильтонианов (1.20), получаем столько же $(n - r_W)$ соотношений

$$\Phi_\alpha = p_\alpha + H_\alpha = 0, \quad \alpha = r_W + 1, \ldots, n, \qquad (1.87)$$

которые называются (первичными) связями DIRAC [1964] (в разрешенном виде). Эти соотношения напоминают процедуру расширения фазового пространства (1.16). Можно ввести любое количество $n_p^{(add)}$ "лишних" импульсов $0 \leq n_p^{(add)} \leq n - r_W$, тогда в теории появится столько же $n_p^{(add)}$ (первичных) связей. В частичном гамильтоновом формализме нами был рассмотрен случай $n_p^{(add)} = 0$, в то время как в теории Дирака $n_p^{(add)} = n - r_W$, хотя можно взять и промежуточные варианты, что обусловливается конкретной задачей.

Переход к гамильтониану по стандартный формуле

$$H_{total} = p_i \dot{q}^i + p_\alpha \dot{q}^\alpha - L, \qquad (1.88)$$

напрямую невозможен, поскольку нельзя выразить неканонические скорости $\dot{q}^\alpha$ через "лишние" импульсы p_α и далее применить преобразование Лежандра. Но можно преобразовать H_{total} (1.88) таким образом, чтобы воспользоваться методом неопределенных коэффициентов. Здесь важно, что связи Φ_α не зависят от обобщенных скоростей $\dot{q}^\alpha$, как и гамильтонианы H_0, H_α, из-за того, что ранг матрицы гессиана равен r_W. Поэтому (полный) гамильтониан можно записать

$$H_{total} = H_0 + \dot{q}^\alpha \Phi_\alpha, \qquad (1.89)$$

где $\dot{q}^\alpha$ играют роль неопределенных коэффициентов. В терминах полного гамильтониана и полной скобки Пуассона (1.13) уравнения движения запишутся в гамильтоновом виде

$$dq^A = \left\{ q^A, H_{total} \right\}_{full} dt, \qquad (1.90)$$

$$dp_A = \left\{ p_A, H_{total} \right\}_{full} dt \qquad (1.91)$$

с учетом $(n - r_W)$ дополнительных условий (1.87). Однако уравнений (1.90)–(1.91) и (1.87) недостаточно для решения задачи: необходимы еще уравнения для нахождения неопределенных коэффициентов $\dot{q}^\alpha$ в (1.89). Такие уравнения можно получить из некоторого дополнительного принципа, например, сохранения связей (1.87) во времени DIRAC [1964]

$$\frac{d\Phi_\alpha}{dt} = 0. \qquad (1.92)$$

Зависимость от времени любой физической величины A теперь определяется полным гамильтонианом и полной скобкой Пуассона

$$\frac{dA}{dt} = \frac{\partial A}{\partial t} + \{A, H_{total}\}_{full}. \tag{1.93}$$

Если связи не зависят явно от времени, то из (1.93) и (1.89) получаем

$$\{\Phi_\alpha, H_{total}\}_{full} = \{\Phi_\alpha, H_0\}_{full} + \{\Phi_\alpha, \Phi_\beta\}_{full} \dot{q}^\beta = 0, \tag{1.94}$$

что представляет собой систему уравнений для нахождения неопределенных коэффициентов $\dot{q}^\alpha$ и совпадает с (1.62), поскольку

$$F_{\alpha\beta} = \{\Phi_\alpha, \Phi_\beta\}_{full}, \tag{1.95}$$

$$D_\alpha H_0 = \{\Phi_\alpha, H_0\}_{full}. \tag{1.96}$$

Однако в отличе от сокращенного описания (без $(n - r_W)$ "лишних" импульсов p_α), когда (1.62) предствляет собой систему $(n - r_W)$ линейных уравнений относительно $(n - r_W)$ неизвестных $\dot{q}^\alpha$, расширенная система (1.94) может приводить еще и к дополнительным связям (высших этапов), что существенно усложняет анализ физической динамики SUNDERMEYER [1982]. Из (1.95)–(1.96) следует, что новые скобки (калибровочные (1.80) и некалибровочные (1.69)) переходят в соответствующие скобки Дирака. Отметим также, что наша классификация на калибровочные и некалибровочные теории соответствует связям первого и второго класса (рода) DIRAC [1964], а предельный случай $F_{\alpha\beta} = 0$ (1.84) отвечает абелевым связям GOGILIDZE ET AL. [1996], LORAN [2005].

Таким образом, построена "сокращенная" формулировка сингулярных классических теорий, в рамках которой не возникает понятия связей, поскольку не вводится "лишних" динамических переменных, а именно, обобщенных импульсов, соответствующих неканоническим координатам. В этих целях строится частичный гамильтонов формализм и показывается, что его частный случай эффективно описывает многовременную динамику.

Доказано, что сингулярные теории (с вырожденным лагранжианом) описываются в рамках этих двух подходов без введения дополнительных соотношений между динамическими величинами (связей), если число канонических обобщенных импульсов совпадает с рангом матрицы гессиана $n_p = r_W$, то есть в редуцированном фазовом пространстве. С физической точки зрения, в самом введении "лишних" импульсов нет необходимости, поскольку в этих (вырожденных) направлениях нет динамики.

Гамильтонова формулировка сингулярных теорий проведена с помощью новых скобок (калибровочных (1.80) и некалибровочных (1.69)), которые обладают всеми свойствами скобок Пуассона (антисимметричность, удовлетворение тождеству Якоби и запись через них уравнений движения и эволюции системы во времени). При расширении фазового пространства до полного эти скобки переходят в скобки Дирака, а на "лишние" импульсы накладываются связи.

Проведенный анализ позволяет предположить, что квантование сингулярных систем в рамках предлагаемого "сокращенного" подхода может быть проведено стандартным способом DIRAC [1964], но квантоваться будут не все $2n$ переменных расширенного фазового пространства, а $2r_W$ переменных редуцированного фазового пространства. Остальные переменные могут рассматриваться как непрерывные параметры.

Глава 2

Нелинейная суперсимметричная электродинамика
С. А. Дуплий, Дж. А. Голдин, В. М. Штелень

2.1. Введение

Хорошо известно, что для описания классических электромагнитных полей в средах одних уравнений Максвелла недостаточно, и вводятся так называемые материальные уравнения Landau and Lifshitz [1988], Jackson [1999]. Эти уравнения связи представляют собой дополнительные функциональные (линейные или нелинейные Fushchich et al. [1993]) соотношения между напряженностями электрического и магнитного полей E, B и соответствующими индукциями D, H. Явный вид материальных уравнений определяется свойствами среды и возможными симметриями Fushchich and Tsifra [1985]. С другой стороны, считалось, что лоренц-инвариантность уравнений Максвелла несовместима с галилеевой симметрией. Однако еще в работе Le Bellac and Levy-Leblond [1973] было показано, что это проблема именно материальных уравнений, а сами уравнения Максвелла в среде инвариантны относительно обеих симметрий; в этой работе также исследовался галилеев предел при линейных материальных уравнениях, но с дополнительными связями на электромагнитные поля. Более того, в Brown and Holland [1999] был сделан вывод о том, что в случае линейных материальных уравнений построение галилеево-инвариантной теории невозможно. Тем не менее, выход был найден в привлечении нелинейных материальных уравнений Goldin and Shtelen [2001, 2004], что позволило построить галилеево-инвариантную электродинамику, в которой возможно распространение волн при конечной скорости, в то время, как в линейной галилеево-инвариантной теории эта скорость бесконечна (см. обсуждение в Le Bellac and Levy-Leblond [1973]). Необходимость такой теории диктуется экспериментами по измерению скорости света в средах (например, экспериментальные результаты Marangos [1999] показали возможность замедления скорости света до 17 м/сек).

Целью данной главы является получение наиболее общего вида нелинейных материальных уравнений, которые приводят к лагранжевой и нелагранжевой классической электродинамике, допускающей нетривиальный галилеев предел. При этом вид самих уравнений Максвелла не меняется. Также здесь предложено суперсимметричное обобщение материальных уравнений для суперсимметричной электродинамики в суперполевом виде.

2.2. Преобразования уравнений Максвелла

Запишем уравнения Максвелла Landau and Lifshitz [1988] для классических электромагнитных полей в системе СИ, то есть в таком виде, чтобы скорость света c не входила в определение фундаментальных полей Jackson [1999]. Это, в частности, позволяет получить галилееву теорию как нетривиальный предел $c \to \infty$ релятивистской теории Goldin and Shtelen [2001].

Поскольку хорошо известно Landau and Lifshitz [1988], что статическое гравитационное поле эффективно действует как гиротропная среда с диэлектрической и магнитной проницаемостями ε_{grav} и μ_{grav}, то мы ограничимся рассмотрением теории в плоском пространстве-времени, которое определяется метрикой Минковского $\eta_{\mu\nu} = (1, -1, -1, -1)$, $x^\mu = (ct, x^i)$, $\mu, \nu... = 0, 1, 2, 3$, $i, j... = 1, 2, 3$ с $\partial_\mu = \partial/\partial x^\mu = [c^{-1}\partial/\partial t, \nabla]$ и антисимметричным тезором Леви-Чивита $\varepsilon^{\mu\nu\rho\sigma}$, где $\varepsilon^{0123} = 1$. В этих обозначениях уравнения Максвелла запишутся в виде (не содержащем явно скорость света c)

$$\operatorname{rot} \mathrm{E} = -\frac{\partial \mathrm{B}}{\partial t}, \quad \operatorname{div} \mathrm{B} = 0, \qquad (2.1)$$

$$\operatorname{rot} \mathrm{H} = \frac{\partial \mathrm{D}}{\partial t} + \mathrm{j}, \quad \operatorname{div} \mathrm{D} = \rho, \qquad (2.2)$$

где j и ρ плотности тока и заряда. Уравнения Максвелла (2.1)–(2.2) инвариантны относительно преобразований Лоренца Landau and Lifshitz [1988], Jackson [1999]. Например, при преобразованиях

$$x'_{\parallel} = \gamma \left(\mathrm{x} - \mathrm{v} t\right)_{\parallel}, \quad x'_{\perp} = x_{\perp}, \quad t' = \gamma \left(t - \frac{\mathrm{x} \cdot \mathrm{v}}{c^2}\right), \quad \gamma = \frac{1}{\sqrt{1 - \frac{v^2}{c^2}}} \quad (2.3)$$

плотности тока и заряда преобразуются как

$$j'_{\|} = \gamma \left(j - v\rho \right)_{\|}, \quad j'_{\perp} = j_{\perp}, \quad \rho' = \gamma \left(\rho - \frac{j \cdot v}{c^2} \right), \qquad (2.4)$$

а поля преобразуются соответственно как

$$E'_{\|} = E_{\|}, \quad E'_{\perp} = \gamma \left(E + v \times B \right)_{\perp}, \qquad (2.5)$$

$$B'_{\|} = B_{\|}, \quad B'_{\perp} = \gamma \left(B - \frac{1}{c^2} v \times E \right)_{\perp}, \qquad (2.6)$$

$$D'_{\|} = D_{\|}, \quad D'_{\perp} = \gamma \left(D + \frac{1}{c^2} v \times H \right)_{\perp}, \qquad (2.7)$$

$$H'_{\|} = H_{\|}, \quad H'_{\perp} = \gamma \left(H - v \times D \right)_{\perp}. \qquad (2.8)$$

Отметим, что имеется 6 лоренц-инвариантов

$$C_1 = B^2 - \frac{1}{c^2} E^2, \quad C_2 = B \cdot E, \quad C_3 = D^2 - \frac{1}{c^2} H^2, \qquad (2.9)$$

$$C_4 = D \cdot H, \quad C_5 = B \cdot H - E \cdot D, \quad C_6 = B \cdot D + \frac{1}{c^2} E \cdot H. \qquad (2.10)$$

Можно проверить, что уравнения Максвелла (2.1)–(2.2) инвариантны также относительно галилеевых преобразований

$$x' = x - vt, \quad t' = t, \quad E' = E + v \times B, \quad B' = B, \qquad (2.11)$$

$$D' = D, \quad H' = H - v \times D, \quad j' = j - v\rho, \quad \rho' = \rho, \qquad (2.12)$$

которые, очевидно, есть предел $c \to \infty$ преобразований Лоренца (2.6)–(2.8). Преобразования Лоренца и Галилея вместе принадлежат к общей группе линейных преобразований $GL(4, \mathbb{R})$, допускаемые уравнениями Максвелла, что есть следствие неполноты системы (2.1)–(2.2): 8 уравнений для 12 неизвестных функций. Таким образом, необходимы дополнительные соотношения между полями E, B, D, H, которые и будут нарушать группу $GL(4, \mathbb{R})$ до группы Лоренца или Галилея GOLDIN AND SHTELEN [2001]. Другие варианты такого нарушения рассмотрены в FUSHCHICH ET AL. [1993], где также отмечается, что уравнения Максвелла (2.1)–(2.2) в отсутствие материальных уравнений общековариантны, то есть инвариантны относительно бесконечномерной группы Ли дифференцируемых преобразований $x'_\mu = f_\mu(x)$, если на многообразии не введена метрика или аффинная связность (см. также SCHRÖDINGER [1985]).

В четырехмерных обозначениях введем антисимметричные тензоры напряженностей

$$
F_{\mu\nu} = \begin{pmatrix} 0 & \frac{1}{c}E_x & \frac{1}{c}E_y & \frac{1}{c}E_z \\ -\frac{1}{c}E_x & 0 & -B_z & B_y \\ -\frac{1}{c}E_y & B_z & 0 & -B_x \\ -\frac{1}{c}E_z & -B_y & B_x & 0 \end{pmatrix}, \quad G_{\mu\nu} = \begin{pmatrix} 0 & cD_x & cD_y & cD_z \\ -cD_x & 0 & -H_z & H_y \\ -cD_y & H_z & 0 & -H_x \\ -cD_z & -H_y & H_x & 0 \end{pmatrix}
$$

$$(2.13)$$

и Ходж дуальные напряженности $\tilde{F}^{\mu\nu} = \frac{1}{2}\varepsilon^{\mu\nu\rho\sigma}F_{\rho\sigma}$ и $\tilde{G}_{\mu\nu} = \frac{1}{2}\varepsilon^{\mu\nu\rho\sigma}G_{\rho\sigma}$. Тогда уравнения Максвелла приобретают вид

$$
\partial_\mu \tilde{F}^{\mu\nu} = 0, \qquad \partial_\mu G^{\mu\nu} = j^\nu, \tag{2.14}
$$

где $j^\mu = (c\rho, \mathbf{j})$ — 4-ток. Решением первого уравнения в (2.14) является $F_{\mu\nu} = \partial_\mu A_\nu - \partial_\nu A_\mu$, где A_μ — абелево калибровочное поле. Отметим, что подобного представления для $G_{\mu\nu}$ не существует.

2.3. Нелинейные материальные уравнения

Физически наблюдаемыми величинами считаются поля E и B, поскольку ими определяется сила Лоренца $\mathbf{F} = q\,(\mathbf{E} + \mathbf{v} \times \mathbf{B})$ для заряда q, движущегося со скоростью v. В то же время поля D и H определяются свойствами среды (поляризуемостью и намагничиванием соответственно) и зависят также от физически наблюдаемых полей E и B, так что в общем виде можно записать

$$
\mathbf{D} = \mathbf{D}\,(\mathbf{E}, \mathbf{B}), \quad \mathbf{H} = \mathbf{H}\,(\mathbf{E}, \mathbf{B}). \tag{2.15}
$$

Эти уравнения называются материальными уравнениями (а также уравнениями связи или уравнениями состояния). В простейшем случае теории в вакууме они линейны $\mathbf{D} = \varepsilon_0 \mathbf{E}$, $\mathbf{B} = \mu_0 \mathbf{H}$, где ε_0 и μ_0 — диэлектрическая и магнитная проницаемости, причем $\varepsilon_0 \mu_0 = c^{-2}$. В работе FUSHCHICH AND TSIFRA [1985] показано, что, если материальные уравнения имеют вид

$$
\mathbf{D} = \varepsilon\,(\mathbf{E}, \mathbf{H})\,\mathbf{E}, \qquad \mathbf{B} = \mu\,(\mathbf{E}, \mathbf{H})\,\mathbf{H}, \tag{2.16}
$$

где $\varepsilon\,(\mathbf{E}, \mathbf{H})$, и $\mu\,(\mathbf{E}, \mathbf{H})$ произвольные гладкие функции, удовлетворяющие соотношению

$$
\varepsilon\,(\mathbf{E}, \mathbf{H})\,\mu\,(\mathbf{E}, \mathbf{H}) = c^{-2}, \tag{2.17}
$$

то теория (без зарядов и токов) обладает Пуанкаре симметрией.

2.3. Нелинейные материальные уравнения

Тот же вывод справедлив и для функциональной зависимости более общего вида $D = D(E, H)$, $B = B(H)$ FUSHCHICH AND TSIFRA [1985], FUSHCHICH ET AL. [1993]. Если теория лоренц-инвариантна, то самые общие нелинейные материальные уравнения имеют следующий вид FUSHCHICH ET AL. [1993], GOLDIN AND SHTELEN [2001]

$$D = M(C_1, C_2)B + \frac{1}{c^2}N(C_1, C_2)E, \qquad (2.18)$$

$$H = N(C_1, C_2)B - M(C_1, C_2)E, \qquad (2.19)$$

где $M(C_1, C_2)$ и $N(C_1, C_2)$ — гладкие функции двух первых лоренц-инвариантов из (2.10). Поскольку $C_1 = C_1(B, E)$ и $C_2 = C_2(B, E)$, зависимости (2.18)–(2.19) существенно нелинейны.

Отметим, что при наличии материальных уравнений вида (2.18)–(2.19) остальные лоренц-инварианты выражаются через C_1 и C_2 формулами

$$C_3 = \left(M^2(C_1, C_2) - \frac{1}{c^2}N^2(C_1, C_2)\right)C_1$$
$$+ \frac{4}{c^2}M(C_1, C_2)N(C_1, C_2)C_2, \qquad (2.20)$$

$$C_4 = M(C_1, C_2)N(C_1, C_2)C_1$$
$$- \left(M^2(C_1, C_2) - \frac{1}{c^2}N^2(C_1, C_2)\right)C_2, \qquad (2.21)$$

$$C_5 = N(C_1, C_2)C_1 - 2M(C_1, C_2)C_2, \qquad (2.22)$$

$$C_6 = M(C_1, C_2)C_1 + \frac{2}{c^2}N(C_1, C_2). \qquad (2.23)$$

В простейшем случае теории в вакууме имеем

$$M_{vac}(C_1, C_2) = 0, \qquad N_{vac}(C_1, C_2) = \frac{1}{\mu_0} \qquad (2.24)$$

с учетом того, что $\varepsilon_0\mu_0 = c^{-2}$.

Если система обладает конформной инвариантностью, то нелинейные функции инвариантов зависят только от их отношения FUSHCHICH AND TSIFRA [1985]

$$M(C_1, C_2) = M_{conf}\left(\frac{C_1}{C_2}\right), \qquad N(C_1, C_2) = N_{conf}\left(\frac{C_1}{C_2}\right). \qquad (2.25)$$

Нетривиальным примером нелинейной электродинамики является

теория Борна-Инфельда BORN AND INFELD [1934], для которой

$$M\left(C_1, C_2\right) = \frac{C_2}{\mu_0 b^2 \sqrt{1 + \dfrac{c^2}{b^2} C_1 - \dfrac{c^2}{b^4} C_2^2}}, \qquad (2.26)$$

$$N\left(C_1, C_2\right) = \frac{1}{\mu_0 \sqrt{1 + \dfrac{c^2}{b^2} C_1 - \dfrac{c^2}{b^4} C_2^2}}, \qquad (2.27)$$

где b — максимальная напряженность электрического поля в пределе, когда магнитное поле стремится к нулю. Из сравнения (2.25) и (2.26)–(2.27) следует, что электродинамика Борна-Инфельда не является конформной инвариантной теорией.

Важно подчеркнуть, что функция $M\left(C_1, C_2\right)$ не может быть константой, отличной от нуля, а есть существенно нелинейная функция, что следует из дополнительной симметрии теории, описываемой уравнениями Максвелла совместно с материальными уравнениями вида (2.18)–(2.19). Действительно, пусть $M\left(C_1, C_2\right) = m = const$. Тогда уравнения Максвелла для наблюдаемых полей B и E будут иметь вид

$$\frac{1}{c^2} \operatorname{div}\left(N\left(C_1, C_2\right) \mathrm{E}\right) = \rho, \qquad (2.28)$$

$$\operatorname{rot}\left(N\left(C_1, C_2\right) \mathrm{B}\right) = \frac{1}{c^2} \frac{\partial\left(N\left(C_1, C_2\right) \mathrm{E}\right)}{\partial t} + \mathrm{j}, \qquad (2.29)$$

который не содержит m, поэтому можно выбрать "калибровку" $m = 0$.

2.4. Галилеева электродинамика

Поскольку в выбранных обозначениях скорость света не входит в уравнения Максвелла, галилеева электродинамика, соответствующая нарушению полной линейной группы симметрии уравнений Максвелла $GL\left(4, \mathbb{R}\right)$ до галилеевой группы преобразований (2.12), может быть получена как формальный предел $c \to \infty$ одних лишь материальных уравнений (2.18)–(2.19). Тогда для галилеево-инвариантных материальных уравнений получаем

$$\mathrm{D} = M^G\left(G_1, G_2\right) \mathrm{B}, \qquad (2.30)$$

$$\mathrm{H} = N^G\left(G_1, G_2\right) \mathrm{B} - M^G\left(G_1, G_2\right) \mathrm{E}, \qquad (2.31)$$

где G_1, G_2 — первые два галилеевых инварианта из 6, получаемых из (2.10) $c \to \infty$ пределом, то есть

$$G_1 = \mathrm{B}^2, \ G_2 = \mathrm{B} \cdot \mathrm{E}, \ G_3 = \mathrm{D}^2, \ G_4 = \mathrm{D} \cdot \mathrm{H}, \ G_5 = \mathrm{B} \cdot \mathrm{H} - \mathrm{E} \cdot \mathrm{D}, \ G_6 = \mathrm{B} \cdot \mathrm{D}. \qquad (2.32)$$

Отметим, что остальные галилеевы инварианты выражаются через первые два инварианта формулами

$$G_3 = M^{G2}(G_1, G_2) G_1, \tag{2.33}$$

$$G_4 = M^G(G_1, G_2) N^G(G_1, G_2) G_1 - M^{G2}(G_1, G_2) G_2, \tag{2.34}$$

$$G_5 = N^G(G_1, G_2) G_1 - 2M^G(G_1, G_2) G_2, \tag{2.35}$$

$$G_6 = M^G(G_1, G_2) G_1, \tag{2.36}$$

которые являются $c \to \infty$ пределом формул (2.20)–(2.23).

В данном подходе галилеева электродинамика является существенно нелинейной теорией, поскольку отличная от нуля плотность заряда несовместима с постоянством функции $M^G(G_1, G_2)$. Так, пусть $M^G(G_1, G_2) = m = const$, тогда из материального уравнения (2.30) и уравнений Максвелла следует, что $\mathrm{div}\,D = m\,\mathrm{div}\,B = 0$ всегда, что несовместимо с уравнением $\mathrm{div}\,D = \rho$ при $\rho \neq 0$.

Частные случаи галилеевой электродинамики при выборе нелинейных функций

$$M^G(G_1, G_2) = 0, \qquad N^G(G_1, G_2) = G_2 \quad (\text{с } \rho = 0), \tag{2.37}$$

$$M^G(G_1, G_2) = G_2, \quad N^G(G_1, G_2) = \mu_0^{-1} \quad (\text{с } \rho \neq 0) \tag{2.38}$$

рассматривались в работе GOLDIN AND SHTELEN [2001], где также обсуждались отличия данного подхода от предшествующих (см. LE BELLAC AND LEVY-LEBLOND [1973], BROWN AND HOLLAND [1999]).

2.5. Обобщенные нелинейные материальные уравнения

Рассмотрим нелинейные материальные уравнения (2.18)–(2.19) в 4-инвариантном виде GOLDIN AND SHTELEN [2004]

$$G_{\mu\nu} = N(C_1, C_2) F_{\mu\nu} + cM(C_1, C_2) \tilde{F}_{\mu\nu}, \tag{2.39}$$

где лоренц-инварианты C_1, C_2 из (2.10) выражаются теперь через напряженности формулами

$$C_1 = \frac{1}{2} F_{\mu\nu} F^{\mu\nu} \equiv 2X, \qquad C_2 = -\frac{c}{4} F_{\mu\nu} \tilde{F}^{\mu\nu} \equiv -cY, \tag{2.40}$$

где лоренц-инвариантные величины X, Y введены для удобства работы в 4D обозначениях.

Если взять от (2.39) Ходж-сопряжение и представить эту пару уравнений в виде

$$\begin{pmatrix} G_{\mu\nu} \\ \tilde{G}_{\mu\nu} \end{pmatrix} = \begin{pmatrix} N(C_1, C_2) & cM(C_1, C_2) \\ -cM(C_1, C_2) & N(C_1, C_2) \end{pmatrix} \begin{pmatrix} F_{\mu\nu} \\ \tilde{F}_{\mu\nu} \end{pmatrix}, \qquad (2.41)$$

то в пространстве "спиноров"

$$\Pi^F = \begin{pmatrix} F_{\mu\nu} \\ \tilde{F}_{\mu\nu} \end{pmatrix}, \quad \Pi^G = \begin{pmatrix} G_{\mu\nu} \\ \tilde{G}_{\mu\nu} \end{pmatrix} \qquad (2.42)$$

появляется кватернионная структура (как в CIRILO-LOMBARDO [2007])

$$\Pi^G = \mathbb{Q} \cdot \Pi^F, \qquad (2.43)$$

где кватернион $\mathbb{Q}$ определяется формулой

$$\mathbb{Q} = N(C_1, C_2)\,\sigma_0 + icM(C_1, C_2)\,\sigma_2 \qquad (2.44)$$

и $\sigma_0 = I = \begin{pmatrix} 1 & 0 \\ 0 & 1 \end{pmatrix}$, $\sigma_2 = \begin{pmatrix} 0 & -i \\ i & 0 \end{pmatrix}$ — матрицы Паули.

Несмотря на достаточную общность, материальные уравнения вида (2.18)–(2.19) и (2.39) не учитывают, например, анизотропные среды DMITRIEV [1998], пироэлектрические и ферромагнитные материалы, киральные среды VINOGRADOV [2002], нелокальные эффекты. Поэтому самым общим выражением, учитывающим все перечисленные варианты сред, будет

$$G_{\mu\nu} = S_{\mu\nu} + R_{\mu\nu}^{\rho\sigma} F_{\rho\sigma} + Q_{\mu\nu}^{\rho\sigma\lambda_1} \frac{\partial F_{\rho\sigma}}{\partial x^{\lambda_1}} + Q_{\mu\nu}^{\rho\sigma\lambda_1\lambda_2} \frac{\partial F_{\rho\sigma}}{\partial x^{\lambda_1} \partial x^{\lambda_2}} + \cdots, \qquad (2.45)$$

где мы ввели три типа материальных тензоров $S_{\mu\nu}$, $R_{\mu\nu}^{\rho\sigma}$, $Q_{\mu\nu}^{\rho\sigma\lambda_1...\lambda_n}$, каждый из которых отвечает своему типу среды. Поскольку теперь формула (2.45) покрывает все возможные типы материальных уравнений, то рассматриваемые вместе (2.45) и уравнения Максвелла (2.14) определяют обобщенную нелинейную классическую электродинамику, которая описывает все типы материальных сред.

Для того, чтобы теория было лоренц-инвариантной все материальные тензоры должны зависеть от лоренц-инвариантов X, Y следующим образом: $S_{\mu\nu}$ — константа,

$$R_{\mu\nu}^{\rho\sigma} = R_{\mu\nu}^{\rho\sigma}(X, Y), \quad Q_{\mu\nu}^{\rho\sigma\lambda_1...\lambda_n} = Q_{\mu\nu}^{\rho\sigma\lambda_1...\lambda_n}(X, Y, \ldots), \qquad (2.46)$$

где "$\ldots$" означают производные инвариантов вплоть до порядка n.

Очевидно, что $S_{\mu\nu}$ — антисимметричный, $R_{\mu\nu}^{\rho\sigma}$ — антисимметричный по верхним и по нижним индексам, $Q_{\mu\nu}^{\rho\sigma\lambda_1\ldots\lambda_n}$ — антисимметричный по верхним и по первым двум нижним индексам и симметричный по остальным индексам λ_i лоренцевы тензоры.

Рассмотрим некоторые примеры. Для простейшего случая вакуума имеем[1]

$$S_{\mu\nu} = 0, \quad R_{\mu\nu}^{\rho\sigma} = \mu_0^{-1}\delta_{[\mu}^{\rho}\delta_{\nu]}^{\sigma}, \quad Q_{\mu\nu}^{\rho\sigma\lambda_1\ldots\lambda_n} = 0, \tag{2.47}$$

так, что единственный материальный тензор $R_{\mu\nu}^{\rho\sigma}$ "диагонален". Для электродинамики Борна-Инфельда имеем

$$S_{\mu\nu} = 0, \tag{2.48}$$

$$R_{\mu\nu}^{\rho\sigma} = \frac{\delta_{[\mu}^{\rho}\delta_{\nu]}^{\sigma} - \dfrac{c^2}{b^2}Y\varepsilon_{[\mu\nu]\lambda\delta}\eta^{\lambda\rho}\eta^{\delta\sigma}}{\mu_0\sqrt{1 + 2\dfrac{c^2}{b^2}X - \dfrac{c^4}{b^4}Y^2}}, \tag{2.49}$$

$$Q_{\mu\nu}^{\rho\sigma\lambda_1\ldots\lambda_n} = 0. \tag{2.50}$$

Рассмотрим анизотропную среду с тензорными проницаемостями ε_{ij} и μ_{ij} $(i, j = x, y, z)$, тогда материальные уравнения (не описываемые формулами вида (2.18)–(2.19)) будут иметь вид $D_i = \varepsilon_{ij}E_j$, $B_i = \mu_{ij}H_j$, для которых материальный тензор $R_{\mu\nu}^{\rho\sigma}$ легко может быть найден, а остальные $S_{\mu\nu}$ и $Q_{\mu\nu}^{\rho\sigma\lambda_1\ldots\lambda_n}$ зануляются. Случай, когда $S_{\mu\nu} \neq 0$, соответствует пироэлектрическим и ферромагнитным материалам, и он будет рассмотрен отдельно.

2.6. Лагранжева нелинейная электродинамика

Пусть мы имеем лагранжиан $L(X, Y)$, зависящий от лоренцевых инвариантов и описывающий нелинейную классическую электродинамику. Тогда из материального уравнения (2.39) имеем

$$G_{\mu\nu} = -\frac{\partial L(X, Y)}{\partial X}F_{\mu\nu} - \frac{\partial L(X, Y)}{\partial Y}\tilde{F}_{\mu\nu}. \tag{2.51}$$

---

[1]Квадратными скобками обозначена антисимметризация $x_{[\mu\nu]} \equiv (x_{\mu\nu} - x_{\nu\mu})/2$.

Сравнивая (2.45) and (2.51), получаем материальные тензоры для обобщенной лагранжевой нелинейной электродинамики

$$S_{\mu\nu} = 0, \tag{2.52}$$

$$R^{\rho\sigma}_{\mu\nu} = -\frac{\partial L\,(X,Y)}{\partial X}\delta^{\rho}_{[\mu}\delta^{\sigma}_{\nu]} - \frac{\partial L\,(X,Y)}{\partial Y}\varepsilon_{[\mu\nu]\lambda\delta}\eta^{\lambda\rho}\eta^{\delta\sigma}, \tag{2.53}$$

$$Q^{\rho\sigma\lambda_1\dots\lambda_n}_{\mu\nu} = 0. \tag{2.54}$$

В этом случае нелинейные функции M and N из (2.18)–(2.19) имеют специальный вид

$$N_L\,(X,Y) = -\frac{\partial L\,(X,Y)}{\partial X}, \qquad M_L\,(X,Y) = -\frac{1}{c}\frac{\partial L\,(X,Y)}{\partial Y}. \tag{2.55}$$

Поэтому, чтобы материальные уравнения вида (2.39) совместно с уравнениями Максвелла описывали лагранжеву нелинейную электродинамику, необходимо, чтобы функции $M\,(X,Y)$ и $N\,(X,Y)$ были связаны условием "лагранжевости" GOLDIN AND SHTELEN [2004]

$$\frac{\partial N_L\,(X,Y)}{\partial Y} = c\frac{\partial M_L\,(X,Y)}{\partial X}. \tag{2.56}$$

В качестве примера можно привести лагранжиан электродинамики Борна-Инфельда BORN AND INFELD [1934]. Предлагаемая схема включает в себя также диссипативные и другие нелагранжевы теории, для которых соотношение "лагранжевости" (2.56) может не выполняться.

2.7. Преобразования дуальности

Рассмотрим преобразования дуальности $F_{\mu\nu} \leftrightarrow \tilde{G}_{\mu\nu}$ GIBBONS AND HASHIMOTO [2000]

$$\delta F_{\mu\nu} = \tilde{G}_{\mu\nu}, \qquad \delta G_{\mu\nu} = \tilde{F}_{\mu\nu}, \tag{2.57}$$

Условие (анти)самодуальности определяется формулой

$$F_{\mu\nu} = \epsilon\tilde{G}_{\mu\nu}, \tag{2.58}$$

$$\epsilon = \pm 1. \tag{2.59}$$

При этом выполняется основное соотношение дуальной теории

$$F_{\mu\nu}\tilde{F}^{\mu\nu} = G_{\mu\nu}\tilde{G}^{\mu\nu} \tag{2.60}$$

или эквивалентно $D \cdot H = B \cdot E$.

Используя (2.45), можно получить условия (анти)самодуальности для материального тензора $R_{\mu\nu}^{\rho\sigma}$ (при $S_{\mu\nu} = 0$, $Q_{\mu\nu}^{\rho\sigma\lambda_1...\lambda_n} = 0$) в следующем виде

$$R_{\mu\nu}^{\rho\sigma}\varepsilon_{\rho\sigma\lambda\delta}\eta^{\lambda[\mu}\eta^{\delta\nu]} = 2\epsilon. \tag{2.61}$$

Дополнительное соотношение дуальной теории, удовлетворяющее (2.58), $F_{\mu\nu} = \epsilon\tilde{F}_{\mu\nu}$, приводит к $X = Y$. Конечные преобразования дуальности определяются формулами

$$F'_{\mu\nu} = aF_{\mu\nu} + b\tilde{G}_{\mu\nu}, \tag{2.62}$$

$$G'_{\mu\nu} = eG_{\mu\nu} + f\tilde{F}_{\mu\nu}, \tag{2.63}$$

где $af - be = 1$. Учитывая материальные уравнения вида (2.39) и их Ходж-сопряженные, можно получить

$$F'_{\mu\nu} = U_{\mu\nu}^{\rho\sigma}F_{\rho\sigma}, \tag{2.64}$$

$$G'_{\mu\nu} = V_{\mu\nu}^{\rho\sigma}G_{\rho\sigma}, \tag{2.65}$$

где $U_{\mu\nu}^{\rho\sigma}$ и $V_{\mu\nu}^{\rho\sigma}$ можно назвать "тензорами дуальности", которые имеют вид

$$U_{\mu\nu}^{\rho\sigma} = (a - bcM(C_1, C_2))\delta_\mu^\rho\delta_\nu^\sigma + \frac{1}{2}bN(C_1, C_2)\varepsilon_{\mu\nu\lambda\delta}\eta^{\lambda\rho}\eta^{\delta\sigma}, \tag{2.66}$$

$$V_{\mu\nu}^{\rho\sigma} = \left(e + \frac{fcM(C_1, C_2)}{N^2(C_1, C_2) + c^2M^2(C_1, C_2)}\right)\delta_\mu^\rho\delta_\nu^\sigma$$
$$+ \frac{1}{2}\frac{N(C_1, C_2)}{N^2(C_1, C_2) + c^2M^2(C_1, C_2)}\varepsilon_{\mu\nu\lambda\delta}\eta^{\lambda\rho}\eta^{\delta\sigma}. \tag{2.67}$$

Отметим, что уравнения движения можно получить непосредственно методом, изложенным в GIBBONS AND HASHIMOTO [2000].

2.8. Суперсимметричная электродинамика

Рассмотрим суперсимметричную версию классической электродинамики и суперполевое обобщение материальных уравнений в суперпространстве. Выберем обозначения (в основном следуя WESS AND BAGGER [1983]), в которых $N = 1$ четырехмерное суперпространство есть $z^M = \left\{x^\mu, \theta^\alpha, \bar{\theta}^{\dot\alpha}\right\}$, где мы ввели "объединенный" индекс $M = \{\mu, \alpha, \dot\alpha\}$ и $\theta^\alpha, \bar{\theta}^{\dot\alpha}$ ($\alpha, \dot\alpha = 1, 2$) — дополнительные грассмановы координаты (двухкомпонентные майорановские спиноры)[2].

---

[2]Спинорные индексы будем обозначать буквами из начала греческого алфавита, которые опускаются и поднимаются с помощью полностью антисимметричного тензора $\varepsilon^{12} = -\varepsilon_{12} = \varepsilon_{\dot{1}\dot{2}} = -\varepsilon^{\dot{1}\dot{2}} = 1$.

Глава 2. НЕЛИНЕЙНАЯ СУПЕРСИММЕТРИЧНАЯ ЭЛЕКТРОДИНАМИКА
С. А. Дуплий, Дж. А. Голдин, В. М. Штелень

Преобразования $N = 1$ $D = 4$ суперсимметрии есть

$$\tilde{x}^{\mu} = x^{\mu} + i\lambda^{\alpha}\sigma^{\mu}_{\alpha\dot{\alpha}}\bar{\theta}^{\dot{\alpha}} - i\theta^{\alpha}\sigma^{\mu}_{\alpha\dot{\alpha}}\lambda^{\dot{\alpha}}, \tag{2.68}$$

$$\tilde{\theta}^{\alpha} = \theta^{\alpha} + \lambda^{\alpha}, \quad \tilde{\bar{\theta}}^{\dot{\alpha}} = \bar{\theta}^{\dot{\alpha}} + \lambda^{\dot{\alpha}}, \tag{2.69}$$

где $\lambda^{\alpha}, \lambda^{\dot{\alpha}}$ — грассмановы постоянные антикоммутирующие спиноры. Преобразования (2.68)–(2.69) генерируются суперзарядами

$$Q_{\alpha} = -i\frac{\partial}{\partial\theta^{\alpha}} + \sigma^{\mu}_{\alpha\dot{\alpha}}\bar{\theta}^{\dot{\alpha}}\frac{\partial}{\partial x^{\mu}}, \tag{2.70}$$

$$\bar{Q}_{\dot{\alpha}} = i\frac{\partial}{\partial\bar{\theta}^{\dot{\alpha}}} + \theta^{\alpha}\sigma^{\mu}_{\alpha\dot{\alpha}}\frac{\partial}{\partial x^{\mu}}, \tag{2.71}$$

$$\{Q_{\alpha}, \bar{Q}_{\dot{\alpha}}\} = 2i\sigma^{\mu}_{\alpha\dot{\alpha}}\frac{\partial}{\partial x^{\mu}} \tag{2.72}$$

следующим образом $\tilde{z}^{M} = \exp\left[i\left(\lambda^{\alpha}Q_{\alpha} + \bar{Q}_{\dot{\alpha}}\lambda^{\dot{\alpha}}\right)\right]z^{M}$, где $\sigma^{\mu}_{\alpha\dot{\alpha}} = (I, \vec{\sigma})_{\alpha\dot{\alpha}}$ — матрицы Паули. Ковариантные суперпроизводные определяются формулами

$$D_{\mu} = \frac{\partial}{\partial x^{\mu}}, \tag{2.73}$$

$$D_{\alpha} = \frac{\partial}{\partial\theta^{\alpha}} - i\sigma^{\mu}_{\alpha\dot{\alpha}}\bar{\theta}^{\dot{\alpha}}\frac{\partial}{\partial x^{\mu}}, \tag{2.74}$$

$$\bar{D}_{\dot{\alpha}} = -\frac{\partial}{\partial\bar{\theta}^{\dot{\alpha}}} + i\theta^{\alpha}\sigma^{\mu}_{\alpha\dot{\alpha}}\frac{\partial}{\partial x^{\mu}}, \tag{2.75}$$

$$\{D_{\alpha}, \bar{D}_{\dot{\alpha}}\} = 2i\sigma^{\mu}_{\alpha\dot{\alpha}}\frac{\partial}{\partial x^{\mu}}, \tag{2.76}$$

так что остальные (анти)коммутаторы, кроме (2.72) и (2.76), зануляются.

Общее суперполе $\Phi\left(x, \theta, \bar{\theta}\right)$ (с произвольными не указанными здесь индексами) как функция нильпотентных грассмановых величин θ^{α}, $\bar{\theta}^{\dot{\alpha}}$ раскладывается в конечный ряд по ним с коэффициентами, которые являются обычными и спинорными функциями (мультиплет полей) и перемешиваются (инфинитезимальными) преобразованиями суперсимметрии WESS AND BAGGER [1983]

$$\delta\Phi\left(x, \theta, \bar{\theta}\right) = i\left(\lambda^{\alpha}Q_{\alpha} + \bar{Q}_{\dot{\alpha}}\lambda^{\dot{\alpha}}\right)\Phi\left(x, \theta, \bar{\theta}\right). \tag{2.77}$$

Абелево калибровочное поле $A_{\mu}(x)$ входит в векторный мультиплет и является компонентой калибровочного суперполя $V\left(x, \theta, \bar{\theta}\right) = V^{+}\left(x, \theta, \bar{\theta}\right)$, где $+$ означает суперэрмитово сопряжение. Суперкалибровочные преобразования имеют вид

$$\tilde{V}\left(x, \theta, \bar{\theta}\right) = V\left(x, \theta, \bar{\theta}\right) + \frac{i}{2}\left(\Lambda\left(x, \theta, \bar{\theta}\right) - \Lambda^{+}\left(x, \theta, \bar{\theta}\right)\right), \tag{2.78}$$

где $\Lambda\left(x,\theta,\bar{\theta}\right)$ — киральное суперполе, удовлетворяющее соотношениям $D_\alpha \Lambda\left(x,\theta,\bar{\theta}\right) = 0$ и $\bar{D}_{\dot\alpha}\Lambda^+\left(x,\theta,\bar{\theta}\right) = 0$, так что в действительности является функцией лишь двух суперкоординат $\Lambda\left(x,\theta,\bar{\theta}\right) = \Upsilon\left(x_L,\theta\right)$, $\Lambda^+\left(x,\theta,\bar{\theta}\right) = \Upsilon^+\left(x_R,\bar{\theta}\right)$, где $x_{L,R}^\mu = x^\mu \pm i\theta^\alpha \sigma_{\alpha\dot\alpha}^\mu \bar{\theta}^{\dot\alpha}$. В калибровке Весса-Зумино половина полей можно "откалибровать" (занулить), используя суперкалибровочные преобразования (2.78), тогда для $V\left(x,\theta,\bar{\theta}\right)$ можно получить

$$V_{WZ}\left(x,\theta,\bar{\theta}\right) = -\theta^\alpha \sigma_{\alpha\dot\alpha}^\mu \bar{\theta}^{\dot\alpha} A_\mu\left(x\right) - i\bar{\theta}_{\dot\alpha}\bar{\theta}^{\dot\alpha}\theta^\alpha \psi_\alpha\left(x\right)$$
$$+ i\theta^\alpha \theta_\alpha \bar{\theta}_{\dot\alpha}\bar{\psi}^{\dot\alpha}\left(x\right) + \frac{1}{2}\theta^\alpha \theta_\alpha \bar{\theta}_{\dot\alpha}\bar{\theta}^{\dot\alpha} D\left(x\right), \qquad (2.79)$$

где $\psi_\alpha\left(x\right)$ — майораново фермионное поле (суперпартнер фотона — фотино), $D\left(x\right)$ — нефизическое вспомогательное поле, необходимое лишь для удовлетворения всего выражения преобразованиям суперсимметрии и удовлетворяющее уравнениям движения $D\left(x\right) = 0$.

Если $\Psi\left(x,\theta,\bar{\theta}\right)$ суперполе материи, то его суперкалибровочные (фазовые) преобразования есть

$$\tilde{\Psi}\left(x,\theta,\bar{\theta}\right) = \exp\left[-\frac{ie}{\hbar c}\left(\Lambda\left(x,\theta,\bar{\theta}\right) + \Lambda^+\left(x,\theta,\bar{\theta}\right)\right)\right]\Psi\left(x,\theta,\bar{\theta}\right). \quad (2.80)$$

Вместе (2.78) и (2.80) представляют полный набор суперкалибровочных преобразований абелевой $N = 1$ суперсимметричной калибровочной теории Wess and Bagger [1983].

Для каждой суперпроизводной D_M введем соответствующий калибровочный суперпотенциал $A_M\left(x,\theta,\bar{\theta}\right)$, тогда ковариантные относительно суперкалибровочных преобразований (2.78) и (2.80) суперпроизводные будут иметь вид

$$\nabla_M = D_M + \frac{ie}{\hbar c}A_M\left(x,\theta,\bar{\theta}\right). \qquad (2.81)$$

При этом требование, чтобы ковариантная суперпроизводная от материального суперполя преобразовывалась, как само суперполе (2.80) приводит к преобразованиям суперпотенциала

$$\tilde{A}_\mu\left(x,\theta,\bar{\theta}\right) = A_\mu\left(x,\theta,\bar{\theta}\right) + \frac{1}{2}D_\mu\left(\Lambda\left(x,\theta,\bar{\theta}\right) + \Lambda^+\left(x,\theta,\bar{\theta}\right)\right), \quad (2.82)$$

$$\tilde{A}_\alpha\left(x,\theta,\bar{\theta}\right) = A_\alpha\left(x,\theta,\bar{\theta}\right) + \frac{1}{2}D_\alpha\Lambda^+\left(x,\theta,\bar{\theta}\right), \qquad (2.83)$$

$$\widetilde{\bar{A}}_{\dot\alpha}\left(x,\theta,\bar{\theta}\right) = \bar{A}_{\dot\alpha}\left(x,\theta,\bar{\theta}\right) + \frac{1}{2}\bar{D}_{\dot\alpha}\Lambda\left(x,\theta,\bar{\theta}\right). \qquad (2.84)$$

Эти преобразования автоматически выполняются, если выбрать

$$A_\mu \left(x, \theta, \bar{\theta} \right) = \left(i D_\mu - \frac{1}{2} D_\alpha \sigma_\mu^{\alpha\dot\alpha} \bar{D}_{\dot\alpha} \right) V \left(x, \theta, \bar{\theta} \right), \qquad (2.85)$$

$$A_\alpha \left(x, \theta, \bar{\theta} \right) = i D_\alpha V \left(x, \theta, \bar{\theta} \right),$$
$$\bar{A}_{\dot\alpha} \left(x, \theta, \bar{\theta} \right) = i \bar{D}_{\dot\alpha} V \left(x, \theta, \bar{\theta} \right), \qquad (2.86)$$

где $V \left(x, \theta, \bar{\theta} \right)$ — препотенциал абелевой $N = 1$ суперсимметричной калибровочной теории. Из (2.85)–(2.86) следует, что имеется соотношение между векторной и спинорными производными

$$\nabla_\mu = \frac{i}{4} \sigma_\mu^{\alpha\dot\alpha} \left\{ \nabla_\alpha, \bar{\nabla}_{\dot\alpha} \right\}, \qquad (2.87)$$

а также связь между суперпроизводными и ковариантными суперпроизводными

$$\nabla_\alpha = e^{\frac{e}{\hbar c} V \left(x, \theta, \bar{\theta} \right)} D_\alpha e^{-\frac{e}{\hbar c} V \left(x, \theta, \bar{\theta} \right)}, \qquad (2.88)$$

$$\bar{\nabla}_{\dot\alpha} = e^{-\frac{e}{\hbar c} V \left(x, \theta, \bar{\theta} \right)} \bar{D}_{\dot\alpha} e^{\frac{e}{\hbar c} V \left(x, \theta, \bar{\theta} \right)}. \qquad (2.89)$$

Теперь, чтобы стандартным образом получить супернапряженность (кривизну) $F_{MN} \left(x, \theta, \bar{\theta} \right)$ и кручение$T_{MN}{}^K$, необходимо вычислить перестановочные соотношения

$$\left\{ \nabla_M, \nabla_N \right] = i T_{MN}{}^K \nabla_K + i F_{MN} \left(x, \theta, \bar{\theta} \right), \qquad (2.90)$$

где $\{$ $]$ означает смешанный коммутатор (равный антикоммутатору для двух нечетных величин и коммутатору в остальных случаях). Из (2.87) следует, что кручение имеет лишь такие ненулевые компоненты

$$T_{\alpha\dot\alpha}{}^\mu = 2\sigma_{\alpha\dot\alpha}^\mu. \qquad (2.91)$$

Для супернапряженности из (2.87) получаем, что все компоненты с обеими фермионными индексами зануляются

$$F_{\alpha\beta} \left(x, \theta, \bar{\theta} \right) = F_{\alpha\dot\beta} \left(x, \theta, \bar{\theta} \right) = F_{\dot\alpha\dot\beta} \left(x, \theta, \bar{\theta} \right) = 0. \qquad (2.92)$$

Такого типа связи называются "сохраняющими представление", поскольку они позволяют ввести киральные и антикиральные суперполя, которые "выживают" при ненулевой калибровочной константе взаимодействия. Такие смешанные спин-векторные (нечетные) суперполя наинизшей размерности есть

$$F_{\alpha\mu} \left(x, \theta, \bar{\theta} \right) = -i \left[\nabla_\alpha, \nabla_\mu \right] = D_\alpha A_\mu \left(x, \theta, \bar{\theta} \right) - D_\mu A_\alpha \left(x, \theta, \bar{\theta} \right), \qquad (2.93)$$

$$\bar{F}_{\dot\alpha\mu} \left(x, \theta, \bar{\theta} \right) = -i \left[\bar{\nabla}_{\dot\alpha}, \nabla_\mu \right] = \bar{D}_{\dot\alpha} A_\mu \left(x, \theta, \bar{\theta} \right) - D_\mu \bar{A}_{\dot\alpha} \left(x, \theta, \bar{\theta} \right), \qquad (2.94)$$

которые и являются суперналогом напряженностей $F_{\mu\nu}$. Используя разрешение связей типа (2.85)–(2.86), можно получить явный вид

$$\mathrm{F}_{\alpha\mu}\left(x,\theta,\bar{\theta}\right) = -\frac{1}{2}\mathrm{D}_\alpha \mathrm{D}_\beta \sigma_\mu^{\beta\dot{\beta}}\bar{\mathrm{D}}_{\dot{\beta}}\mathrm{V}\left(x,\theta,\bar{\theta}\right), \qquad (2.95)$$

$$\bar{\mathrm{F}}_{\dot{\alpha}\mu}\left(x,\theta,\bar{\theta}\right) = -\frac{1}{2}\bar{\mathrm{D}}_{\dot{\alpha}}\bar{\mathrm{D}}_{\dot{\beta}}\sigma_\mu^{\beta\dot{\beta}}\mathrm{D}_\beta \mathrm{V}\left(x,\theta,\bar{\theta}\right). \qquad (2.96)$$

Из этого вида следует, что смешанные спин-векторные супернапряженности могут быть выражены через одно киральное спинорное суперполе

$$\mathrm{F}_{\alpha\mu}\left(x,\theta\right) = -i\varepsilon_{\alpha\beta}\sigma_\mu^{\beta\dot{\beta}}\bar{\mathrm{W}}_{\dot{\beta}}\left(x,\bar{\theta}\right), \qquad (2.97)$$

$$\bar{\mathrm{F}}_{\dot{\alpha}\mu}\left(x,\theta\right) = -i\varepsilon_{\dot{\alpha}\dot{\beta}}\bar{\sigma}_\mu^{\dot{\beta}\beta}\mathrm{W}_\beta\left(x,\theta\right), \qquad (2.98)$$

где

$$\mathrm{W}_\beta\left(x,\theta\right) = \frac{1}{2}\bar{\mathrm{D}}_{\dot{\alpha}}\bar{\mathrm{D}}^{\dot{\beta}}\mathrm{D}_\beta \mathrm{V}\left(x,\theta,\bar{\theta}\right), \quad \bar{\mathrm{D}}_{\dot{\alpha}}\mathrm{W}_\beta\left(x,\theta\right) = 0, \qquad (2.99)$$

$$\bar{\mathrm{W}}_{\dot{\beta}}\left(x,\bar{\theta}\right) = \frac{1}{2}\mathrm{D}^\alpha \mathrm{D}_\beta \bar{\mathrm{D}}_{\dot{\beta}}\mathrm{V}\left(x,\theta,\bar{\theta}\right), \quad \mathrm{D}_\alpha \bar{\mathrm{W}}_{\dot{\beta}}\left(x,\theta\right) = 0. \qquad (2.100)$$

Суперполя удовлетворяют дополнительному соотношению $\mathrm{D}^\alpha \mathrm{W}_\alpha\left(x,\theta\right) = \bar{\mathrm{D}}_{\dot{\alpha}}\bar{\mathrm{W}}^{\dot{\alpha}}\left(x,\bar{\theta}\right)$. Используя разложение препотенциала $\mathrm{V}\left(x,\theta,\bar{\theta}\right)$ по компонентам, в калибровке Весса-Зумино (2.79) получаем

$$\mathrm{W}_\alpha\left(x,\theta\right) = -i\psi_\alpha\left(x\right) + \left(\varepsilon_{\alpha\gamma}D\left(x\right) - \frac{i}{2}\sigma_{\alpha\dot{\alpha}}^\mu \varepsilon^{\dot{\alpha}\dot{\beta}}\bar{\sigma}_{\dot{\beta}\gamma}^\nu F_{\mu\nu}\left(x\right)\right)\theta^\gamma$$
$$- \theta^\beta \theta_\beta \sigma_{\alpha\dot{\alpha}}^\mu \partial_\mu \bar{\psi}^{\dot{\alpha}}\left(x\right), \qquad (2.101)$$

$$\bar{\mathrm{W}}_{\dot{\alpha}}\left(x,\bar{\theta}\right) = i\bar{\psi}_{\dot{\alpha}}\left(x\right) + \left(\varepsilon_{\dot{\alpha}\dot{\gamma}}D\left(x\right) + \frac{i}{2}\bar{\sigma}_{\dot{\alpha}\alpha}^\mu \varepsilon^{\alpha\beta}\sigma_{\beta\dot{\gamma}}^\nu F_{\mu\nu}\left(x\right)\right)\bar{\theta}^{\dot{\gamma}}$$
$$+ \bar{\theta}_{\dot{\beta}}\bar{\theta}^{\dot{\beta}}\bar{\sigma}_{\dot{\alpha}\alpha}^\mu \partial_\mu \psi^\alpha\left(x\right). \qquad (2.102)$$

Из (2.97)–(2.98) следует, что роль калибровочных инвариантов X и Y (2.40) играют суперполя

$$\mathrm{X}\left(x,\theta\right) = \frac{1}{4}\bar{\mathrm{F}}_{\dot{\alpha}\mu}\left(x,\theta\right)\bar{\mathrm{F}}^{\dot{\alpha}\mu}\left(x,\theta\right) = \mathrm{W}^\alpha\left(x,\theta\right)\mathrm{W}_\alpha\left(x,\theta\right), \qquad (2.103)$$

$$\mathrm{Y}\left(x,\bar{\theta}\right) = \frac{1}{4}\mathrm{F}^{\alpha\mu}\left(x,\bar{\theta}\right)\mathrm{F}_{\alpha\mu}\left(x,\bar{\theta}\right) = \bar{\mathrm{W}}_{\dot{\alpha}}\left(x,\bar{\theta}\right)\bar{\mathrm{W}}^{\dot{\alpha}}\left(x,\bar{\theta}\right). \qquad (2.104)$$

Разлагая по компонентам (2.101)–(2.102) можно заметить связь

$$\mathrm{X}\left(x,\theta\right) = \ldots + \theta^\alpha \theta_\alpha\left(X - iY\right), \qquad (2.105)$$

$$\mathrm{Y}\left(x,\bar{\theta}\right) = \ldots + \bar{\theta}_{\dot{\alpha}}\bar{\theta}^{\dot{\alpha}}\left(X + iY\right), \qquad (2.106)$$

что после интегрирования по грассмановым координатам дает правильный вклад в лагранжан теории.

2.9. Суперсимметричные материальные уравнения

Рассмотрим $N = 1$ суперсимметричную теорию в "суперсреде" и будем искать супераналог материальных уравнений (2.18). Введем супернапряженности в "суперсреде" $G^{\alpha\mu}\left(x,\bar{\theta}\right)$ и $\bar{G}_{\dot{\alpha}\mu}\left(x,\theta\right)$, но не будем их выражать через препотенциал как в (2.95)–(2.96) (так же, как и $G_{\mu\nu}$ не имеет представления через потенциал). Мы предположим, что $G^{\alpha\mu}\left(x,\bar{\theta}\right)$ и $\bar{G}_{\dot{\alpha}\mu}\left(x,\theta\right)$ имеют представление через киральное спинорное суперполе, аналогичное (2.97)–(2.98)

$$G_{\alpha\mu}\left(x,\bar{\theta}\right) = -i\varepsilon_{\alpha\beta}\sigma_{\mu}^{\beta\dot{\beta}}\bar{W}_{\dot{\beta}}^{G}\left(x,\bar{\theta}\right), \qquad (2.107)$$

$$\bar{G}_{\dot{\alpha}\mu}\left(x,\theta\right) = -i\varepsilon_{\dot{\alpha}\dot{\beta}}\bar{\sigma}_{\mu}^{\dot{\beta}\beta}W_{\beta}^{G}\left(x,\theta\right), \qquad (2.108)$$

где киральные суперполя в "суперсреде" $W_{\beta}^{G}\left(x,\theta\right)$ и $\bar{W}_{\dot{\beta}}^{G}\left(x,\bar{\theta}\right)$ не выражаются через препотенциал, но имеют разложение по компонентам аналогичное (2.101)–(2.102)

$$W_{\alpha}^{G}\left(x,\theta\right) = -i\psi_{\alpha}^{G}\left(x\right) + \left(\varepsilon_{\alpha\gamma}D^{G}\left(x\right) - \frac{i}{2}\sigma_{\alpha\dot{\alpha}}^{\mu}\varepsilon^{\dot{\alpha}\dot{\beta}}\bar{\sigma}_{\dot{\beta}\gamma}^{\nu}G_{\mu\nu}\left(x\right)\right)\theta^{\gamma}$$

$$- \theta^{\beta}\theta_{\beta}\sigma_{\alpha\dot{\alpha}}^{\mu}\partial_{\mu}\bar{\psi}^{G\dot{\alpha}}\left(x\right), \qquad (2.109)$$

$$\bar{W}_{\dot{\alpha}}^{G}\left(x,\bar{\theta}\right) = i\bar{\psi}_{\dot{\alpha}}^{G}\left(x\right) + \left(\varepsilon_{\dot{\alpha}\dot{\gamma}}D^{G}\left(x\right) + \frac{i}{2}\bar{\sigma}_{\dot{\alpha}\alpha}^{\mu}\varepsilon^{\alpha\beta}\sigma_{\beta\dot{\gamma}}^{\nu}G_{\mu\nu}\left(x\right)\right)\bar{\theta}^{\dot{\gamma}}$$

$$+ \bar{\theta}_{\dot{\beta}}\bar{\theta}^{\dot{\beta}}\bar{\sigma}_{\dot{\alpha}\alpha}^{\mu}\partial_{\mu}\psi^{G\alpha}\left(x\right), \qquad (2.110)$$

где $G_{\mu\nu}\left(x\right)$ дается выражением (2.14). Очевидно, что гораздо проще работать с величиной, имеющей один спинорный индекс $W_{\alpha}^{G}\left(x,\theta\right)$, чем с величиной, имеющей спин-векторный индекс $G_{\alpha\mu}\left(x,\bar{\theta}\right)$, тем более, что они отличаются лишь на постоянную матрицу (см. (2.97)–(2.98) и (2.107)–(2.108)). Поэтому мы сформулируем супераналог материальных уравнений (2.45) в терминах киральных спинорных суперполей следующим образом

$$W_{\alpha}^{G}\left(x,\theta\right) = S_{\alpha}\left(x,\theta\right) + R_{\alpha}^{\beta}\left(x,\theta\right)W_{\beta}\left(x,\theta\right)$$

$$+ Q_{\alpha}^{\beta\gamma}\left(x,\theta\right)D_{\beta}W_{\gamma}\left(x,\theta\right) + \ldots DDW\ldots, \qquad (2.111)$$

$$\bar{W}_{\dot{\alpha}}^{G}\left(x,\bar{\theta}\right) = \bar{S}_{\dot{\alpha}}\left(x,\bar{\theta}\right) + \bar{R}_{\dot{\alpha}}^{\dot{\beta}}\left(x,\bar{\theta}\right)\bar{W}_{\dot{\beta}}\left(x,\bar{\theta}\right)$$

$$+ \bar{Q}_{\dot{\alpha}}^{\dot{\beta}\dot{\gamma}}\left(x,\bar{\theta}\right)\bar{D}_{\dot{\beta}}\bar{W}_{\dot{\gamma}}\left(x,\bar{\theta}\right) + \ldots\bar{D}\bar{D}W\ldots,. \qquad (2.112)$$

Калибровочная суперинвариантность теории требует, чтобы суперполя $S_{\alpha}\left(x,\theta\right)$, $R_{\alpha}^{\beta}\left(x,\theta\right)$, $Q_{\alpha}^{\beta\gamma}\left(x,\theta\right)$ зависили только от калибровочного суперинварианта $X\left(x,\theta\right)$ (формула (2.103)), а суперполя $\bar{S}_{\dot{\alpha}}\left(x,\bar{\theta}\right)$,

$\bar{\mathrm{R}}_{\dot{\alpha}}^{\dot{\beta}}\left(x,\bar{\theta}\right)$, $\bar{\mathrm{Q}}_{\alpha}^{\dot{\beta}\dot{\gamma}}\left(x,\bar{\theta}\right)$ зависели только от $\mathrm{Y}\left(x,\bar{\theta}\right)$ (формула (2.104))

$$
\begin{aligned}
\mathrm{S}_{\alpha} &= \mathrm{S}_{\alpha}\left(\mathrm{X}\left(x,\theta\right)\right), \quad \mathrm{R}_{\alpha}^{\beta} = \mathrm{R}_{\alpha}^{\beta}\left(\mathrm{X}\left(x,\theta\right)\right), \\
&\quad \mathrm{Q}_{\alpha}^{\beta\gamma} = \mathrm{Q}_{\alpha}^{\beta\gamma}\left(\mathrm{X}\left(x,\theta\right)\right), \qquad\qquad\qquad (2.113) \\
\bar{\mathrm{S}}_{\dot{\alpha}} &= \bar{\mathrm{S}}_{\dot{\alpha}}\left(\mathrm{Y}\left(x,\bar{\theta}\right)\right), \quad \bar{\mathrm{R}}_{\dot{\alpha}}^{\dot{\beta}} = \bar{\mathrm{R}}_{\dot{\alpha}}^{\dot{\beta}}\left(\mathrm{Y}\left(x,\bar{\theta}\right)\right), \\
&\quad \bar{\mathrm{Q}}_{\alpha}^{\dot{\beta}\dot{\gamma}} = \bar{\mathrm{Q}}_{\alpha}^{\dot{\beta}\dot{\gamma}}\left(\mathrm{Y}\left(x,\bar{\theta}\right)\right). \qquad\qquad\qquad (2.114)
\end{aligned}
$$

Используя (2.101)–(2.102) и (2.109)–(2.110) можно получить материальные уравнения (2.111)–(2.112) в компонентах.

Таким образом, мы предложили максимально обобщенный подход к нелинейной классической электродинамике и суперсимметричной электродинамике, который учитывает все возможные виды сред, нелокальные эффекты и описывает как лагранжевы, так и нелагранжевы теории.

ГЛАВА 3

МУЛЬТИГРАВИТАЦИЯ И МОДЕЛЬ ПАУЛИ-ФИРЦА
С.А. Дуплий, А.Т. Котвицкий

3.1.　Введение

В первых работах по мультигравитации ее частный случай (бигравитация) назывался "*f-g* theory" ISHAM ET AL. [1971], AICHELBURG ET AL. [1971], AICHELBURG [1973]). В дальнейшем эта конструкция успешно применялась в теориях с дискретными размерностями DEFFAYET AND MOURAD [2004a,b] и массивной гравитации BLAS [2006], а также в объяснении таких экспериментальных фактов, как темная энергия и темная материя, HANNESTAD [2006], GRIB AND PAVLOV [2006], DUBOVSKY ET AL. [2005], ускоренное расширение вселенной DAMOUR ET AL. [2002], DEFFAYET ET AL. [2002].

Построение последовательного расширения теории гравитации с учетом массивных слагаемых является трудной задачей. Во-первых, это связано с явлением ван Дама-Вельтмана-Захарова, которое состоит в том, что при стремлении массы гравитона к нулю теория не переходит в общую теорию относительности ZAKHAROV [1970], VAN DAM AND VELTMAN [1970]. Это проявляется, например, в различных предсказаниях для отклонения луча света в поле массивных тел. Избавиться от этой неприятности позволяет механизм Вайнштейна VAINSHTEIN [1972], который убирает неоднородность в пространстве параметров KOYAMA ET AL. [2011], BABICHEV ET AL. [2010]. Во-вторых, в моделях подобного типа возникают духовые моды, которые являются неприемлемыми в физически осмысленных теориях.

Условно можно выделить два способа расширения гравитации на массивную теорию. Первый, это изменение действия Эйнштейна-Гильберта путем включения слагаемых с высшими степенями кривизны, как, например, в «новой массивной гравитации» BERGSHOEFF ET AL. [2009]. Второй подход — это нелинейное расширение модели типа Паули-Фирца DE RHAM AND GABADADZE [2010], которое свободно от нестабильности, обнаруженной в BOULWARE AND DESER [1972]. Однако, как показано в PAULOS AND TOLLEY [2012], оба этих подхода можно рассматривать как масштабный предел модели бигравитации, предложенной в HASSAN AND ROSEN [2012], в которой отсутствуют духовые моды. Таким образом, обобщение мультигравитации, в частности, бигравитации, является актуальным.

Мы предлагаем обобщенное описание взаимодействия мультигравитации в D мерном пространстве-времени. Мы изучаем различные возможности для обобщения инвариантного объема $d\Omega_{int}^{(N)}$, на который накладываются ограничения состоящие в том, что $d\Omega_{int}^{(N)}$ должен быть скаляром, в пределе совпадения всех метрик инвариантный объем должен переходить в стандартный $\sqrt{g}d^D x$. Также функция $d\Omega_{int}^{(N)}$ должна быть монотонной и однородной по всем метрикам $g_{\mu\nu}^{(i)}$. Далее мы конструируем наиболее общий вид потенциала взаимодействия и показываем, что в самом простом случае двух метрик (бигравитации) он переходит в модель типа Паули-Фирца. Подробный анализ данной модели, проведенный в формализме 3+1 разложении и требование отсутствия духов приводит к тому, что в пределе слабого поля бигравитация полностью эквивалентна модели Паули-Фирца.

3.2. Обобщение инвариантного объема взаимодействия

Рассмотрим N вселенных, каждая из которых описывается метрикой $g_{\mu\nu}^{(i)}$, где $i = 1, \ldots N$. В D-мерном пространстве-времени сигнатура $\left(+, \overbrace{-, \ldots -}^{D-1} \right)$. Для i-той вселенной действие запишем в виде

$$S_{G(i)} = \int d\Omega^{(i)} \left[L_{gr}^{(i)}(g^{(i)}) + L_{mat}\left(g^{(i)}, \Phi^{(i)} \right) \right], \qquad (3.1)$$

где $d\Omega^{(i)} = d^4 x \sqrt{g^{(i)}}$, $g^{(i)} = \left| \det \left(g_{\mu\nu}^{(i)} \right) \right|$ — инвариантный объем, $g^{(i)}$ — скалярную плотность веса 2 и $g_{\mu\nu}^{(i)}$ — метрический тензор в i-той вселенной, $L_{gr}^{(i)}(g^{(i)})$ — лагранжиан, описывающий гравитационное поле, $L_{mat}\left(g^{(i)}, \Phi^{(i)} \right)$ описывает взаимодействие гравитации и материальных полей $\Phi^{(i)}$. В предположении "слабо связанных миров" DAMOUR AND KOGAN [2002] и "no-go" теоремы BOULANGER ET AL. [2001] общее действие для N безмассовых гравитонов записывается в виде суммы чисто гравитационных действий (3.1) $S_0 = \sum_{i=1}^{N} S_{G(i)}$.

3.2. Обобщение инвариантного объема взаимодействия

Если "слабо связанные миры" взаимодействуют только за счет гравитационных полей, полное действие мультигравитации можно записать

$$S_{full} = \sum_i^N S_{G(i)} + S_{int},$$ (3.2)

где последнее слагаемое описывает взаимодействие вселенных. Выбор слагаемого взаимодействия S_{int} является ключевым при описании моделей мультигравитации DUPLIJ AND KOTVYTSKIY [2007]. В общем случае D измерений для N-гравитации S_{int} можно представить как

$$S_{int} = \int d^D x W(\mathrm{g}^{(1)}, \dots, \mathrm{g}^{(N)}),$$ (3.3)

где $W(\mathrm{g}^{(1)}, \dots, \mathrm{g}^{(N)})$ — скалярная плотность. По аналогии со стандартным инвариантным объемом $d\Omega = d^4 x \sqrt{g}$ в общей теории относительности WEINBERG [1972], WALD [1984], представим выражение $d^D x W(\mathrm{g}^{(1)}, \dots, \mathrm{g}^{(N)})$ как произведение

$$d^D x \cdot f\left(\sqrt{g_1}, \dots, \sqrt{g_N}\right) \cdot V(\mathrm{g}^{(1)}, \dots, \mathrm{g}^{(N)}),$$ (3.4)

где $V(\mathrm{g}^{(1)}, \dots, \mathrm{g}^{(N)}) (\equiv V\left(\mathrm{g}^{(i)}\right))$ - скалярный потенциал взаимодействия и $f\left(\sqrt{g_1}, \dots, \sqrt{g_N}\right)$ — гладкая положительная функция с весом $+1$ имеющая N положительных (действительных) аргументов. Введем инвариантный объем взаимодействия (в слагаемом ультралокального взаимодействия)

$$d\Omega_{int}^{(N)} = d^D x f\left(\sqrt{g_1}, \dots, \sqrt{g_N}\right),$$ (3.5)

являющийся скаляром. В пределе совпадения DUPLIJ AND KOTVYTSKIY [2007] $\mathrm{g}_{\mu\nu}^{(1)} = \dots = \mathrm{g}_{\mu\nu}^{(N)} \equiv \mathrm{g}_{\mu\nu}$ инвариантный объем взаимодействия (в слагаемом ультралокального взаимодействия) должен переходить в стандартный инвариантный объем $d\Omega_{int}^{(N)} \to d\Omega$. Для того чтобы удовлетворить всем вышеперечисленным требованиям функция $f\left(\sqrt{g_1}, \dots, \sqrt{g_N}\right)$ должна быть:

1) идемпотентная в пределе совпадения $f\left(\sqrt{g}, \dots, \sqrt{g}\right) = \sqrt{g}$;

2) монотонная;

3) однородная по всем аргументам

$$f\left(t\sqrt{g_1}, \dots, t\sqrt{g_N}\right) = t^\alpha f\left(\sqrt{g_1}, \dots, \sqrt{g_N}\right),$$

где из требования идемпотентности следует, что $\alpha = 1$;

4) симметричная по всем аргументам.

Глава 3. Мультигравитация и модель Паули-Фирца

С.А. Дуплий, А.Т. Котвицкий

Из требования однородности и симметричности функции f следует, что инвариантный объем взаимодействия (в слагаемом ультралокального взаимодействия) можно представить Duplij and Kotvytskiy [2007]

$$
\begin{aligned}
d\Omega_{int}^{(N)} &= d^D x \cdot f\left(\sqrt{g_1}, \ldots, \sqrt{g_N}\right) \\
&= d^D x \cdot \sqrt[2N]{g_1 \ldots g_N}\, f\left(y_1^{(N)}, \ldots, y_N^{(N)}\right),
\end{aligned}
\tag{3.6}
$$

$$
y_1^{(N)} = \sqrt[2N]{g_1^{N-1} g_2^{-1} g_3^{-1} \ldots g_N^{-1}},
$$

$$
\vdots
$$

$$
y_N^{(N)} = \sqrt[2N]{g_1^{-1} g_2^{-1} \ldots g_{N-1}^{-1} g_N^{N-1}},
\tag{3.7}
$$

где переменные $y_i^{(N)}$ удовлетворяют тождеству

$$
y_1^{(N)} \cdot y_2^{(N)} \cdot \ldots \cdot y_N^{(N)} = 1.
\tag{3.8}
$$

Следовательно, функция f в действительности является функцией $N-1$ аргументов и инвариантный объем взаимодействия (в слагаемом ультралокального взаимодействия) можно записать в виде

$$
d\Omega_{int}^{(N)} = d^4 x \cdot f\left(\sqrt{g_1}, \ldots, \sqrt{g_N}\right) = d^4 x \sqrt[2N]{g_1 \ldots g_N} \cdot \hat{f}\left(y_1^{(N)}, \ldots, y_{N-1}^{(N)}\right),
\tag{3.9}
$$

где

$$
\hat{f}\left(y_1^{(N)}, \ldots, y_{N-1}^{(N)}\right) \stackrel{def}{=} f\left(y_1^{(N)}, \ldots, y_{N-1}^{(N)}, \frac{1}{y_1^{(N)} \cdot y_2^{(N)} \cdot \ldots \cdot y_{N-1}^{(N)}}\right).
$$

Заметим, что в пределе совпадения $y_i^{(N)} = 1$ и $f(1, \ldots, 1) = 1$ (см. Duplij and Kotvytskiy [2007]).

Определим наиболее общий вид инвариантного объема (в слагаемом ультралокального взаимодействия) для N-мультигравитации. Вначале найдем идемпотентную симметричную однородную функцию N-переменных $f(x_1, \ldots x_N)$, входящую в инвариантный объем (3.5) и удовлетворяющую свойствам

$$
f(x, \ldots x) = x,
\tag{3.10}
$$

$$
f(1, \ldots 1) = 1,
\tag{3.11}
$$

$$
f(tx_1, \ldots tx_N) = t f(x_1, \ldots x_N),
\tag{3.12}
$$

$$
f(x_1, \ldots x_N) = f(x_{\sigma 1}, \ldots x_{\sigma N}),
\tag{3.13}
$$

где $x_i = \sqrt{g_i}$ и σ обозначает всевозможные перестановки аргументов. Подобно (3.7) введем здесь переменные y_i

$$
f(x_1, \ldots x_N) = \sqrt[N]{x_1 \cdot \ldots \cdot x_N}\, f(y_1, \ldots y_N),
\tag{3.14}
$$

и переменные $y_i = \sqrt[N]{x_1^{-1} \cdot \ldots \cdot x_{i-1}^{-1} \cdot x_i^{N-1} \cdot x_{i+1}^{-1} \ldots \cdot x_N}$ удовлетворяют тождеству

$$y_1 \cdot \ldots \cdot y_N = 1. \tag{3.15}$$

Соотношение (3.15) показывает, что эффективно имеется $N-1$ независимых переменных. Определим новую функцию формулой

$$h(z_1, \ldots z_{N-1}) \overset{def}{=} f(z_1, \ldots z_{N-1}, 1), \quad h(1, \ldots 1) = 1. \tag{3.16}$$

Учитывая симметрию (3.15), получаем

$$h(z_1, \ldots z_{N-1}) = f(z_{\sigma 1}, \ldots z_{\sigma N-1}, 1) = h(z_{\sigma 1}, \ldots z_{\sigma N-1}), \tag{3.17}$$

поэтому функция $h(z_1, \ldots z_{N-1})$ также симметрична. Найдем уравнения на $h(z_1, \ldots z_{N-1})$ которые следуют из (3.17). Из (3.17) имеем

$$\frac{1}{y_1 \cdot \ldots \cdot y_{N-1}} h(z_1, \ldots z_{N-1})$$
$$= f\left(\frac{z_1}{y_1 \cdot \ldots \cdot y_{N-1}}, \ldots \frac{z_{N-1}}{y_1 \cdot \ldots \cdot y_{N-1}}, \frac{1}{y_1 \cdot \ldots \cdot y_{N-1}}\right) \equiv f(y_1, \ldots y_N), \tag{3.18}$$

Отсюда следует, что $\dfrac{z_1}{y_1 \cdot \ldots \cdot y_{N-1}} = y_1, \ldots \dfrac{z_{N-1}}{y_1 \cdot \ldots \cdot y_{N-1}} = y_{N-1}$. Тогда получаем

$$z_i = y_1 \cdot \ldots \cdot y_{i-1} \cdot y_i^2 \cdot y_{i+1} \cdot \ldots \cdot y_{N-1}.$$

Так что (3.18) дает функциональное уравнение на функцию h.

Например, для $N = 2$ имеем $f(x_1, x_2) = \sqrt{x_1 x_2} f(y_1, y_2)$, $\quad y_1 = \sqrt{\dfrac{x_1}{x_2}}$, $y_2 = \sqrt{\dfrac{x_2}{x_1}}$, $y_1 y_2 = 1$. Тогда, используя (3.17) и (3.18), получаем

$$h(z_1) = f(z_1, 1), \tag{3.19}$$

$$\frac{1}{y_1} h(z_1) = f\left(\frac{z_1}{y_1}, \frac{1}{y_1}\right), \tag{3.20}$$

и, так, как $\dfrac{z_1}{y_1} = y_1 \implies z_1 = y_1^2$, то имеем функциональные уравнения (включая симметричные) $f(y_1, y_2) = \dfrac{1}{y_1} h(y_1^2) \overset{symm}{=} \dfrac{1}{y_2} h(y_2^2)$.

Учитывая $y_1 y_2 = 1$, находим $h(y_1^2) = y_1^2 h(y_1^{-2})$. Заметив, что $y_1^2 = z_1 = z$, получаем функциональное уравнение для $h(z)$

$$h(z) = z h\left(\frac{1}{z}\right) \tag{3.21}$$

с дополнительным условием $h(1) = 1$. Для классических средних функцию $h(z)$ можно записать в виде: 1) Арифметического: $h(z) = \frac{1+z}{2}$; 2) Геометрического: $h(z) = \sqrt{z}$; 3) Гармонического: $h(z) = \frac{2z}{1+z}$; 4) Логарифмического: $h(z) = \frac{z-1}{\ln z}$.

Запишем определения переменных для случая $N = 3$ как

$$f(x_1, x_2, x_3) = \sqrt[3]{x_1 x_2 x_3} f(y_1, y_2, y_3),$$

$$y_1 = \sqrt[3]{\frac{x_1^2}{x_2 x_3}}, \ y_2 = \sqrt[3]{\frac{x_2^2}{x_1 x_3}}, \ y_3 = \sqrt[3]{\frac{x_3^2}{x_1 x_2}}, \ y_1 y_2 y_3 = 1. \tag{3.22}$$

Уравнение для $h(z)$ имеет вид

$$h(z_1, z_2) = f(z_1, z_2, 1),$$

$$\frac{1}{y_1 y_2} h(z_1, z_2) = f\left(\frac{z_1}{y_1 y_2}, \frac{z_2}{y_1 y_2}, \frac{1}{y_1 y_2}\right) \equiv f(y_1, y_2, y_3), \tag{3.23}$$

тогда $z_1 = y_1^2 y_2$, $z_2 = y_1 y_2^2$, и, учитывая симметрию $f(y_1, y_2, y_3)$, имеем

$$f(y_1, y_2, y_3) = \frac{1}{y_1 y_2} h\left(y_1^2 y_2, y_1 y_2^2\right)$$

$$= \frac{1}{y_1 y_3} h\left(y_1^2 y_3, y_1 y_3^2\right) = \frac{1}{y_2 y_3} h\left(y_2^2 y_3, y_2 y_3^2\right) \tag{3.24}$$

подставляя $y_3 = \dfrac{1}{y_1 y_2}$, получаем

$$f(y_1, y_2, y_3) = \frac{1}{y_1 y_2} h\left(y_1^2 y_2, y_1 y_2^2\right)$$

$$= y_2 h\left(\frac{y_1}{y_2}, \frac{1}{y_1 y_2^2}\right) = y_1 h\left(\frac{y_2}{y_1}, \frac{1}{y_1^2 y_2}\right). \tag{3.25}$$

Таким образом, при $N = 3$ функциональные уравнения для $h(z_1, z_2)$ принимают вид

$$h(z_1, z_2) = z_2 h\left(\frac{z_1}{z_2}, \frac{1}{z_2}\right) = z_1 h\left(\frac{z_2}{z_1}, \frac{1}{z_1}\right) \tag{3.26}$$

Нахождение полного набора решений для уравнений (3.21) и (3.26) требуют привлечения теории функциональных уравнений, поэтому ограничимся частными случаями.

3.2. Обобщение инвариантного объема взаимодействия

Например, при $N = 2$ для функции $h(z_1, z_2)$ можно выбрать такие классические средние

$$\text{1) Арифметическое:} \quad h(z_1, z_2) = \frac{1 + z_1 + z_2}{3}; \tag{3.27}$$

$$\text{2) Геометрическое:} \quad h(z_1, z_2) = \sqrt[3]{z_1 z_2}; \tag{3.28}$$

$$\text{3) Гармоническое:} \quad h(z_1, z_2) = \frac{3}{1 + z_1^{-1} + z_2^{-1}}; \tag{3.29}$$

$$\text{4) Логарифмическое:} \quad h(z_1, z_2) = \frac{z_1 + z_2 - 1}{\ln(z_1 + z_2)}; \tag{3.30}$$

$$\text{5) Реверсивное:} \quad h(z_1, z_2) = \frac{3\sqrt[3]{z_1^2 z_2^2}}{1 + z_1 + z_2}. \tag{3.31}$$

Неклассическим типом средних являются квазисредние. Выразим функцию $h(z_1, z_2, \ldots z_{N-1})$ через квазисреднюю функцию $\varphi(x)$. Квазигеометрическое среднее генерируется функцией $\varphi(x)$ как

$$f_\varphi(x_1, \ldots x_N) = \varphi^{-1}\left(\sqrt[N]{\varphi(x_1) \cdot \ldots \cdot \varphi(x_N)}\right), \tag{3.32}$$

$$\varphi(tx) = t\varphi(x). \tag{3.33}$$

Отметим, что условия $\varphi(1) = 1$ нет. Также можно построить и арифметическое квазисреднее по функции $\tilde{\varphi}(x)$

$$\tilde{f}_{\tilde{\varphi}}(x_1, \ldots x_N) = \tilde{\varphi}^{-1}\left(\frac{\tilde{\varphi}(x_1) + \ldots + \tilde{\varphi}(x_N)}{N}\right). \tag{3.34}$$

Здесь функции $\varphi(x)$ и $\tilde{\varphi}(x)$ связаны законом композиции

$$\tilde{\varphi} = \pi \circ \varphi, \tag{3.35}$$

где в данном конкретном случае $\pi = \ln$. Начиная с (3.34) и используя $\tilde{\varphi} = \ln \circ \varphi$ и $\tilde{\varphi}^{-1} = \varphi^{-1} \circ \exp$, имеем

$$\tilde{f}_{\tilde{\varphi}}(x_1, \ldots x_N) = \varphi^{-1} \circ \exp\left[\frac{\ln\varphi(x_1) + \ldots + \ln\varphi(x_N)}{N}\right]$$

$$= \varphi^{-1} \circ \exp\ln\sqrt[N]{\varphi(x_1) \cdot \ldots \cdot \varphi(x_N)} \equiv f_\varphi(x_1, \ldots x_N). \tag{3.36}$$

Поскольку φ произвольная выпуклая гладкая функция, то оба средних, квазиарифметическое и квазигеометрическое, перекрывают все возможности, а закон композиции (3.35) можно рассматривать как действие на группе функций $\varphi(x)$. Для удобства мы можем выбрать квазигеометрическое среднее (3.32) с однородной функцией $\varphi(x)$ удовлетворяющей (3.33).

Начиная с (3.32) и учитывая однородность (3.33), получаем аналог (3.14) в виде

$$
\begin{aligned}
f_\varphi \left(x_1, \ldots x_N\right) &= \varphi^{-1} \left(\sqrt[N]{\varphi\left(x_1\right) \cdot \ldots \cdot \varphi\left(x_N\right)} \right) \\
&= \sqrt[N]{x_1 \cdot \ldots \cdot x_N} \varphi^{-1} \left(\sqrt[N]{\varphi\left(y_1\right) \cdot \ldots \cdot \varphi\left(y_N\right)} \right).
\end{aligned} \tag{3.37}
$$

Используя связь между f и h из выражения (3.17), находим соотношение между h и φ

$$
h_\varphi \left(z_1, z_2, \ldots z_{N-1}\right) = \varphi^{-1} \left(\sqrt[N]{\varphi\left(z_1\right) \cdot \varphi\left(z_2\right) \cdot \ldots \cdot \varphi\left(z_{N-1}\right) \cdot \varphi\left(1\right)} \right). \tag{3.38}
$$

Таким образом, мы представили одну из возможных формулировок связывающих функцию h_φ с квазисредними. Так, для $N = 2$ имеем

$$
f_\varphi \left(x_1, x_2\right) = \sqrt{x_1 x_2} \varphi^{-1} \left(\sqrt{\varphi\left(y_1\right) \varphi\left(y_2\right)} \right), \tag{3.39}
$$

тогда из предыдущих выражений (см. (3.14), (3.19) и (3.16)) и, учитывая (3.20), получаем

$$
h_\varphi \left(z\right) = \varphi^{-1} \left(\sqrt{\varphi\left(z\right) \varphi\left(1\right)} \right), \quad h_\varphi \left(1\right) = \varphi^{-1} \left(\sqrt{\varphi\left(1\right) \varphi\left(1\right)} \right) = 1. \tag{3.40}
$$

Это выражение удовлетворяет уравнению на функцию h в (3.21), так как, используя (3.33), находим

$$
h_\varphi \left(z\right) = z \varphi^{-1} \left(\sqrt{\varphi\left(\frac{1}{z}\right) \varphi\left(1\right)} \right) = z h_\varphi \left(\frac{1}{z}\right), \tag{3.41}
$$

и, следовательно, $h_\varphi \left(z\right)$ есть одно из возможных решений.

Таким образом, в выборе вида инвариантного объема имеется широкий спектр возможностей при каждом N. Выберем конкретный вид инвариантного объема взаимодействия как произвольную сумму трех средних: среднее арифметическое, среднее геометрическое, среднее гармоническое с произвольными действительными коэффициентами α, β, γ. Тогда можно написать

$$
d\Omega_{int}^{(N)} = d^D x \cdot \sqrt[2N]{g_1 \ldots g_N} \cdot \frac{1}{\alpha + \beta + \gamma} \left[\frac{\alpha}{N} \sum_{i=1}^{N} y_i^{(N)} + \beta + \gamma \frac{N}{\sum_{i=1}^{N} \frac{1}{y_i^{(N)}}} \right], \tag{3.42}
$$

где $\alpha + \beta + \gamma \neq 0$. Будем рассматривать выражение (3.42) как наиболее естественный вид физически осмысленного инвариантного объема взаимодействия в мультигравитации. Отметим, что в Damour and Kogan [2002] был рассмотрен частный случай $\alpha = \gamma = 0$ и $\beta = 1$.

3.3. Потенциал взаимодействия в мультигравитации

Общий вид взаимодействия мультигравитации описывается скалярным потенциалом $V(\mathrm{g}^{(1)}, \ldots, \mathrm{g}^{(N)})$ как функция от N метрик $\mathrm{g}_{\mu\nu}^{(i)}$ в D-мерном пространстве-времени. Группа симметрии N вселенных является прямым произведением групп диффеоморфизмов DAMOUR AND KOGAN [2002]

$$G_{full} = \mathrm{Diff}\left(\varepsilon_\mu^{(1)}\right) \times \mathrm{Diff}\left(\varepsilon_\mu^{(2)}\right) \times \ldots \times \mathrm{Diff}\left(\varepsilon_\mu^{(N)}\right), \qquad (3.43)$$

где каждый диффеоморфизм $\mathrm{Diff}\left(\varepsilon_\mu^{(i)}\right)$ действует на метрику $\mathrm{g}_{\mu\nu}^{(i)}$ вдоль вектора $\varepsilon_\mu^{(i)}(x)$. Группа G_{full} может быть редуцирована к диагональной подгруппе

$$G_{full}^{diag} = \mathrm{Diff}\left(\varepsilon_\mu\right) \times \mathrm{Diff}\left(\varepsilon_\mu\right) \times \ldots \times \mathrm{Diff}\left(\varepsilon_\mu\right), \qquad (3.44)$$

когда все векторы совпадают $\varepsilon_\mu^{(i)}(x) = \varepsilon_\mu(x)$ BOULANGER ET AL. [2001]. Тогда инфинитизимальные преобразования любой метрики $\mathrm{g}_{\mu\nu}^{(i)}$ определяются производной Ли

$$\delta \mathrm{g}_{\mu\nu}^{(i)} = \mathcal{L}_\varepsilon \mathrm{g}_{\mu\nu}^{(i)} = \varepsilon^\rho \partial_\rho \mathrm{g}_{\mu\nu}^{(i)} + \mathrm{g}_{\mu\rho}^{(i)} \partial_\nu \varepsilon^\rho + \mathrm{g}_{\rho\nu}^{(i)} \partial_\mu \varepsilon^\rho. \qquad (3.45)$$

Скалярный потенциал ультралокального взаимодействия для G_{full}^{diag} должен быть функцией от скалярных функций от метрик $\mathrm{g}_{\mu\nu}^{(i)}$. Естественным выбором этих скалярных функций могут служить инварианты тензора с одним ковариантным и одним контравариантным индексами, построенного из метрик $\mathrm{H}_\nu^\mu = \mathrm{H}_\nu^\mu(\mathrm{g}^{(1)}, \ldots, \mathrm{g}^{(N)})$. В этом случае собственные значения матрицы $\hat{\mathrm{H}}$, соответствующей тензору H_ν^μ, являются инвариантами относительно действия общих координатных преобразований $x^\mu \longmapsto \tilde{x}^\mu$, поскольку $\dfrac{\partial \tilde{x}^\alpha}{\partial x^\mu} \mathrm{H}_\nu^\mu \dfrac{\partial x^\nu}{\partial \tilde{x}^\beta} = \tilde{\mathrm{H}}_\beta^\alpha$.

Для параметризации $\hat{\mathrm{H}}(\mathrm{g}^{(1)}, \ldots, \mathrm{g}^{(N)})$ используя следующее: в некоторых физически интересных моделях WEINBERG [1972] (включая космологию WALD [1984]) метрика имеет диагональную форму, то есть

$$\mathrm{g}_{\mu\nu}^{(i)} = \mathrm{diag}\left(\lambda_0^{(i)}, \lambda_1^{(i)}, \ldots, \lambda_{D-1}^{(i)}\right), \qquad (3.46)$$

где $\lambda_a^{(i)}$ собственные значения i-той метрики. Поэтому структура матрицы $\hat{\mathrm{H}}(\mathrm{g}^{(1)}, \ldots, \mathrm{g}^{(N)})$ может быть описана по аналогии со структурой инвариантного объема взаимодействия.

Построим N матриц $\mathrm{H}_{\nu}^{(i)\mu}$ как произведение диагональных метрик

$$\mathrm{H}_{\nu}^{(i)\mu} = \mathrm{g}^{(i)\mu\alpha_1}\mathrm{g}_{\alpha_1\rho_1}^{(1)}\ \mathrm{g}^{(i)\rho_1\beta_1}\mathrm{g}_{\beta_1\rho_2}^{(2)}\cdot\ldots \tag{3.47}$$
$$\cdot\ \mathrm{g}^{(i)\rho_{j-1}\alpha_j}\mathrm{g}_{\alpha_j\rho_j}^{(j)}\ \mathrm{g}^{(i)\rho_j\beta_j}\mathrm{g}_{\beta_j\rho_{j+1}}^{(j+1)}\cdot\ldots\cdot\ \mathrm{g}^{(i)\rho_{N-2}\alpha_{N-1}}\mathrm{g}_{\alpha_{N-1}\rho_{N-1}}^{(N-1)}\ \mathrm{g}^{(i)\rho_{N-1}\beta_{N-1}}\mathrm{g}_{\beta_{N-1}\nu}^{(N)}.$$

Матрицы $\hat{\mathrm{H}}^{(i)}$ удовлетворяют тождеству

$$\hat{\mathrm{H}}^{(1)}\hat{\mathrm{H}}^{(2)}\ldots\hat{\mathrm{H}}^{(N)} = \mathrm{I}, \tag{3.48}$$

где I — $D\times D$ единичная матрица. Так что, имеется $(N-1)$ независимых матриц $\hat{\mathrm{H}}^{(i)}$. В случае бигравитации $(N=2)$ имеем две матрицы

$$\mathrm{H}_{\nu}^{(1)\mu} = \mathrm{g}^{(1)\mu\beta_1}\mathrm{g}_{\beta_1\nu}^{(2)}, \qquad \mathrm{H}_{\nu}^{(2)\mu} = \mathrm{g}^{(2)\mu\alpha_1}\mathrm{g}_{\alpha_1\nu}^{(1)}, \tag{3.49}$$

которые являются взаимно обратными $\hat{\mathrm{H}}^{(1)}\hat{\mathrm{H}}^{(2)} = \mathrm{I}$ (см. (3.48)), поэтому достаточно рассматривать только одну из них (см., например, Damour and Kogan [2002]). Можно определить следующие N^2 матриц $\hat{\mathrm{p}}^{(i,j)}$ как

$$\mathrm{p}_{\nu}^{(i,j)\mu} = \mathrm{g}^{(i)\mu\rho}\mathrm{g}_{\rho\nu}^{(j)}, \tag{3.50}$$

где $i,j = 1,\ldots N$. Очевидно, что p-матрицы $\hat{\mathrm{p}}^{(i,j)}$ удовлетворяют соотношениям

$$\hat{\mathrm{p}}^{(i,j)}\hat{\mathrm{p}}^{(j,k)} = \hat{\mathrm{p}}^{(i,k)}, \tag{3.51}$$
$$\hat{\mathrm{p}}^{(i,j)}\hat{\mathrm{p}}^{(j,i)} = \hat{\mathrm{p}}^{(i,i)} = \mathrm{I}. \tag{3.52}$$

Произведение (3.51) ассоциативно и обратимо (3.52), но определено не для всех элементов (второй индекс и у первого сомножителя должен совпадать с первым индексом у второго сомножителя в (3.51)), поэтому множество p-переменных является частичной группой Hermann [1994]. Заметим, что существует $N(N-1)$ независимых p-матриц, которые коммутируют в случае диагональных метрик (3.46). Например, в бигравитации $N=2$, имеем $\hat{\mathrm{H}}^{(1)} = \hat{\mathrm{p}}^{(1,2)}$, $\hat{\mathrm{H}}^{(2)} = \hat{\mathrm{p}}^{(2,1)}$.

Для тернарной гравитации $(N=3)$ построим матрицы $\hat{\mathrm{H}}^{(i)}$ из 6 независимых p-матриц

$$\hat{\mathrm{H}}^{(1)} = \hat{\mathrm{p}}^{(1,3)}\hat{\mathrm{p}}^{(1,2)}, \quad \hat{\mathrm{H}}^{(2)} = \hat{\mathrm{p}}^{(2,1)}\hat{\mathrm{p}}^{(2,3)}, \quad \hat{\mathrm{H}}^{(3)} = \hat{\mathrm{p}}^{(3,2)}\hat{\mathrm{p}}^{(3,1)}, \tag{3.53}$$

которые удовлетворяют тождеству $\hat{\mathrm{H}}^{(1)}\hat{\mathrm{H}}^{(2)}\hat{\mathrm{H}}^{(3)} = \mathrm{I}$. Используя (3.46), представим структуру собственных значений матриц $\mathrm{H}_{\nu}^{(i)\mu}$ через собственные значения метрик как

$$\hat{H}^{(i)} = \text{diag}\left(\frac{\left(\lambda_0^{(i)}\right)^N}{R_0}, \frac{\left(\lambda_1^{(i)}\right)^N}{R_1}, \ldots, \frac{\left(\lambda_{D-1}^{(i)}\right)^N}{R_{D-1}}\right), \qquad (3.54)$$

где $R_a = \Pi_{i=1}^N \lambda_a^{(i)}$. Из (3.54), следует что

$$\det \hat{H}^{(i)} = \frac{\left(\det g^{(i)}\right)^N}{\Pi_{j=1}^N \det g^{(j)}}, \qquad (3.55)$$

и, очевидно, что $\Pi_{j=1}^N \det \hat{H}^{(j)} = 1$ (см. (3.48)). Отметим, что для метрики $g_{\mu\nu}^{(i)}$ с сигнатурой $\left(+, \overbrace{-, \ldots -}^{D-1}\right)$ знаки собственных чисел определены (в физических моделях WEINBERG [1972]) следующим образом $\lambda_0^{(i)} > 0$, $\lambda_1^{(i)} < 0, \ldots, \lambda_{D-1}^{(i)} < 0$. Учитывая (3.54) и (3.48), получаем, что все собственные значения матриц $\hat{H}^{(i)}$ являются положительными и ненулевыми, что позволяет определить новые μ-переменные

$$\mu_a^{(i)} = \ln \frac{\left(\lambda_a^{(i)}\right)^N}{R_a}, \qquad (3.56)$$

которые удовлетворяют D тождествам

$$\sum_{i=1}^N \mu_a^{(i)} = 0, \quad a = 0, \ldots, D-1. \qquad (3.57)$$

Учитывая (3.57), число независимых μ-переменных есть $D\,(N-1)$. Так что скалярный потенциал взаимодействия может быть выбран как гладкая функция μ-переменных, т.е. $V\left(g^{(1)}, g^{(2)}, \ldots, g^{(N)}\right) = \tilde{v}\left(\mu_a^{(i)}\right)$. Следуя DAMOUR AND KOGAN [2002] (где рассматривался частный случай $N = 2$, $D = 4$), выбираем базис для D независимых скаляров в виде симметричных полиномов

$$\sigma_k^{(i)} = \sum_{a=0}^{D-1} \left(\mu_a^{(i)}\right)^k, \qquad (3.58)$$

где $k = 1, \ldots, D$. Таким образом, наиболее общий вид скалярного потенциала взаимодействия для мультигравитации имеет вид

$$V(g^{(i)}) = v\left(\sigma_1^{(i)}, \sigma_2^{(i)}, \ldots \sigma_D^{(i)}\right), \quad i = 1, \ldots, N, \qquad (3.59)$$

где v — скалярная функция, имеющая ND аргументов. В случае плоских пространств взаимодействие отсутствует, поэтому задаем следующее "граничное" условие

$$v\,(0,0,\ldots 0) = 0. \tag{3.60}$$

Выразим скалярный потенциал взаимодействия (3.59) через комбинацию инвариантов матриц $\hat{H}^{(i)}$ в явном виде. Из (3.55), (3.56) и (3.58), получаем

$$\sigma_k^{(i)} = \mathrm{tr}\left(\ln \hat{H}^{(i)}\right)^k. \tag{3.61}$$

Параметризуем метрику как

$$\mathrm{g}_{\mu\nu}^{(i)} = \eta_{\mu\nu} + \mathrm{h}_{\mu\nu}^{(i)}, \tag{3.62}$$

где $\mathrm{h}_{\mu\nu}^{(i)}$ некоторые возмущения над плоским фоном. Ограничиваясь квадратичными слагаемыми по возмущениям $\mathrm{h}_{\mu\nu}^{(i)}$, которые соответствуют массивному случаю и отсутствию самодействия, получаем для $\sigma_1^{(i)}$ и $\sigma_2^{(i)}$ следующие выражения

$$\sigma_1^{(i)} = \sum_{\substack{j=1 \\ j\neq i}}^{N}\left[\left(h^{(i)} - h^{(j)}\right) - \left(\left(h_{\mu\nu}^{(i)}\right)^2 - \left(h_{\mu\nu}^{(j)}\right)^2\right)\right], \tag{3.63}$$

$$\sigma_2^{(i)} = (N-1)^2\left(h_{\mu\nu}^{(i)}\right)^2 + \sum_{\substack{j=1 \\ j\neq i}}^{N}\left(h_{\mu\nu}^{(j)}\right)^2$$

$$+\,2\sum_{\substack{k,j=1 \\ j\neq k, k\neq i, j\neq i}}^{N} \mathrm{h}^{(j)\mu}{}_{\nu}\mathrm{h}^{(k)\nu}{}_{\mu} - 2\,(N-1)\,\mathrm{h}^{(i)\mu}{}_{\nu}\sum_{\substack{j=1 \\ j\neq i}}^{N}\mathrm{h}^{(j)\nu}{}_{\mu}. \tag{3.64}$$

где $h^{(i)} = \mathrm{h}_{\mu\nu}^{(i)}\eta^{\mu\nu}$ и $\left(h_{\mu\nu}^{(i)}\right)^2 = \mathrm{h}_{\mu\nu}^{(i)}\mathrm{h}^{(i)\mu\nu}$. Заметим, что $\sigma_k^{(i)} \sim \mathcal{O}\left(\left(h^{(i)}\right)^k\right)$, следовательно, ограничиваясь квадратичными слагаемыми, нет необходимости рассматривать выражения со степенями $k \geq 3$.

Таким образом, общий вид скалярного потенциала взаимодействия в мультигравитации в квадратичном приближении, а также в диагональной параметризации метрик и группы диффеоморфизмов G_{full}^{diag}, имеет вид

$$V(\mathrm{g}^{(i)}) = \sum_{i=1}^{N}\left[a_i\sigma_1^{(i)} + b_i\left(\sigma_1^{(i)}\right)^2 + c_i\sigma_2^{(i)}\right], \tag{3.65}$$

где a_i, b_i, c_i произвольные действительные константы. Из (3.63) следует

$$\sum_{i=1}^{N} \sigma_1^{(i)} = 0, \qquad (3.66)$$

что согласуется с (3.57).

3.4. Бигравитация и модель Паули-Фирца

Рассмотрим бигравитацию ($N = 2$) и получим из общих принципов модель Паули-Фирца. Вместо (3.63)–(3.64) имеем (с точностью до квадратичных слагаемых по возмущениям $\mathrm{h}_{\mu\nu}^{(1,2)}$)

$$\sigma_1^{(1)} = -\sigma_1^{(2)} = h^{(1)} - h^{(2)} - \left(\left(h_{\mu\nu}^{(1)} \right)^2 - \left(h_{\mu\nu}^{(2)} \right)^2 \right) \equiv \sigma_1, \qquad (3.67)$$

$$\sigma_2^{(1)} = \sigma_2^{(2)} = \left(h_{\mu\nu}^{(1)} \right)^2 + \left(h_{\mu\nu}^{(2)} \right)^2 - 2\mathrm{h}^{(1)\mu}{}_{\nu}\mathrm{h}^{(2)\nu}{}_{\mu} \equiv \sigma_2. \qquad (3.68)$$

Для скалярного потенциала взаимодействия сумма (3.65) принимает вид (с учетом (3.60))

$$V(\mathrm{g}^{(1)}, \mathrm{g}^{(2)}) = a\sigma_1 + b\sigma_1^2 + c\sigma_2, \qquad (3.69)$$

где a, b, c - произвольные действительные константы размерности $(mass)^4$. Тогда полное действие для бигравитации запишется как

$$S^{(2)} = -M_1^2 \int d^4 x R_1 \sqrt{g_1} - M_2^2 \int d^4 x R_2 \sqrt{g_2} + \int d\Omega_{int}^{(2)} V(\mathrm{g}^{(1)}, \mathrm{g}^{(2)}), \qquad (3.70)$$

где $M_{1,2}$ константы размерности $(mass)^1$, и $d\Omega_{int}^{(2)}$ - инвариантный объем взаимодействия для бигравитации (3.5), который имеет вид

$$d\Omega_{int}^{(2)} = d^4 x \cdot \sqrt[4]{g_1 g_2} \cdot \frac{1}{\alpha + \beta + \gamma}$$

$$\cdot \left[\frac{\alpha}{2} \left(\sqrt{\frac{g_1}{g_2}} + \sqrt{\frac{g_2}{g_1}} \right) + \beta + 2\gamma \left(\sqrt{\frac{g_1}{g_2}} + \sqrt{\frac{g_2}{g_1}} \right)^{-1} \right], \qquad (3.71)$$

где α, β, γ - безразмерные параметры и $\alpha + \beta + \gamma \neq 0$. Заметим, что параметризация (3.62) выражения (3.71) приводит к виду $d\Omega_{int}^{(2)} = d^4 x \cdot \sqrt[4]{g_1 g_2} + \ldots$, где $\ldots$ означают слагаемые квадратичные по возмущениям $\mathrm{h}_{\mu\nu}^{(1,2)}$. Эти слагаемые не вносят вклада в (3.70), потому что мы ограничиваемся вторым порядком, а скалярный потенциал взаимодействия (3.69) не содержит слагаемых без $h_{\mu\nu}^{(1,2)}$. Используя разложение (3.62) и применяя его к действию (3.70), получаем

$$S^{(2)} = \int d^4x \left(L_{kin} + L_{int} \right), \qquad (3.72)$$

где

$$
\begin{aligned}
L_{kin} = \frac{1}{4} M_1^2 & \left[\partial^\rho h_{\mu\nu}^{(1)} \partial_\rho h^{(1)\mu\nu} - \partial^\mu h^{(1)} \partial_\mu h^{(1)} \right. \\
& \left. + 2\partial_\mu h^{(1)\mu\nu} \partial_\nu h^{(1)} - 2\partial_\mu h^{(1)\mu\nu} \partial_\rho h_\nu^{(1)\rho} \right] \\
+ \frac{1}{4} M_2^2 & \left[\partial^\rho h_{\mu\nu}^{(2)} \partial_\rho h^{(2)\mu\nu} - \partial^\mu h^{(2)} \partial_\mu h^{(2)} \right. \\
& \left. + 2\partial_\mu h^{(2)\mu\nu} \partial_\nu h^{(2)} - 2\partial_\mu h^{(2)\mu\nu} \partial_\rho h_\nu^{(2)\rho} \right], \qquad (3.73)
\end{aligned}
$$

$$
\begin{aligned}
L_{int} = & b(h^{(1)} - h^{(2)})^2 + c \left(h_{\mu\nu}^{(1)} - h_{\mu\nu}^{(2)} \right) (h^{(1)\mu\nu} - h^{(2)\mu\nu}) \\
& + a \left(h^{(1)} - h^{(2)} + h_{\mu\nu}^{(2)} h^{(2)\mu\nu} - h_{\mu\nu}^{(1)} h^{(1)\mu\nu} \right) + \frac{a}{4} \left(\left(h^{(1)} \right)^2 - \left(h^{(2)} \right)^2 \right).
\end{aligned}
$$
$$(3.74)$$

Применим (3+1)-разложение RUBAKOV AND TINYAKOV [2008] для полного действия (3.72). Отделим пространственные и временные компоненты в L_{int}, тогда

$$
\begin{aligned}
L_{int} = & \, b \left(h_{00}^{(1)} - h_{00}^{(2)} - h_{ii}^{(1)} + h_{ii}^{(2)} \right)^2 + c \left(h_{00}^{(1)} - h_{00}^{(2)} \right) \left(h_{00}^{(1)} - h_{00}^{(2)} \right) \\
& - 2c \left(h_{0i}^{(1)} - h_{0i}^{(2)} \right) \left(h_{0i}^{(1)} - h_{0i}^{(2)} \right) \\
& + c \left(h_{ij}^{(1)} - h_{ij}^{(2)} \right) \left(h_{ij}^{(1)} - h_{ij}^{(2)} \right) + a \left(h_{00}^{(1)} - h_{00}^{(2)} - h_{ii}^{(1)} + h_{ii}^{(2)} \right) \\
& + a \left(h_{00}^{(2)} h_{00}^{(2)} - 2h_{0i}^{(2)} h_{0i}^{(2)} + h_{ij}^{(2)} h_{ij}^{(2)} - h_{00}^{(1)} h_{00}^{(1)} + 2h_{0i}^{(1)} h_{0i}^{(1)} - h_{ij}^{(1)} h_{ij}^{(1)} \right) \\
& + \frac{a}{4} \left(\left(h_{00}^{(1)} - h_{ii}^{(1)} \right)^2 - \left(h_{00}^{(2)} - h_{ii}^{(2)} \right)^2 \right). \qquad (3.75)
\end{aligned}
$$

Ограничимся рассмотрением только скалярного сектора, что является достаточным для нахождения условий уничтожения духовых мод в спектре (для стандартной гравитации, см. RUBAKOV AND TINYAKOV [2008]). Параметризуем (3+1) разложение в виде

$$h_{00}^{(1,2)} = 2\varphi_{(1,2)}, \quad h_{0i}^{(1,2)} = \partial_i B_{(1,2)}, \quad h_{ij}^{(1,2)} = -2(\psi_{(1,2)}\delta_{ij} - \partial_i\partial_j E_{(1,2)}),$$
$$(3.76)$$

где $\varphi_{(1,2)}, \psi_{(1,2)}, B_{(1,2)}, E_{(1,2)}$ — скалярные поля для возмущеной метрики $h^{(1)}_{\mu\nu}$ и $h^{(2)}_{\mu\nu}$ соответственно. Из (3.72) получаем для кинетического слагаемого

$$
\begin{aligned}
L_{kin} = M_1^2 \Big[&-2\psi_1\partial_k\partial_k\psi_1 - 6\dot{\psi}_1^2 - 4\varphi_1\partial_k\partial_k\psi_1 - 4\dot{\psi}_1\partial_k\partial_k B_1 + 4\dot{\psi}_1\partial_k\partial_k\dot{E}_1 \Big] \\
+ M_2^2 \Big[&-2\psi_2\partial_k\partial_k\psi_2 - 6\dot{\psi}_2^2 - 4\varphi_2\partial_k\partial_k\psi_2 - 4\dot{\psi}_2\partial_k\partial_k B_2 + 4\dot{\psi}_2\partial_k\partial_k\dot{E}_2 \Big],
\end{aligned}
\tag{3.77}
$$

и взаимодействия

$$
\begin{aligned}
L_{int} = b\,&(2(\varphi_1 - \varphi_2) + 6(\psi_1 - \psi_2) - 2\Delta(E_1 - E_2))^2 \\
+ c\,&(4(\varphi_1 - \varphi_2)^2 + 2(B_1 - B_2)(\Delta B_1 - \Delta B_2) \\
+ &12(\psi_1 - \psi_2)^2 + 4(\Delta E_1 - \Delta E_2)^2 - 8(\psi_1 - \psi_2)(\Delta E_1 - \Delta E_2)) \\
+ a[&4\left(\varphi_2^2 - \varphi_1^2\right) + 12\left(\psi_2^2 - \psi_1^2\right) + B_2\Delta B_2 - B_1\Delta B_1 \\
+ &4\left((\Delta E_2)^2 - (\Delta E_1)^2\right) + 8\left(\psi_1\Delta E_1 - \psi_2\Delta E_2\right) \\
+ a\,&(\varphi_1 + 3\psi_1 - \Delta E_1)^2 - (\varphi_2 + 3\psi_2 - \Delta E_2)^2 \\
+ &2\left(\varphi_1 - \varphi_2\right) + 6\left(\psi_1 - \psi_2\right) - 2\left(\Delta E_1 - \Delta E_2\right)].
\end{aligned}
\tag{3.78}
$$

Далее, рассмотрим часть полного лагранжиана, содержащую скалярные поля $\varphi_{(1,2)}$,

$$
\begin{aligned}
L(\varphi) = &-4M_1^2\varphi_1\Delta\psi_1 - 4M_2^2\varphi_2\Delta\psi_2 + \varphi_1^2\left(4b + 4c - 3a\right) \\
&+ \varphi_2^2\left(4b + 4c + 3a\right) + \varphi_1\left[24b\left(\psi_1 - \psi_2\right) - 8b\left(\Delta E_1 - \Delta E_2\right)\right. \\
&\left. +6a\psi_1 - 2a\Delta E_1\right] - 8\varphi_1\varphi_2\left(b + c\right) + 2a\left(\varphi_1 - \varphi_2\right) \\
&+ \varphi_2\left[-24b\left(\psi_1 - \psi_2\right) + 8b\left(\Delta E_1 - \Delta E_2\right) - 6a\psi_2 + 2a\Delta E_2\right].
\end{aligned}
\tag{3.79}
$$

Видно, что при

$$
4b + 4c - 3a = 0 \tag{3.80}
$$
$$
4b + 4c + 3a = 0 \tag{3.81}
$$
$$
b + c = 0 \tag{3.82}
$$

лагранжиан $L(\varphi)$ не содержит квадратичных слагаемых по полям $\varphi_{(1,2)}$, поэтому скалярные поля являются нединамическими (подробнее см. RUBAKOV AND TINYAKOV [2008]). Система (3.80)–(3.82) эквивалентна

$$
b + c = 0, \quad a = 0. \tag{3.83}
$$

Глава 3. Мультигравитация и модель Паули-Фирца
С.А. Дуплий, А.Т. Котвицкий

Только при таких соотношениях на параметры лагранжиан можно представить через разности соответствующих полей. Введем

$$\varphi \equiv \varphi_1 - \varphi_2 \tag{3.84}$$
$$B \equiv B_1 - B_2 \tag{3.85}$$
$$\psi \equiv \psi_1 - \psi_2 \tag{3.86}$$
$$E \equiv E_1 - E_2 \tag{3.87}$$

тогда лагранжиан взаимодействия (3.78) принимает вид

$$L_{int}^{(2)} = 4b \left[6\psi^2 + 6\varphi\psi - 2\varphi\Delta E - 4\psi\Delta E - \frac{1}{2}B\Delta B \right], \tag{3.88}$$

что совпадает с массовым лагранжианом Паули-Фирца в 3+1 разложении стандартной гравитации RUBAKOV AND TINYAKOV [2008].

Однако чтобы доказать эквивалентность бигравитации (3.70) и теории Паули-Фирца, необходимо включить в рассмотрение также и кинетическую часть. Отметим, что кинетическое слагаемое (3.77) можно представить через поля (3.84)–(3.87) только с использованием уравнений движения (on-shell). Для этого выпишем полный лагранжиан (3.77) и (3.78) с учетом (3.84) и (3.85), имеем

$$L_{EH}^{(2)} + L_{int}^{(2)}$$
$$= M_1^2 \left[-2\psi_1\partial_k\partial_k\psi_1 - 6\dot{\psi}_1^2 - 4\varphi_1\partial_k\partial_k\psi_1 - 4\dot{\psi}_1\partial_k\partial_k B_1 + 4\dot{\psi}_1\partial_k\partial_k\dot{E}_1 \right] \tag{3.89}$$
$$+ M_2^2 \left[-2\psi_2\partial_k\partial_k\psi_2 - 6\dot{\psi}_2^2 - 4\varphi_2\partial_k\partial_k\psi_2 - 4\dot{\psi}_2\partial_k\partial_k B_2 + 4\dot{\psi}_2\partial_k\partial_k\dot{E}_2 \right]$$
$$+ 24a (\psi_1 - \psi_2)^2 + 4a [6 (\varphi_1 - \varphi_2)(\psi_1 - \psi_2) - 2 (\varphi_1 - \varphi_2) \Delta (E_1 - E_2)]$$
$$- 16a (\psi_1 - \psi_2) \Delta (E_1 - E_2) - 2a (B_1 - B_2) \Delta (B_1 - B_2) \tag{3.90}$$

Система уравнений Эйлера-Лагранжа по полям $B_{1,2}$ принимает вид

$$4M_1^2\Delta\dot{\psi}_1 + 4a (\Delta B_1 - \Delta B_2) = 0, \quad 4M_2^2\Delta\dot{\psi}_2 + 4a (\Delta B_2 - \Delta B_1) = 0, \tag{3.91}$$

где мы представили зависящую от полей $B_{1,2}$ часть лагранжиана как

$$L(B) = 4M_1^2\partial_k\dot{\psi}_1\partial_k B_1 + 4M_2^2\partial_k\dot{\psi}_2\partial_k B_2 + 2a (\partial_k B_1 - \partial_k B_2)(\partial_k B_1 - \partial_k B_2). \tag{3.92}$$

Учитывая (3.85), формула (3.91) переходит в

$$M_1^2\Delta\dot{\psi}_1 = -a\Delta B, \quad M_2^2\Delta\dot{\psi}_2 = a\Delta B, \tag{3.93}$$

откуда следует

$$M_1^2 \psi_1 = -M_2^2 \psi_2. \tag{3.94}$$

Для разностного поля ψ (3.86) получаем

$$\psi = \psi_1 - \psi_2 = \psi_1 + \frac{M_1^2}{M_2^2}\psi_1 = \frac{M_1^2 + M_2^2}{M_2^2}\psi_1$$
$$= -\frac{M_2^2}{M_1^2}\psi_2 - \psi_2 = -\frac{M_1^2 + M_2^2}{M_1^2}\psi_2. \tag{3.95}$$

Учитывая (3.93), имеем

$$B = \frac{M_1^2}{-a}\dot{\psi}_1 = \frac{M_1^2 M_2^2}{-a\left(M_1^2 + M_2^2\right)}\dot{\psi} \tag{3.96}$$

После чего часть лагранжиана $L(B)$ (3.92) принимает вид

$$L(B) = 2\frac{M_1^4 M_2^4}{a\left(M_1^2 + M_2^2\right)^2}\dot{\psi}\Delta\dot{\psi}. \tag{3.97}$$

Варьирование (3.90) по полям $\varphi_{(1,2)}$ приводит к системе

$$\left\{ \begin{array}{l} -M_1^2 \Delta\psi_1 + 6a\left(\psi_1 - \psi_2\right) - 2a\left(\Delta E_1 - \Delta E_2\right) = 0 \\ -M_2^2 \Delta\psi_2 - 6a\left(\psi_1 - \psi_2\right) + 2a\left(\Delta E_1 - \Delta E_2\right) = 0 \end{array} \right., \tag{3.98}$$

которая, с учетом (3.87) и (3.94), эквивалентна выражению

$$\Delta E = -\frac{M_1^2 M_2^2}{2a\left(M_1^2 + M_2^2\right)}\Delta\psi + 3\psi. \tag{3.99}$$

Тогда, часть лагранжиана, содержащую поля $E_{1,2}$, можно переписать в виде

$$L(E) = 4M_1^2 \dot{\psi}_1 \Delta\dot{E}_1 + 4M_2^2 \dot{\psi}_2 \Delta\dot{E}_2 - 8a\varphi\Delta E - 16a\psi\Delta E$$
$$= 4\frac{M_1^2 M_2^2}{M_1^2 + M_2^2}\dot{\psi}\left(-\frac{M_1^2 M_2^2}{2a\left(M_1^2 + M_2^2\right)}\Delta\dot{\psi} + 3\dot{\psi}\right)$$
$$- 8a\left(\varphi + 2\psi\right)\left(-\frac{M_1^2 M_2^2}{2a\left(M_1^2 + M_2^2\right)}\Delta\psi + 3\psi\right). \tag{3.100}$$

Оставшиеся слагаемые в кинетическом выражении полного лагранжиана (3.90) также выразим через поле ψ

$$L_k(\psi) = -2M_1^2 \psi_1 \Delta\psi_1 - 2M_2^2 \psi_2 \Delta\psi_2 - 6M_1^2 \dot{\psi}_1^2 - 6M_2^2 \dot{\psi}_2^2 - 4M_1^2 \varphi_1 \Delta\psi_1$$
$$- 4M_2^2 \varphi_2 \Delta\psi_2 = -2\frac{M_1^2 M_2^2}{M_1^2 + M_2^2}\left(\psi\Delta\psi + 3\dot{\psi}^2 + 2\varphi\Delta\psi\right). \tag{3.101}$$

Полный лагранжиан (3.90) есть

$$L_{EH}^{(2)} + L_{int}^{(2)} = L_k(\psi) + L(B) + L(E) + 24a\psi^2 + 24a\varphi\psi$$

$$= 6\frac{M_1^2 M_2^2}{M_1^2 + M_2^2} \left(\dot{\psi}^2 + \psi\Delta\psi\right) - 24a\psi^2. \tag{3.102}$$

Представим постоянную a через новую постоянную m_g^2

$$a = \frac{1}{4}\frac{M_1^2 M_2^2}{M_1^2 + M_2^2}m_g^2, \tag{3.103}$$

тогда скалярный сектор бигравитации принимает вид

$$L = 6\frac{M_1^2 M_2^2}{M_1^2 + M_2^2} \left(\dot{\psi}^2 + \psi\Delta\psi - m_g^2\psi^2\right) = 6\frac{M_1^2 M_2^2}{M_1^2 + M_2^2} \left(\partial_\mu\psi\partial^\mu\psi - m_g^2\psi^2\right),$$
$$\tag{3.104}$$

где m_g - масса гравитона. Действие (3.70) с учетом условий (3.83) запишется, как

$$S_g = -M_1^2 \int R_1\sqrt{-g_1}d^4x - M_2^2 \int R_2\sqrt{-g_2}d^4x$$

$$-\frac{1}{4}\frac{M_1^2 M_2^2}{M_1^2 + M_2^2} \int (g_1 g_2)^{1/4} d^4x(\sigma_2 - \sigma_1^2). \tag{3.105}$$

Из этого следует, что только полное действие бигравитации приводит к теории Паули-Фирца. Отметим, что в работе DAMOUR AND KOGAN [2002] слагаемое взаимодействия было предложено на основе полуэвристических рассуждений, в то время, как мы доказали это в рамках 3+1 разложения строго и с использованием кинетической части лагранжиана.

Формализм 3+1 разложения, а также развитый нами подход при разложении метрики над плоским фоном (метрикой Минковского) легко можно обобщить для вычисления поправок над искривленным фоном (метрикой Шварцшильда, Керра, различными космологическими моделями и т.д.). Это является важным при изучении нестабильности Бульвара-Дезера BOULWARE AND DESER [1972], так как данная мода может отсутствовать в теории над плоским фоном и проявляться только над искривленным.

3.5. Разложнение $\sqrt{g}$ над произвольной фоновой метрикой

При разложении $\sqrt{g}$ по малым возмущениям $h_{\mu\nu}$ стандартным образом используем выражение $\ln(\det g_{\mu\nu}) = tr(\ln g_{\mu\nu})$, из которого получа-

3.5. Разложение $\sqrt{g}$ над произвольной фоновой метрикой

ем

$$\sqrt{g} = exp\left(\frac{1}{2}tr(\ln g_{\mu\nu})\right). \tag{3.106}$$

Над плоской фоновой метрикой $g_{\mu\nu} = \eta_{\mu\nu} + h_{\mu\nu}$ имеем

$$\sqrt{g} = 1 + \frac{1}{2}h - \frac{1}{4}h_{\mu\alpha}h^{\mu\alpha} + \frac{1}{8}h^2, \tag{3.107}$$

с точностью $O(h^2)$, где $h = h_{\mu\nu}\eta^{\mu\nu}$.

Приведем здесь методику вычисления разложения $\sqrt{g}$ пригодную для любой $^{(0)}g_{\mu\nu}$ фоновой метрики. Общие формулы для разложения $\sqrt{g}$ с точностью до первого порядка были приведены в DUPLIJ AND KOTVYTSKIY [2007], а с точностью до второго порядка в KOTVYTSKIY AND KRUCHKOV [2011]. Имеем

$$g_{\mu\nu} = {}^{(0)}g_{\mu\nu} + h_{\mu\nu}. \tag{3.108}$$

Тогда (в случае $D = 4$) получаем

$$\det\left({}^{(0)}g_{\mu\nu} + h_{\mu\nu}\right) = \varepsilon^{\alpha\beta\rho\sigma}\left({}^{(0)}g_{0\alpha} + h_{0\alpha}\right)\left({}^{(0)}g_{1\beta} + h_{1\beta}\right)$$
$$\cdot \left({}^{(0)}g_{2\rho} + h_{2\rho}\right)\left({}^{(0)}g_{3\sigma} + h_{3\sigma}\right), \tag{3.109}$$

где $\varepsilon^{0123} = +1$. С точностью $O(h^2)$ имеем

$$\det\left({}^{(0)}g_{\mu\nu} + h_{\mu\nu}\right) = \det\left({}^{(0)}g_{\mu\nu}\right) + h_{\mu\nu}K^{\mu\nu}\left({}^{(0)}g\right) + h_{\mu\nu}h_{\alpha\beta}F^{\mu\nu\alpha\beta}\left({}^{(0)}g\right), \tag{3.110}$$

где

$$K^{\mu\nu} = \varepsilon^{\alpha\beta\rho\sigma}(\delta_0^\mu\delta_\alpha^\nu{}^{(0)}g_{1\beta}{}^{(0)}g_{2\rho}{}^{(0)}g_{3\sigma} + \delta_1^\mu\delta_\beta^\nu{}^{(0)}g_{0\alpha}{}^{(0)}g_{2\rho}{}^{(0)}g_{3\sigma}$$
$$+ \delta_2^\mu\delta_\rho^\nu{}^{(0)}g_{0\alpha}{}^{(0)}g_{1\beta}{}^{(0)}g_{3\sigma} + \delta_3^\mu\delta_\sigma^\nu{}^{(0)}g_{0\alpha}{}^{(0)}g_{1\beta}{}^{(0)}g_{2\rho}), \tag{3.111}$$

$$F^{\mu\nu\alpha\beta} = \varepsilon^{\chi\omega\rho\sigma}(\delta_0^\mu\delta_\chi^\nu\delta_1^\alpha\delta_\omega^\beta{}^{(0)}g_{2\rho}{}^{(0)}g_{3\sigma} + \delta_0^\mu\delta_\chi^\nu\delta_2^\alpha\delta_\rho^\beta{}^{(0)}g_{1\omega}{}^{(0)}g_{3\sigma}$$
$$+ \delta_0^\mu\delta_\chi^\nu\delta_3^\alpha\delta_\sigma^\beta{}^{(0)}g_{1\omega}{}^{(0)}g_{2\rho} + \delta_1^\mu\delta_\omega^\nu\delta_2^\alpha\delta_\rho^\beta{}^{(0)}g_{0\chi}{}^{(0)}g_{3\sigma}$$
$$+ \delta_1^\mu\delta_\omega^\nu\delta_3^\alpha\delta_\sigma^\beta{}^{(0)}g_{0\chi}{}^{(0)}g_{2\rho} + \delta_2^\mu\delta_\rho^\nu\delta_3^\alpha\delta_\sigma^\beta{}^{(0)}g_{0\chi}{}^{(0)}g_{1\omega}). \tag{3.112}$$

Общее выражение для разложения $\sqrt{g}$ принимает вид

$$\sqrt{g} = \sqrt{{}^{(0)}g} - \frac{h_{\mu\nu}K^{\mu\nu}\left({}^{(0)}g\right) + h_{\mu\nu}h_{\alpha\beta}F^{\mu\nu\alpha\beta}\left({}^{(0)}g\right)}{2\sqrt{{}^{(0)}g}} - \frac{\left(h_{\mu\nu}K^{\mu\nu}\left({}^{(0)}g\right)\right)^2}{8\sqrt{\left({}^{(0)}g\right)^3}}, \tag{3.113}$$

где $^{(0)}g = \left| \det {}^{(0)}\mathrm{g}_{\mu\nu} \right|$.

Рассмотрим стандартный случай (разложение над плоской метрикой) $^{(0)}\mathrm{g}_{\mu\nu} = \eta_{\mu\nu}$, тогда $^{(0)}g$, $K^{\mu\nu}$, $F^{\mu\nu\alpha\beta}$ переходят в

$$\det\left({}^{(0)}\mathrm{g}_{\mu\nu} \right) = {}^{(0)}g = -1, \ \ \mathrm{K}^{\mu\nu} = -\eta^{\mu\nu}, \ \ \mathrm{F}^{\mu\nu\alpha\beta} = \frac{1}{2}\left(\eta^{\alpha\mu}\eta^{\beta\nu} - \eta^{\mu\nu}\eta^{\alpha\beta} \right)$$

$$(3.114)$$

и мы имеем для (3.113)

$$\sqrt{g} = 1 - \frac{-h + \mathrm{h}_{\mu\nu}\mathrm{h}_{\alpha\beta}\frac{1}{2}\left(\eta^{\alpha\mu}\eta^{\beta\nu} - \eta^{\mu\nu}\eta^{\alpha\beta}\right)}{2} - \frac{(-h)^2}{8} = 1 + \frac{1}{2}h - \frac{1}{4}\mathrm{h}_{\mu\nu}\mathrm{h}^{\mu\nu} + \frac{h^2}{8}.$$

$$(3.115)$$

Важным является тот факт, что это выражение совпало с (3.107).

Таким образом, мы построили инвариантный объем взаимодействия мультигравитации в общем виде. Частный случай объема как сумма трех различных средних (в работе DAMOUR AND KOGAN [2002] рассматривалось только геометрическое среднее) был использован при анализе модели бигравитации. В рамках формализма 3+1 разложения нами строго доказана (в квадратичном приближении) эквивалентность полного лагранжиана бигравитации (с учетом кинетических слагаемых типа эйнштейновских) и массивной теории Паули-Фирца.

ГЛАВА 4

НЕЧЕТНЫЕ КОЦИКЛЫ И СПЛЕТАЮЩИЕ ЧЕТНОСТЬ МОРФИЗМЫ
С.А. Дуплий

4.1. Введение

Идея суперконформной симметрии (см. например, КНИЖНИК [1986]) играет ключевую роль в построении суперструнных моделей элементарных частиц ГРИН ET AL. [1990], в рамках которых удается объединить непротиворечивым образом все фундаментальные взаимодействия (см. например, SCHWARZ AND SEIBERG [1998]). В последнее время значение суперконформной симметрии было переосмыслено из-за ее исключительной роли в построении M-теории KAKU [1998], описании D-бран DE WIT [1999] и черных дыр KALLOSH [1999], а также в ее связи с предельными теоремами в пространствах анти-Де Ситтера MALDACENA [1997]. С другой стороны, теория деформаций супермногообразий ROTHSTEIN [1985], ВАЙНТРОБ [1986] представляет собой необходимую составляющую анализа суперструн и суперконформных теорий поля в терминах суперримановых поверхностей NINNEMANN [1992], CRANE AND RABIN [1988] и, в то же время, интересна с математической точки зрения FALQUI AND REINA [1990] как суперобобщение соответствующей теории для комплексных многообразий KODAIRA [1986]. В работах DUPLIJ [1991b, 1996a] рассматривалось необратимое расширение $N = 1$ суперконформной геометрии на суперплоскости и изучались новые полугрупповые свойства подобных конструкций DUPLIJ [1997b,a]. Здесь мы изучим некоторые особенности координатного описания и деформаций полусупермногообразий DUPLIJ [1998a], возникающие при учете сплетающих четность преобразований DUPLIJ [1997b, 1998c], а также проследим, как возникают новые типы условий согласованности и коциклов.

4.2. Смешанные условия согласованности и нечетные коциклы

Пусть имеется $(1|0)$-мерное комплексное полусупермногообразие M (в смысле DUPLIJ [1998a]), представленное в виде полуатласа $M = \bigcup\limits_{\alpha}$ $\{U_\alpha\}$ с локальными координатами z_α. Тогда многие основные формулы и теоремы, связанные с деформациями и коциклами, будут повторять соответствующие формулы несуперсимметричного случая KODAIRA [1986]. Единственное добавление состоит в учете, наряду с обратимыми, необратимых преобразований в качестве функций перехода $z_\alpha = f_{\alpha\beta}\,(z_\beta)$ с ненулевым, но необратимым нильпотентным якобианом $J_{\alpha\beta} = \partial z_\alpha/\partial z_\beta$, т. е. $J_{\alpha\beta} \neq 0$, но $\epsilon\,[J_{\alpha\beta}] = 0$, где ϵ представляет собой числовое отображение ROGERS [1980], зануляющее все нильпотентные генераторы подстилающей супералгебры. Этот случай является промежуточным между стандартным обратимым, когда $J_{\alpha\beta} \neq 0$, и предельным необратимым, когда $J_{\alpha\beta} = 0$. На пересечении трех суперобластей $U_\alpha \cap U_\beta \cap U_\gamma$ для последовательных переходов $z_\gamma \to z_\beta \to z_\alpha$ имеем стандартное условие согласования $f_{\alpha\gamma} = f_{\alpha\beta} \circ f_{\beta\gamma}$ или в локальных координатах $f_{\alpha\gamma}\,(z_\gamma) = f_{\alpha\beta}\,(f_{\beta\gamma}\,(z_\gamma))$. При этом соответствующие якобианы преобразуются мультипликативно (с поточечным умножением)

$$J_{\alpha\gamma} = J_{\alpha\beta} \cdot J_{\beta\gamma}, \tag{4.1}$$

что отвечает касательному расслоению на M KODAIRA [1986]. Для $(1|1)$-мерного полусупермногообразия с локальными координатами $Z_\alpha = (z_\alpha, \theta_\alpha)$ роль якобиана в обратимом суперконформном случае играет березиниан перехода $Z_\beta \to Z_\alpha$ (см. например, БЕРЕЗИН [1983]). Однако для выполнения условия коцикличности, аналогичного (4.1), необходимо рассматривать редуцированные преобразования.

Здесь мы покажем, что при ослаблении обратимости возникает не один вариант суперобобщения условия коцикличности (4.1) FRIEDAN [1986], а два DUPLIJ [1997a] в соответствие с двумя типами редуцированных преобразований DUPLIJ [1998c], Дуплий [1996]. Для этого запишем общее преобразование $(1|1)$-мерного касательного вектора $TM|_\beta \to TM|_\alpha$ в матричном виде

$$\begin{pmatrix} \partial_\beta \\ D_\beta \end{pmatrix} = \mathrm{P}^{SA}_{\alpha\beta} \cdot \begin{pmatrix} \partial_\alpha \\ D_\alpha \end{pmatrix}, \mathrm{P}^{SA}_{\alpha\beta} = \begin{pmatrix} Q_{\alpha\beta} & \partial_\beta\theta_\alpha \\ \Delta_{\alpha\beta} & D_\beta\theta_\alpha \end{pmatrix}, \tag{4.2}$$

$$Q_{\alpha\beta} = \partial_\beta z_\alpha - \partial_\beta\theta_\alpha \cdot \theta_\alpha, \quad \Delta_{\alpha\beta} = D_\beta z_\alpha - D_\beta\theta_\alpha \cdot \theta_\alpha, \tag{4.3}$$

где $D_\alpha = \partial/\partial\theta_\alpha + \theta_\alpha\partial_\alpha$, $\partial_\alpha = \partial/\partial z_\alpha$ (нет суммирования). При двух последовательных преобразованиях $Z_\gamma \to Z_\beta \to Z_\alpha$ на $U_\alpha \cap U_\beta \cap U_\gamma$ для

4.2. Смешанные условия согласованности и нечетные коциклы

суперматриц $P_{\alpha\beta}^{SA}$ из (4.2) имеем условие коцикличности

$$P_{\alpha\gamma}^{SA} = P_{\beta\gamma}^{SA} \cdot P_{\alpha\beta}^{SA}. \tag{4.4}$$

Отсюда следуют выражения для нечетной и четной производных конечной нечетной координаты

$$D_\gamma\theta_\alpha = D_\gamma\theta_\beta \cdot D_\beta\theta_\alpha + \Delta_{\beta\gamma} \cdot \partial_\beta\theta_\alpha, \quad \partial_\gamma\theta_\alpha = \partial_\gamma\theta_\beta \cdot D_\beta\theta_\alpha + Q_{\beta\gamma} \cdot \partial_\beta\theta_\alpha. \tag{4.5}$$

Легко видеть, что зануление вторых слагаемых в (4.5)

$$\Delta_{\beta\gamma} = 0, \quad \text{(SCf)} \tag{4.6}$$
$$Q_{\beta\gamma} = 0, \quad \text{(TPt)} \tag{4.7}$$

приводит к двум (!), а не к одному, как в стандартном случае FRIEDAN [1986], условиям коцикла и соответствующим двум редукциям суперматрицы $P_{\alpha\beta}^{SA}$ (см. DUPLIJ [1997a, 1998c]). Уравнения (4.6)–(4.7) определяют суперконформные (SCf) и сплетающие четность (TPt) преобразования соответственно DUPLIJ [1996a, 1998c]. Действие сплетающих четность преобразований в касательном и кокасательном $(1|1)$-пространствах определяется как

$$\begin{cases} \partial_\beta = \partial_\beta\theta_\alpha^{TPt} \cdot D_\alpha, \\ dZ_\alpha = d\theta_\beta \cdot \Delta_{\alpha\beta}^{TPt}, \end{cases} \tag{4.8}$$

где $\Delta_{\alpha\beta}^{TPt} \overset{def}{=} \Delta_{\alpha\beta}|_{Q_{\alpha\beta}=0}$ — является нечетной и нильпотентной величиной. Поэтому соотношения (4.8) свидетельствуют о том, что TPt преобразования, удовлетворяющие условию $Q_{\alpha\beta} = 0$, действительно изменяют четность касательного и кокасательного суперпространств $T\mathbb{C}^{1|0} \to T\mathbb{C}^{0|1}$ и $T^*\mathbb{C}^{0|1} \to T^*\mathbb{C}^{1|0}$ DUPLIJ [1997a]. Тогда вместо одного условия коцикличности для суперматриц $P_{\alpha\beta}^{SA}$ (4.4) имеем два условия

$$P_{\alpha\gamma}^{SCf} = P_{\beta\gamma}^{SCf} \cdot P_{\alpha\beta}^{SCf}, \quad P_{\alpha\gamma}^{TPt} = P_{\beta\gamma}^{TPt} \cdot P_{\alpha\beta}^{SCf}. \tag{4.9}$$

для редуцированных различным образом (треугольных и антитреугольных) суперматриц

$$P_{\alpha\beta}^{SCf} = \begin{pmatrix} Q_{\alpha\beta}^{SCf} & \partial_\beta\theta_\alpha^{SCf} \\ 0 & D_\beta\theta_\alpha^{SCf} \end{pmatrix}, \quad P_{\alpha\beta}^{TPt} = \begin{pmatrix} 0 & \partial_\beta\theta_\alpha^{TPt} \\ \Delta_{\alpha\beta}^{TPt} & D_\beta\theta_\alpha^{TPt} \end{pmatrix}, \tag{4.10}$$

где $Q_{\alpha\beta}^{SCf} \overset{def}{=} Q_{\alpha\beta}|_{\Delta_{\alpha\beta}=0}$. Таким образом, из (4.5)–(4.9) следует, что при ослаблении обратимости для условия коцикличности (4.1) имеется два возможных суперобобщения — четное и нечетное

$$J_{\alpha\gamma}^{SCf} = J_{\beta\gamma}^{SCf} \cdot J_{\alpha\beta}^{SCf} \tag{4.11}$$
$$\mathcal{J}_{\alpha\gamma}^{TPt} = \mathcal{J}_{\beta\gamma}^{TPt} \cdot J_{\alpha\beta}^{SCf} \tag{4.12}$$

где

$$J_{\alpha\beta}^{SCf} \overset{def}{=} D_\beta \theta_\alpha^{SCf}, \tag{4.13}$$

$$\mathcal{J}_{\alpha\beta}^{TPt} \overset{def}{=} \partial_\beta \theta_\alpha^{TPt}. \tag{4.14}$$

Из (4.14) следует, что $\mathcal{J}_{\alpha\beta}^{TPt}$ является нечетным и, следовательно, нильпотентным. Назовем $J_{\alpha\beta}^{SCf}$ и $\mathcal{J}_{\alpha\beta}^{TPt}$ четным и нечетным коциклом соответственно, а условие (4.12) — смешанным условием согласованности (условием коцикла). Все рассмотренные условия согласованности можно представить также в более наглядном виде, отражающем нетривиальную четно-нечетную симметрию между коциклами,

$$\partial_\gamma z_\alpha = \partial_\gamma z_\beta \cdot \partial_\beta z_\alpha \overset{SUSY}{\Longrightarrow} \begin{cases} D_\gamma \theta_\alpha^{SCf} = D_\gamma \theta_\beta^{SCf} \cdot D_\beta \theta_\alpha^{SCf}, & \text{(SCf)} \\ \partial_\gamma \theta_\alpha^{TPt} = \partial_\gamma \theta_\beta^{TPt} \cdot D_\beta \theta_\alpha^{SCf}, & \text{(TPt)} \end{cases} \tag{4.15}$$

где индексы SCf и TPt отвечают типу редуцированного преобразования $\mathcal{T}_{\alpha\beta}$ между соответствующими суперобластями U_α и U_β. По терминологии ПОСТНИКОВ [1988] коциклы, удовлетворяющие соотношениям типа (4.1) и (4.11)–(4.12) называются склеивающими коциклами соответствующего расслоения (в данном случае касательного).

Существенным для суперструнных приложений (см., напр., БАРАНОВ ET AL. [1987]) фактом является то, что четный коцикл $J_{\alpha\beta}^{SCf}$ (4.13) совпадает с березинианом — четным супераналогом якобиана — суперконформного (SCf) $Z_\beta \to Z_\alpha$ преобразования $J_{\alpha\beta}^{SCf} = \text{Ber } P_{\alpha\beta}^{SCf}$. Это позволяет построить каноническое расслоение с функциями перехода $J_{\alpha\beta}^{SCf}$, а также соответствующее линейное расслоение ROSLY ET AL. [1988], GIDDINGS AND NELSON [1988]. Рассматривая подобную трактовку и для (4.1), можно придать похожий смысл также и нечетному коциклу(4.14): нечетный коцикл $\mathcal{J}_{\alpha\beta}^{TPt}$ можно трактовать как нечетный супераналог якобиана для сплетающих четность (TPt) преобразований $Z_\beta \to Z_\alpha$ (в то время, как березиниан БЕРЕЗИН [1983] есть четный супераналог якобиана). Формула (4.12) может рассматриваться не только как условие коцикличности, но и как закон умножения четного и нечетного супераналогов якобинана. Тогда соответствующие аналоги канонического и линейного расслоений будут обладать необычными свойствами, например, кручение четности и нильпотентность коциклов.

4.3. Деформации и сплетающие четность морфизмы

Возникновение дополнительного условия согласования (4.9) и нечетного условия коцикличности (4.12) приводит к соответствующей модификации стандартных условий деформации в локальном подходе NINNEMANN [1992], FALQUI AND REINA [1990]. Это, в свою очередь, играет важную роль в суперструнных вычислениях DANILOV [1996] для определения свойств пространства супермодулей НАТАНЗОН [1989] и формулировки суперобобщения фундаментальной теоремы Римана-Роха ROSLY ET AL. [1988]. Здесь мы переформулируем стандартный подход, используя альтернативной параметризацию (см. DUPLIJ [1996a]), что позволит учесть также и нечетные условия коцикличности (4.9) и (4.12). В несуперсимметричном случае KODAIRA [1986] деформация условия согласованности $f_{\alpha\gamma} = f_{\alpha\beta} \circ f_{\beta\gamma}$ в виде $z_\alpha = f_{\alpha\beta}(z_\beta) + tb_{\alpha\beta}(z_\beta)$ приводит к тому же условию для недеформинрованных функций $f_{\alpha\beta}(z_\beta)$ и к уравнению для деформаций $b_{\alpha\beta}(z_\beta)$

$$b_{\alpha\gamma}(z_\gamma) = b_{\alpha\beta}(f_{\beta\gamma}(z_\gamma)) + f'_{\alpha\beta}(f_{\beta\gamma}(z_\gamma)) \cdot b_{\beta\gamma}(z_\gamma). \qquad (4.16)$$

Умножим это соотношение на $\partial/\partial z_\alpha$ и воспользуемся $f'_{\alpha\beta} = \partial z_\alpha/\partial z_\beta$, тогда получаем условие согласованности в виде

$$b_{\alpha\beta}\frac{\partial}{\partial z_\alpha} + b_{\beta\gamma}\frac{\partial}{\partial z_\beta} - b_{\alpha\gamma}\frac{\partial}{\partial z_\alpha} = 0, \qquad (4.17)$$

которое показывает, что $\left\{ b_{\alpha\beta}\dfrac{\partial}{\partial z_\alpha} \right\}$ действительно является коциклом KODAIRA [1986]. При инфинитезимальных преобразованиях $z_\alpha \longmapsto z_\alpha + ts_\alpha(z_\alpha)$ коцикл (4.17) изменяется на кограницу

$$\left\{ b_{\alpha\beta}\frac{\partial}{\partial z_\alpha} \right\} \longmapsto \left\{ b_{\alpha\beta}\frac{\partial}{\partial z_\alpha} + s_\alpha\frac{\partial}{\partial z_\alpha} - s_\beta\frac{\partial}{\partial z_\beta} \right\}, \qquad (4.18)$$

что определяет когомологический класс (Кодайры-Спенсера) деформаций первого порядка KODAIRA [1986]. В суперконформном случае NINNEMANN [1992] рассматриваются недеформированные расщепленные преобразования, имеющие в стандартной параметризации БАРАНОВ ET AL. [1987] вид

$$\text{SCf}_{split} : \begin{cases} z_\alpha = f_{\alpha\beta}(z_\beta), \\ \theta_\alpha = \theta_\beta \cdot \sqrt{f'_{\alpha\beta}(z_\beta)}, \end{cases} \qquad (4.19)$$

которые не содержат иных нечетных параметров, кроме θ_α. Поэтому расщепленные суперримановы поверхности, имеющие преобразования (4.19) в качестве функций склейки содержат ту же информацию, что и обычные римановы поверхности, наделенные спиновой структурой, которая определяется знаком квадратного корня Baranov and Schwarz [1987]. Теперь суперконформные деформации определяются двумя параметрами — четным t и нечетным τ Ninnemann [1992] — и двумя четными функциями $b_{\alpha\beta}(z_\beta)$ и $c_{\alpha\beta}(z_\beta)$ следующим образом

$$z_\alpha^{SCf}(t,\tau) = f_{\alpha\beta}(z_\beta) + tb_{\alpha\beta}(z_\beta) + \theta_\beta \cdot \tau c_{\alpha\beta}(z_\beta) \cdot F_{\alpha\beta}(z_\beta,t) \quad (4.20)$$
$$\theta_\alpha^{SCf}(t,\tau) = \tau c_{\alpha\beta}(z_\beta) + \theta_\beta \cdot F_{\alpha\beta}(z_\beta,t), \quad (4.21)$$

где $F_{\alpha\beta}(z_\beta,t) = \sqrt{f'_{\alpha\beta}(z_\beta) + tb'_{\alpha\beta}(z_\beta)}$. Четное условие согласованности (4.11) на тройных пересечениях $U_\alpha \cap U_\beta \cap U_\gamma$ записывается в компонентном виде

$$z_\alpha^{SCf}(z_\gamma,\theta_\gamma) = z_\alpha^{SCf}\left(z_\beta^{SCf}(z_\gamma,\theta_\gamma), \theta_\beta^{SCf}(z_\gamma,\theta_\gamma)\right), \quad (4.22)$$
$$\theta_\alpha^{SCf}(z_\gamma,\theta_\gamma) = \theta_\alpha^{SCf}\left(z_\beta^{SCf}(z_\gamma,\theta_\gamma), \theta_\beta^{SCf}(z_\gamma,\theta_\gamma)\right), \quad (4.23)$$

что в первом порядке по t,τ (здесь эти дополнительные аргументы опущены в аргументах, но подразумеваются) приводит к уравнениям $f_{\alpha\gamma} = f_{\alpha\beta} \circ f_{\beta\gamma}$ и (4.16) плюс дополнительное уравнение на функцию $c_{\alpha\beta}(z_\beta)$

$$c_{\alpha\gamma}(z_\gamma) = c_{\alpha\beta}(f_{\beta\gamma}(z_\gamma)) + c_{\beta\gamma}(z_\gamma) \cdot \sqrt{f'_{\alpha\beta}(f_{\beta\gamma}(z_\gamma))}. \quad (4.24)$$

Тензорное умножение на $\dfrac{\partial}{\partial z_\alpha}$ в дополнение к (4.18) и использование (4.19) дает

$$c_{\alpha\beta}\theta_\alpha\frac{\partial}{\partial z_\alpha} + c_{\beta\gamma}\theta_\beta\frac{\partial}{\partial z_\beta} - c_{\alpha\gamma}\theta_\alpha\frac{\partial}{\partial z_\alpha} = 0. \quad (4.25)$$

Уравнения (4.17) и (4.25) свидетельствуют о том, что деформации описываются двумя коциклами $\left\{ b_{\alpha\beta}\dfrac{\partial}{\partial z_\alpha} \right\}$ и $\left\{ c_{\alpha\beta}\theta_\alpha\dfrac{\partial}{\partial z_\alpha} \right\}$, которые при суперконформных репараметризациях

$$z_\alpha \xmapsto{SCf} z_\alpha + ts_\alpha(z_\alpha) + \theta_\alpha \cdot \tau r_\alpha(z_\alpha) \cdot \sqrt{1 + ts'_\alpha(z_\alpha)}, \quad (4.26)$$
$$\theta_\alpha \xmapsto{SCf} \tau r_\alpha(z_\alpha) + \theta_\alpha \cdot \sqrt{1 + ts'_\alpha(z_\alpha)}, \quad (4.27)$$

изменяются на кограницы (4.18) и

$$\left\{ c_{\alpha\beta}\theta_\alpha\frac{\partial}{\partial z_\alpha} \right\} \longmapsto \left\{ c_{\alpha\beta}\theta_\alpha\frac{\partial}{\partial z_\alpha} + r_\alpha\theta_\alpha\frac{\partial}{\partial z_\alpha} - r_\beta\theta_\beta\frac{\partial}{\partial z_\beta} \right\}, \quad (4.28)$$

что определяет соответствующие когомологические классы и пространство супермодулей LEBRUN AND ROTHSTEIN [1988].

Переформулируем теперь супердеформации таким образом, чтобы можно было учесть также и нечетные условия согласованности (4.12). Для этого воспользуемся альтернативной параметризацией (см. DUPLIJ [1996a, 1998c]) и запишем редуцированные SCf и TPt преобразования на $U_\alpha \cap U_\beta$ в едином виде

$$z_\alpha = f_{\alpha\beta}(z_\beta) + \theta_\alpha \cdot \chi_{\alpha\beta}(z_\beta), \qquad (4.29)$$

$$\theta_\alpha = \psi_{\alpha\beta}(z_\beta) + \theta_\alpha \cdot g_{\alpha\beta}(z_\beta), \qquad (4.30)$$

где независимыми являются функции $g_{\alpha\beta}(z_\beta), \psi_{\alpha\beta}(z_\beta)$ (в отличие от стандартной параметризации функциями $f_{\alpha\beta}(z_\beta), \psi_{\alpha\beta}(z_\beta)$ CRANE AND RABIN [1988]), и через них выражаются остальные функции $g_{\alpha\beta}(z_\beta), \psi_{\alpha\beta}(z_\beta)$ по формулам

$$\text{SCf} : \begin{cases} f_{\alpha\beta}^{SCf\,\prime}(z_\beta) = g_{\alpha\beta}^2(z_\beta) + \psi_{\alpha\beta}'(z_\beta) \cdot \psi_{\alpha\beta}(z_\beta), \\ \chi_{\alpha\beta}^{SCf}(z_\beta) = g_{\alpha\beta}(z_\beta) \cdot \psi_{\alpha\beta}(z_\beta), \end{cases} \qquad (4.31)$$

$$\text{TPt} : \begin{cases} f_{\alpha\beta}^{TPt\,\prime}(z_\beta) = \psi_{\alpha\beta}'(z_\beta) \cdot \psi_{\alpha\beta}(z_\beta), \\ \chi_{\alpha\beta}^{TPt}(z_\beta) = g_{\alpha\beta}'(z_\beta) \cdot \psi_{\alpha\beta}(z_\beta) - g_{\alpha\beta}(z_\beta) \cdot \psi_{\alpha\beta}'(z_\beta), \end{cases} \qquad (4.32)$$

которые можно объединить DUPLIJ [1997a]

$$\begin{cases} f_{\alpha\beta,\mathrm{m}}^{SCf\,\prime}(z_\beta) = g_{\alpha\beta}^2(z_\beta) + \left(\mathrm{m} + \dfrac{1}{2}\right) \cdot \psi_{\alpha\beta}'(z_\beta) \cdot \psi_{\alpha\beta}(z_\beta), \\ \chi_{\alpha\beta,\mathrm{m}}^{TPt\,\prime}(z_\beta) = g_{\alpha\beta}'(z_\beta) \cdot \psi_{\alpha\beta}(z_\beta) + 2\mathrm{m} \cdot g_{\alpha\beta}(z_\beta) \cdot \psi_{\alpha\beta}'(z_\beta), \end{cases} \qquad (4.33)$$

где $\mathrm{m} = \begin{cases} +1/2, & \text{SCf,} \\ -1/2, & \text{TPt,} \end{cases}$ трактуется как проекция некоторого "спина редукции", равного половине, который "переключает" тип преобразования DUPLIJ [1997a, 1998c]. Отсюда следует, расщепленное SCf преобразование в альтернативной параметризации (4.19) имеет вид

$$\text{SCf}_{split}: \begin{cases} z_\alpha = \displaystyle\int g_{\alpha\beta}^2(z_\beta)\, dz_\beta, \\ \theta_\alpha = \theta_\beta \cdot g_{\alpha\beta}(z_\beta), \end{cases} \qquad (4.34)$$

в то время как TPt аналогом (4.34) является вложение $2 \hookrightarrow 1$ HU [1993]

$$\text{TPt}_{split}: \begin{cases} z_\alpha = 0, \\ \theta_\alpha = \theta_\beta \cdot g_{\alpha\beta}(z_\beta). \end{cases} \qquad (4.35)$$

Теперь смешанные как SCf, так и TPt деформации будут определяться теми же параметрами t, τ, но уже парой четных функций $p_{\alpha\beta}, c_{\alpha\beta}$ (вместо $b_{\alpha\beta}, c_{\alpha\beta}$ в (4.20)–(4.21)) следующим образом

$$z_\alpha(t,\tau) = f_{\alpha\beta}(z_\beta, t, \tau) + \theta_\beta \cdot \chi_{\alpha\beta}(z_\beta, t, \tau),\qquad(4.36)$$
$$\theta_\alpha(t,\tau) = \tau c_{\alpha\beta}(z_\beta) + \theta_\beta \cdot (g_{\alpha\beta}(z_\beta) + t p_{\alpha\beta}(z_\beta)),\qquad(4.37)$$

т. е. изначально деформируется $g_{\alpha\beta}(z_\beta)$, а функции $f_{\alpha\beta}(z_\beta, t, \tau)$, $\chi_{\alpha\beta}(z_\beta, t, \tau)$ находятся из соответствующих уравнений (4.32). Теперь, с учетом (4.11)–(4.12) наряду с четными (4.23), получаем нечетные условия согласованности для деформированных функций (дополнительные аргументы t, τ снова опущены)

$$z_\alpha^{TPt}(z_\gamma, \theta_\gamma) = z_\alpha^{SCf}\left(z_\beta^{TPt}(z_\gamma, \theta_\gamma), \theta_\beta^{TPt}(z_\gamma, \theta_\gamma)\right),\qquad(4.38)$$
$$\theta_\alpha^{TPt}(z_\gamma, \theta_\gamma) = \theta_\alpha^{SCf}\left(z_\beta^{TPt}(z_\gamma, \theta_\gamma), \theta_\beta^{TPt}(z_\gamma, \theta_\gamma)\right).\qquad(4.39)$$

Разложение этих уравнений по t, τ, аналогичное (4.23), дает

$$g_{\alpha\gamma}^{TPt}(z_\gamma) = g_{\alpha\beta}^{SCf}(z_\beta) \cdot g_{\beta\gamma}^{TPt}(z_\gamma),\qquad(4.40)$$
$$c_{\alpha\gamma}^{TPt}(z_\gamma) = c_{\alpha\beta}^{SCf}\left(f_{\beta\gamma}^{TPt}(z_\gamma)\right) + g_{\alpha\beta}^{SCf}(z_\beta) \cdot c_{\beta\gamma}^{TPt}(z_\gamma),\qquad(4.41)$$
$$p_{\alpha\gamma}^{TPt}(z_\gamma) = p_{\alpha\beta}^{SCf}\left(f_{\beta\gamma}^{TPt}(z_\gamma)\right) \cdot g_{\beta\gamma}^{TPt}(z_\gamma) + g_{\alpha\beta}^{SCf}(z_\beta) \cdot p_{\beta\gamma}^{TPt}(z_\gamma)\qquad(4.42)$$

Первое уравнение (4.40) является условием коцикличности для функций $g_{\alpha\beta}(z_\beta)$ и говорит о том, что эти функции реализуют соответствующий смешанный (несимметричный) аналог линейного расслоения над суперримановыми поверхностями Giddings and Nelson [1988]. Уравнение (4.41) аналогично уравнению (4.24), если учесть, что преобразование $z_\beta \to z_\alpha$ как для четного условия согласованности, так и для нечетного (4.39) является SCf преобразованием, в котором выполняется соотношение

$$g_{\alpha\beta}^{SCf\,2}(z_\beta) = f_{\alpha\beta}^{SCf\,\prime}(z_\beta)\qquad(4.43)$$

(см. также (4.19)). В четном случае (когда все три преобразования $z_\gamma \to z_\beta \to z_\alpha$ являются SCf преобразованиями) из уравнения (4.42) при $\epsilon\left[g_{\alpha\beta}^{SCf}(z_\beta)\right] \neq 0$, если для всех трех преходов воспользоваться подстановкой

$$p_{\alpha\beta}^{SCf}(z_\beta) = \frac{b_{\alpha\beta}^{SCf\,\prime}(z_\beta)}{2 g_{\alpha\beta}^{SCf}(z_\beta)},\qquad(4.44)$$

после интегрирования можно получить

$$b_{\alpha\gamma}^{SCf}(z_\gamma) = b_{\alpha\beta}^{SCf}\left(f_{\beta\gamma}^{SCf}(z_\gamma)\right) + g_{\alpha\beta}^{SCf}\left(f_{\beta\gamma}^{SCf}(z_\gamma)\right) \cdot b_{\beta\gamma}^{SCf}(z_\gamma),\qquad(4.45)$$

что совпадает с (4.16) при учете (4.43). Применяя полученные соотношения можно построить TPt-аналоги спектральных последовательностей и соответствующих комплексов со сплетением четности по аналогии со стандартными суперконформными BERGVELT AND RABIN [1996].

4.4. Нечетные аналоги препятствий и смешанные θ-коциклы

Препятствия СТИНРОД [1953] играют важную роль в пониманиии внутренней структуры супермногообразий БЕРЕЗИН [1983] и суперконформных многообразий ВОРОНОВ ET AL. [1986].

Стандартное препятствие СТИНРОД [1953] можно вычислить как отклонение левой части соответствующей формулы согласованности (например, (4.17), (4.25)) от нуля. Для функций $b_{\alpha\beta}(z_\alpha)$ (4.17) и $c_{\alpha\beta}(z_\alpha)$ (4.25) имеем

$$\hat{\mathsf{D}}_{\alpha\beta\gamma}(b) = b_{\alpha\beta}\frac{\partial}{\partial z_\alpha} + b_{\beta\gamma}\frac{\partial}{\partial z_\beta} - b_{\alpha\gamma}\frac{\partial}{\partial z_\alpha}, \tag{4.46}$$

$$\hat{\mathsf{D}}_{\alpha\beta\gamma}(c) = c_{\alpha\beta}\theta_\alpha\frac{\partial}{\partial z_\alpha} + c_{\beta\gamma}\theta_\beta\frac{\partial}{\partial z_\beta} - c_{\alpha\gamma}\theta_\alpha\frac{\partial}{\partial z_\alpha}. \tag{4.47}$$

В суперконформном случае для $b_{\alpha\beta}^{SCf}(z_\beta)$ выполняется соотношение (4.45), тогда получаем для препятствия

$$\hat{\mathsf{D}}_{\alpha\beta\gamma}^{SCf}(b) = \left(g_{\alpha\beta}^{SCf\,2}(z_\alpha)\frac{\partial z_\beta}{\partial z_\alpha} - 1\right) \cdot b_{\beta\gamma}^{SCf}(z_\alpha)\frac{\partial}{\partial z_\beta}. \tag{4.48}$$

Отсюда следует, что, если преобразование $z_\beta \to z_\alpha$ является обратимым SCf преобразованием, то препятствие $\hat{\mathsf{D}}_{\alpha\beta\gamma}^{SCf}(b)$ равно нулю.

Рассмотрение редуцированных преобразований (SCf и TPt единым образом) в альтернативной параметризации приводит к возможности определения наряду с коциклами по четной переменной z (например, (4.17) и (4.25)) также коциклов по нечетной переменной θ. Назовем θ-коциклом конструкцию, аналогичную четному коциклу, в которой умножение производится на нечетное векторное поле $\partial/\partial\theta_\alpha$ вместо $\partial/\partial z_\alpha$. Тогда можно рассмотреть условия согласованности, связанные с деформациями $c_{\alpha\beta}(z_\alpha)$ и $p_{\alpha\beta}(z_\alpha)$ (4.41)–(4.42) в альтернативной параметризации, не конкретизируя вид редуцированного преобразования.

Действительно, умножим тензорно уравнение (4.41) на $\partial/\partial\theta_\alpha$ и воспользуемся соотношением

$$\frac{\partial}{\partial\theta_\beta} = g_{\alpha\beta}(z_\alpha)\frac{\partial}{\partial\theta_\alpha}, \tag{4.49}$$

которое следует из вторых уравнений в (4.34)–(4.35), тогда получим

$$c_{\alpha\gamma}\frac{\partial}{\partial\theta_\alpha} = c_{\alpha\beta}\frac{\partial}{\partial\theta_\alpha} + c_{\beta\gamma}\frac{\partial}{\partial\theta_\beta}. \tag{4.50}$$

Поэтому $\left\{c_{\alpha\beta}\dfrac{\partial}{\partial\theta_\alpha}\right\}$ является θ-коциклом. Аналогично, умножив (4.42) на $\theta_\alpha\partial/\partial\theta_\alpha$, получаем

$$p_{\alpha\gamma}\theta_\alpha\frac{\partial}{\partial\theta_\alpha} = g_{\beta\gamma}\cdot p_{\alpha\beta}\theta_\alpha\frac{\partial}{\partial\theta_\alpha} + g_{\alpha\beta}\cdot p_{\beta\gamma}\theta_\beta\frac{\partial}{\partial\theta_\beta}. \tag{4.51}$$

Отсюда следует, что $\left\{p_{\alpha\beta}\theta_\alpha\dfrac{\partial}{\partial\theta_\alpha}\right\}$ не является θ-коциклом из-за подкручивающих множителей $g_{\beta\gamma}$ и $g_{\alpha\beta}$ в (4.51). Для характеризации отличия набора функций на пересечениях $U_\alpha \cap U_\beta \cap U_\gamma$ от θ-коцикла, введем θ-аналог препятствий (4.47). Назовем θ-препятствием степень незамкнутости набора соответствующих функций (с нечетным векторным полем $\partial/\partial\theta_\alpha$) на пересечениях $U_\alpha \cap U_\beta \cap U_\gamma$. Тогда для $\left\{c_{\alpha\beta}\dfrac{\partial}{\partial\theta_\alpha}\right\}$ и $\left\{p_{\alpha\beta}\theta_\alpha\dfrac{\partial}{\partial\theta_\alpha}\right\}$ имеем следующие θ-препятствия

$$\hat{\Delta}_{\alpha\beta\gamma}(c) = c_{\alpha\beta}\frac{\partial}{\partial\theta_\alpha} + c_{\beta\gamma}\frac{\partial}{\partial\theta_\beta} - c_{\alpha\gamma}\frac{\partial}{\partial\theta_\alpha}, \tag{4.52}$$

$$\hat{\Delta}_{\alpha\beta\gamma}(p) = p_{\alpha\beta}\theta_\alpha\frac{\partial}{\partial\theta_\alpha} + p_{\beta\gamma}\theta_\beta\frac{\partial}{\partial\theta_\beta} - p_{\alpha\gamma}\theta_\alpha\frac{\partial}{\partial\theta_\alpha}. \tag{4.53}$$

Из (4.50) следует, что θ-препятствие $\hat{\Delta}_{\alpha\beta\gamma}(c)$ равно нулю. Вычислим θ-препятствие $\hat{\Delta}_{\alpha\beta\gamma}(p)$. Для этого воспользуемся (4.49) и получим

$$\hat{\Delta}_{\alpha\beta\gamma}(p) = [p_{\alpha\beta}(z_\beta)\cdot(g_{\beta\gamma}(z_\gamma) - 1) + p_{\beta\gamma}(z_\gamma)\cdot(g_{\alpha\beta}(z_\beta) - 1)]\cdot\theta_\beta\frac{\partial}{\partial\theta_\beta}. \tag{4.54}$$

Тогда, в силу произвольности $p_{\alpha\beta}(z_\beta)$, справедливо, что θ-препятствие $\hat{\Delta}_{\alpha\beta\gamma}(p)$ обращается в нуль для преобразований, не меняющих нечетную координату, т. е. для которых выполняется $g_{\alpha\beta}(z_\beta) = 1$. Таким образом, введенные θ-препятствия и θ-коциклы являются дополнительными характеристиками полусупермногообразий, для которых функциями склейки служат редуцированные преобразования.

Глава 5

Строение гладких полусупермногообразий
С.А. Дуплий, М. В. Чурсин

5.1. Введение

Теория супермногообразий Березин [1983], Bernstein and Leites [1987], Лейтес [1983], Bartocci et al. [1991] с одной стороны является математической основой современных объединенных теорий элементарных частиц (см. напр. Kaku [1998]), а с другой стороны представляет самостоятельный интерес как одно из важнейших направлений суперматематики Воронов et al. [1986], Манин [1984]. Необратимые аналоги супермногообразий были введены в Duplij [1996b] и частично исследованы в Duplij [1998a], Дуплий [2000], Duplij and Marcinek [2000]. В данной работе изучаются свойства и возможные необратимые обобщения модельных супермногообразий Роджерс Rogers [1981], которые являются важным ингредиентом всего функционального подхода Rogers [1980], Владимиров and Волович [1984], Хренников [1997].

5.2. Модельное редуцированное супермногообразие

Пусть $B_2^{1,2}$ — алгебра Грассмана-Банаха вида $B_2^{1,2} = \{\langle x, \xi, \eta \rangle\}$, где

$$x = a_1 1 + a_2 \beta_1 \beta_2, \tag{5.1}$$
$$\xi = b_1 \beta_1 + b_2 \beta_2, \tag{5.2}$$
$$\eta = c_1 \beta_1 + c_2 \beta_2. \tag{5.3}$$

и $a_i, b_i, c_i \in \mathbb{R}$, 1 — единица алгебры и β_i — антикоммутирующие нечетные нильпотентные образующие $\beta_1 \beta_2 = -\beta_2 \beta_1$. Для того, чтобы ввести операцию, сопоставим алгебре $B_2^{1,2}$ (по аналогии с Rogers [1980]) множество верхнетреугольных матриц вида

$$\begin{pmatrix} 1 & x & \xi \\ 0 & 1 & \eta \\ 0 & 0 & 1 \end{pmatrix}. \tag{5.4}$$

Легко видеть, что произведение матриц сохраняет грассманову структуру (то есть оставлет на четном месте четный элемент x, а на нечетных местах — нечетные ξ, η). Это позволяет ввести на множестве $B_2^{1,2}$ корректную операцию умножения ($*$) вида

$$\langle x, \xi, \eta \rangle * \langle y, \rho, \sigma \rangle = \langle x + y, \xi + \rho + x\sigma, \eta + \sigma \rangle, \tag{5.5}$$

порожденную произведением матриц (5.4). Эта операция ассоциативна в силу ассоциативности произведения матриц. Поскольку для каждого элемента $\langle x, \xi, \eta \rangle$ существует единственный обратный $\langle -x, -\xi + x\eta, -\eta \rangle$, то множество $B_2^{1,2}$ с оперрацией ($*$) является группой, которую мы обозначим G. Для группы G выполняются следующие глобальные свойства:

$$x^2 \neq 0, x\xi \neq 0, x\eta \neq 0, \xi\eta \neq 0, \tag{5.6}$$

если вещественные коэффициенты отличны от 0 и $\det \begin{pmatrix} b_1 & b_2 \\ c_1 & c_2 \end{pmatrix} \neq 0$.

Другое представление $\mathcal{T}_G$ группы G может быть введено с помощью прямоугольных матриц из вещественных коэффициентов. Элемент $\langle x, \xi, \eta \rangle$ с коэффициентами (5.1)–(5.3) представляется матрицей

$$t_{x,\xi,\eta} = \mathcal{T}_G\left(\langle x, \xi, \eta \rangle\right) = \left\{ \begin{array}{cc} a_1 & a_2 \\ b_1 & b_2 \\ c_1 & c_2 \end{array} \right\}, \tag{5.7}$$

а произведение порождается произведением элементов (5.5)

$$t_{x,\xi,\eta} \circledast t_{y,\rho,\sigma} = \left\{ \begin{array}{cc} a_1 & a_2 \\ b_1 & b_2 \\ c_1 & c_2 \end{array} \right\} \circledast \left\{ \begin{array}{cc} d_1 & d_2 \\ e_1 & e_2 \\ f_1 & f_2 \end{array} \right\}$$

$$= \left\{ \begin{array}{cc} a_1 + d_1 & a_2 + d_2 \\ b_1 + e_1 + a_1 f_1 & b_2 + e_2 + a_1 f_2 \\ c_1 + f_1 & c_2 + f_2 \end{array} \right\}. \tag{5.8}$$

Данное представление рассматриваемое как обычное 6-мерное многообразие является частным примером "скелета" супермногообразия

5.2. Модельное редуцированное супермногообразие

De Witt [1992]. В общем случае размерность "скелета" $(m|n)$-мерного супермногообразия на грассмановой алгеброй B_L равна $2^{L-1}(m+n)$.

Выделим в группе G дискретную подгруппу D $= \{\langle p, \mu, \nu \rangle\}$ с целыми коэффициентами, определяющуюся следующими условиями

$$p = m_1 1 + m_2 \beta_1 \beta_2, \qquad (5.9)$$

$$\mu = n_1 \beta_1 + n_2 \beta_2, \qquad (5.10)$$

$$\nu = k_1 \beta_1 + k_2 \beta_2. \qquad (5.11)$$

где $m_i, n_i, k_i \in \mathbb{Z}$. Построим фактор-группу G $/$ D. Классы элементов $\langle x, \xi, \eta \rangle$ и $\langle x', \xi', \eta' \rangle$ совпадают $[\langle x, \xi, \eta \rangle] = [\langle x', \xi', \eta' \rangle]$, если существует такой элемент $\langle p, \mu, \nu \rangle \in$ D, что

$$x = x' + p, \qquad (5.12)$$

$$\xi = \xi' + \mu + x'\nu, \qquad (5.13)$$

$$\eta = \eta' + \nu. \qquad (5.14)$$

Таким образом множество $B_2^{1,2}$ приобретает дополнительную (порожденную факторизацией) нетривиальную топологию. Можно показать, что полученное топологическое пространство является G^∞-супермногообразием размерности $(1|2)$ над грассмановой алгеброй B_2 с соответствующими картами, как было упомянуто в работе Rogers [1986], где также было рассмотрено редуцированное (по отношению к (5.7)) следующее представление

$$\mathcal{T}_G^{Rogers}(\langle x, \xi, \eta \rangle) = \left\{ \begin{matrix} a_1 & 0 \\ b_1 & 0 \\ c_1 & 0 \end{matrix} \right\}, \qquad (5.15)$$

соответствующее алгебре $B_1^{1,2}$. Выясним, приводит ли другие редуцирования (пророждающиеся уравнениями на коэффициенты, а не на переменные супермногообразия) к супермногообразиям. Рассмотрим подмножество G$'$ группы G, полученное из G при помощи следующего редуцирования

$$\mathcal{T}_{G'}(\langle x, \xi, \eta \rangle) = \left\{ \begin{matrix} 0 & a \\ b & 0 \\ 0 & c \end{matrix} \right\}. \qquad (5.16)$$

В таком представлении координаты равны

$$x = a\beta_1\beta_2, \qquad (5.17)$$

$$\xi = b\beta_1, \qquad (5.18)$$

$$\eta = c\beta_2, \qquad (5.19)$$

а произведение в G′определяется формулой

$$
\left\{ \begin{array}{cc} 0 & a \\ b & 0 \\ 0 & c \end{array} \right\} \circledast \left\{ \begin{array}{cc} 0 & d \\ e & 0 \\ 0 & f \end{array} \right\} = \left\{ \begin{array}{cc} 0 & a+d \\ b+e & 0 \\ 0 & c+f \end{array} \right\}. \tag{5.20}
$$

В терминах "скелета" операция редуцирования является пересечением трех гиперплоскостей. Полученное подпространство инвариантно относительно действия ⊛.

Понятно, что множество G′ является подгруппой группы G, так как операция (∗) и взятие обратного не выводят за пределы G′, а единица G принадлежит G′ и, очевидно, равна $\langle 0,0,0 \rangle$, которая представляется нулевой матрицей (5.16). Из (5.20) следует, что G′ изоморфна $\mathbb{R} \times \mathbb{R} \times \mathbb{R}$, но неизоморфна группе над $B_1^{1,2}$, представление которой задано в (5.15), а действие (в наших обозначениях) имеет вид

$$
\left\{ \begin{array}{cc} a & 0 \\ b & 0 \\ c & 0 \end{array} \right\} \circledast \left\{ \begin{array}{cc} d & 0 \\ e & 0 \\ f & 0 \end{array} \right\} = \left\{ \begin{array}{cc} a+d & 0 \\ b+e+af & 0 \\ c+f & 0 \end{array} \right\}. \tag{5.21}
$$

Для G′, в отличие от группы G, глобальные свойства таковы:

$$
x^2 = 0, \quad x\xi = 0, \quad x\eta = 0, \quad \xi\eta \neq 0. \tag{5.22}
$$

Первые три соотношения можно считать уравнениями редуцированной группы G′, а последнее свойство выполняется только при условии $bc \neq 0$.

Аналогичным образом редуцируем дискретную группу D, что можно представить матрицей с целыми элементами

$$
\mathcal{T}_{D'}\left(\langle x,\xi,\eta \rangle \right) = \left\{ \begin{array}{cc} 0 & m \\ n & 0 \\ 0 & k \end{array} \right\}, \tag{5.23}
$$

Видно, что D′ является дискретной подгруппой группы D и представляется прямым произведением $\mathbb{Z} \times \mathbb{Z} \times \mathbb{Z}$. По аналогии с (5.12)–(5.14) профакторизуем группу G′по D′: элементы $\langle x,\xi,\eta \rangle$ и $\langle x',\xi',\eta' \rangle$ совпадают $[\langle x,\xi,\eta \rangle] = [\langle x',\xi',\eta' \rangle]$, если существует такой элемент $\langle p,\mu,\nu \rangle \in$ D′, что

$$
x = x' + p, \tag{5.24}
$$

$$
\xi = \xi' + \mu, \tag{5.25}
$$

$$
\eta = \eta' + \nu. \tag{5.26}
$$

Покажем, что G'/D' — G^∞-супермногообразие размерности $(1|2)$ над грассмановой алгеброй B_1 с обратимыми картами. Рассмотрим следующие множества в G'

$$S_1 = \left\{ \langle a\beta_1\beta_2, b\beta_1, c\beta_2 \rangle \mid \frac{1}{5} < a < \frac{4}{5} \right\}, \tag{5.27}$$

$$S_2 = \left\{ \langle a\beta_1\beta_2, b\beta_1, c\beta_2 \rangle \mid \frac{1}{5} < b < \frac{4}{5} \right\}, \tag{5.28}$$

$$S_3 = \left\{ \langle a\beta_1\beta_2, b\beta_1, c\beta_2 \rangle \mid \frac{1}{5} < c < \frac{4}{5} \right\}, \tag{5.29}$$

$$T_1 = \left\{ \langle a\beta_1\beta_2, b\beta_1, c\beta_2 \rangle \mid -\frac{2}{5} < a < \frac{2}{5} \right\}, \tag{5.30}$$

$$T_2 = \left\{ \langle a\beta_1\beta_2, b\beta_1, c\beta_2 \rangle \mid -\frac{2}{5} < b < \frac{2}{5} \right\}, \tag{5.31}$$

$$T_3 = \left\{ \langle a\beta_1\beta_2, b\beta_1, c\beta_2 \rangle \mid -\frac{2}{5} < c < \frac{2}{5} \right\} \tag{5.32}$$

и восемь их пересечений

$$\begin{aligned}
V_1 &= S_1 \cap S_2 \cap S_3, & V_5 &= S_1 \cap T_2 \cap T_3, \\
V_2 &= T_1 \cap S_2 \cap S_3, & V_6 &= T_1 \cap S_2 \cap T_3, \\
V_3 &= S_1 \cap T_2 \cap S_3, & V_7 &= T_1 \cap T_2 \cap S_3, \\
V_4 &= S_1 \cap S_2 \cap T_3, & V_8 &= T_1 \cap T_2 \cap T_3.
\end{aligned} \tag{5.33}$$

Рассмотрим восемь координатных окрестностей $U_i = [V_i]$ на G'/D', состоящих из классов эквивалентности всех элементов, принадлежащих V_i, где $i = 1, 2, \ldots 8$. Так как размерность редуцированной группы равна трем, что совпадает с размерностью "скелета" супермногообразия $B_1^{1,2}$, то естественно рассматривать карты на соответствующей алгебре $B_1^{1,2}$. Введем на U_i локальные карты $\Psi_i : U_i \to \hat{V}_i$, где $\hat{V}_i$ — область в алгебре Грассмана-Банаха $B_1^{1,2}$. Сопоставим каждому множеству S_i в $B_2^{1,2}$ множество $\hat{S}_i$ в $B_1^{1,2}$ следующим образом: если елемент $\langle a\beta_1\beta_2, b\beta_1, c\beta_2 \rangle \in S_i, \beta_i \in B_2$, то элемент $\langle a1, b\beta, c\beta \rangle \in \hat{S}_i, \beta \in B_1$. Точно также сопоставим каждому множеству $T_i \subset B_2^{1,2}$ множество $\hat{T}_i \subset B_1^{1,2}$. Обозначим это сопоставление f. Тогда области $\hat{V}_i \subset B_1^{1,2}$ являются образами отображения f, и определяются такими же формулами, что и (5.27)–(5.33). Этим преобразованием мы сохраняем линейную структуру "скелета", но не сохраняем операцию $\circledast$.

Зададим Ψ_i явным образом в терминах классов эквивалентности. Пусть класс элемента $\mathrm{p} \in V_i$ принадлежит координатной окрестности U_i, тогда $\Psi_i([\mathrm{p}]) = f(\mathrm{p})$. Определение корректно, так как для каждого класса $[\mathrm{p}]$ существует его единственный представитель в области V_i.

Функции Ψ_i являются гомеоморфизмами. Функций перехода $\Psi_i \circ \Psi_j^{-1}$ между картами на G'/D' всего $8^2 - 8 = 56$. Приведем явный вид одной из них $\Psi_4 \circ \Psi_1^{-1} : \Psi_1(U_1 \cap U_4) \rightarrow \Psi_4(U_1 \cap U_4)$. Класс элемент $\langle x, \xi, \eta \rangle = \langle (a + m)\, 1, (b + n)\, \beta, (c + k)\, \beta \rangle$, где $m, n, k \in \mathbb{Z}$, принадлежит пересечению $U_1 \cap U_4$ в двух вариантах, для которых функция перехода $\Psi_4 \circ \Psi_1^{-1}$ выглядит следующим образом

$$\Psi_4 \circ \Psi_1^{-1}\left(\langle a1, b\beta, c\beta \rangle\right) = \langle a1, b\beta, c\beta \rangle,$$
$$\frac{1}{5} < a < \frac{4}{5}, \frac{1}{5} < b < \frac{4}{5}, \frac{1}{5} < c < \frac{2}{5}, \quad (5.34)$$
$$\Psi_4 \circ \Psi_1^{-1}\left(\langle a1, b\beta, c\beta \rangle\right) = \langle a1, b\beta, (c-1)\beta \rangle,$$
$$\frac{1}{5} < a < \frac{4}{5}, \frac{1}{5} < b < \frac{4}{5}, \frac{3}{5} < c < \frac{4}{5}. \quad (5.35)$$

Функции перехода $\Psi_i \circ \Psi_j^{-1}$ являются G^∞-гладкими, таким образом G'/D' с соответствующими картами является супермнообразием, хотя введеная функция f не сохраняет операцию $\circledast$ на "скелете" и не является гомоморфизмом.

5.3. Многозначность и полусупермногообразия

Рассмотрим теперь алгебру Грассмана-Банаха $B_1^{1,2}$ вида $B_1^{1,2} = \{\langle a1, b\beta, c\beta \rangle, \, a, b, c \in \mathbb{R}\}$, где 1 — единица алгебры и β — нечетная образующая. Для того, чтобы ввести полугрупповую структуру на множестве $B_1^{1,2}$, сопоставим каждому элементу $\langle a1, b\beta, c\beta \rangle$ необратимую матрицу вида

$$\begin{pmatrix} 1 & a1 & b\beta \\ 0 & 1 & c\beta \\ 0 & 0 & 0 \end{pmatrix}. \quad (5.36)$$

Введем на $B_1^{1,2}$ операцию $(*)$, порожденную стандартным произведением матриц (5.36) следующим образом:

$$\langle a_1 1, b_1\beta, c_1\beta \rangle * \langle a_2 1, b_2\beta, c_2\beta \rangle = \langle (a_1 + a_2)\, 1, (b_2 + a_1 c_2)\, \beta, c_2\beta \rangle. \quad (5.37)$$

Операция $(*)$ введена корректно, поскольку, как и прежде, на нечетных местах остаются нечетные элементы, а на четном месте — четный элемент, то есть матрицы сохраняют свою грассманову структуру.

5.3. Многозначность и полусупермногообразия

В дальнейшем будем представлять элемент $s = \langle a1, b\beta, c\beta \rangle$ как $[a, b, c] = T_S(\langle a1, b\beta, c\beta \rangle)$, где $a, b, c \in \mathbb{R}$, имея в виду одностолбцовый аналог (5.7).

Множество $B_1^{1,2}$ с введенной на ней операцией $(*)$ образует полугруппу $S = \bigcup s$ CLIFFORD AND PRESTON [1961], HOWIE [1995] (ассоциативность следует из ассоциативности умножения матриц).

Опишем основные свойства построенной полугруппы S:

1. Левая разрешимость $\forall [s_1, s_2, s_3], [t_1, t_2, t_3] \in S$, $\exists!\ [u_1, u_2, u_3] \in S$ такое, что $[s_1, s_2, s_3] * [u_1, u_2, u_3] = [t_1, t_2, t_3]$, поскольку соответствующие компонентные уравнения $t_1 = s_1 + u_1, t_2 = u_2 + s_1 u_3, t_3 = u_3$ имеют решение $[t_1 - s_1, t_2 - s_1 t_3, t_3]$, и оно единственно. В частности, $\forall s \in S, \exists!\ t \in S$ такое, что $s * t = s$, т. е. каждый элемент является левым нулем для единственного элемента.

2. Элемент $[0, 0, 0]$ является правым нулем полугруппы S.

3. Левых нулей в полугруппе S не существует.

4. Для любого элемента полугруппы S имеем $[s_1, s_2, s_3]^{*n} = [ns_1, s_2 + (n - 1)s_1, s_3]$.

5. Левыми единицами полугруппы S являются элементы вида $[0, s_2, s_3]$ и только они, следовательно $[0, s_2, s_3]^{*n} = [0, s_2, s_3]$, и такими элементами исчерпываются все идемпотенты полугруппы S.

6. Правых единиц в полугруппе S не существует.

7. Полугруппа S — полугруппа с левым сокращением.

8. Центр полугруппы $\text{Cent}(S) = \varnothing$.

9. Каждый элемент $[s_1, s_2, s_3]$ обладает семейством таких элементов $\{t = [-s_1, t_2, t_3] \mid t_2, t_3 \in \mathbb{R}\}$, которые регулярны ($s * t * s = s$) и которые также являются инверсными ($t * s * t = t$) к нему, а идемпотенты строятся с помощью их произведений CLIFFORD AND PRESTON [1961], HOWIE [1995].

Рассмотрим идеальную структуру полугруппы S. Множества $I_a = \{[s_1, s_2, a] \in S \mid s_1, s_2 \in \mathbb{R}\}$, где $a \in \mathbb{R}$, являются левыми идеалами $S * I_a = I_a$. Идеалы I_a не пересекаются $I_a \cap I_b = \varnothing$ при $a \neq b$ и покрывают всю полугруппу $\bigcup I_a = S$. Правых идеалов нет.

Множество $D = \{[m_1, m_2, m_3] \in S \mid m_i \in \mathbb{Z}\}$ является подполугруппой полугруппы S, но не идеалом.

Выделим в полугруппе S подмножество T, заданное уравнением сферы в трехмерном пространстве вещественных коэффициентов

$$T = \left\{ [x, y, z] \in S \mid x^2 + y^2 + z^2 = 1, \; x, y, z \in \mathbb{R} \right\}. \tag{5.38}$$

Поскольку T — подмножество топологического пространства $B_1^{1,2}$, то T — топологическое пространство с индуцированной топологией Постников [1987]. Выберем в T координатные окрестности $U_a = \left\{ [x, y, z] \in T \mid z > a \right\}$, $|a| < 1$. Введем карты $\Psi_a : U_a \to \Psi_a (U_a) \subset I_a$. Функция Ψ_a задана следующим условием: Ψ_a от аргумента $[x, y, z] \in U_a$ равна произведению элемента $[x, y, z]$ и его проекции на плоскость $z = a$, являющуюся образом I_a в трехмерном пространстве вещественных коэффициентов

$$\Psi_a ([x, y, z]) = [x, y, z] * [x, y, a] = [2x, y + xa, a]. \tag{5.39}$$

Ясно, что $\Psi_a (U_a)$ — область в I_a. Функции Ψ_a взаимно-однозначны при $a \geq 0$. Поскольку функции, порождающие Ψ_a непрерывны, то и сама Ψ_a непрерывна. Рассмотрим обратную функцию Ψ_a^{-1} при $a \geq 0$. Из определения (5.39) следует явный вид этой функции

$$\Psi_a^{-1} ([x, y, a]) = \left[\frac{x}{2}, y - xa, \sqrt{1 - \frac{x^2}{4} - (y - xa)^2} \right]. \tag{5.40}$$

При $a \geq 0$ функция Ψ_a^{-1} непрерывна, поэтому Ψ_a — гомеоморфизм. Эти карты являются стандартными обратимыми картами на топологическом пространстве T. Необратимые карты возникают при $a < 0$. Рассмотрим этот случай.

Функции Ψ_a склеивают точки $[x, y, z]$ и $[x, y, -z]$ при $|z| < -a$. Выбрав одну из ветвей однозначности, можно говорить об обратных функциях $\Psi_{a(\pm)}^{-1}$, где $\Psi_{a(+)}^{-1}$ означает верхнюю "верхнюю" ветвь, а $\Psi_{a(-)}^{-1}$ — "нижнюю". Области значения этих функций равны

$$\Psi_{a(+)}^{-1} (\Psi_a (U_a)) = \{ [x, y, z] \in T \mid z > 0 \}, \tag{5.41}$$

$$\Psi_{a(-)}^{-1} (\Psi_a (U_a)) = \{ [x, y, z] \in T \mid z \in (a, 0) \cup (-a, 1) \}. \tag{5.42}$$

"Верхняя" ветвь $\Psi_{a(+)}^{-1}$ является непрерывной функцией, а "нижняя" ветвь $\Psi_{a(-)}^{-1}$ является непрерывной функцией на множестве $\Psi_a (U_a) \backslash Z$, где Z — множество меры 0, задаваемое объединением корней уравнений

$$1 - \frac{x^2}{4} - (y - xa)^2 = 0 \quad \text{и} \quad \sqrt{1 - \frac{x^2}{4} - (y - xa)^2} = -a. \tag{5.43}$$

Выбрав одну из ветвей однозначности для необратимых карт, можно говорить о функциях перехода между картами I_a и I_b, которые имеют вид

$$[2x, y + xa, a] \xoverset{\Psi_{a(\pm)}^{-1}}{\longmapsto} [x, y, \pm z] \xoverset{\Psi_b}{\longmapsto} [2x, y + xb, b]. \qquad (5.44)$$

Таким образом, явный вид функций перехода $\Psi_b \circ \Psi_{a(\pm)}^{-1}$ задается формулой

$$[x, y, a] \xoverset{\Psi_{a(\pm)}^{-1}}{\longmapsto} \left[\frac{x}{2}, y - \frac{xa}{2}, \pm\sqrt{1 - \frac{x^2}{4} - \left(y - \frac{xa}{2}\right)^2} \right]$$

$$\xoverset{\Psi_b}{\longmapsto} \left[x, y - \frac{xa}{2} + \frac{xb}{2}, b \right]. \qquad (5.45)$$

Если рассматривать $\Psi_b \circ \Psi_{a(\pm)}^{-1}$ как функцию на $B_1^{1,1}$, то мы получим

$$\Psi_b \circ \Psi_{a(\pm)}^{-1} \left([x1, y\beta] \right) = \left[x1, \left(y - \frac{xa}{2} + \frac{xb}{2} \right) \beta \right], \qquad (5.46)$$

то есть $\Psi_b \circ \Psi_{a(\pm)}^{-1}$ является G^∞-функцией.

Таким образом, топологическое пространство S с данным набором карт является примером гладкого полусупермногообразия DUPLIJ [2013], в котором необратимость возникает вследствие неднозначности.

Глава 6

Симметрии гиперболической суперплоскости
С.А. Дуплий

6.1. Введение

В данной главе изучаются необратимые свойства матриц, содержащих нильпотентные элементы и делители нуля, определенный тип которых возникает при анализе N-расширенных редуцированных преобразований Дуплий [1991], Duplij [1991a], Дуплий [2000]. Показывается, что перманенты играют для них дуальную (по отношению к детерминантам) роль в большинстве принципиальных формул и утверждений (даже в нахождении обратной матрицы). Найденные дуальные свойства изучаются в общем случае матриц содержащих нильпотентные элементы, что может быть применено в моделях элементарных частиц, использующих суперсимметрию в качестве основополагающего принципа. Введенные матрицы используются для определения обратимых и необратимых дробно-линейных преобразований суперплоскости специального вида, для которых найден новый вид симметрии. Далее строится необратимая гиперболическая геометрия на четной части суперплоскости, в которой имеется два различно определенных инвариантных двойных отношения и два гиперболических расстояния, аналог производной Шварца и других классических формул Дубровин et al. [1986].

6.2. Перманенты и SCF-матрицы

Свойства перманентов обычных матриц существенно отличаются от свойств детерминантов, что до сих пор существенно ограничивало их применение комбинаторными построениями и вероятностными задачами Минк [1982], а также теорией инвариантов Hu and Kang [1996] и перманентных идеалов Laubenbacher and Swanson [1998]. Однако, если матрицы содержат нильпотентные элементы и делители нуля, то для некоторого типа таких матриц, возникающего при анализе N-расширенных суперконформных преобразований (см. Cohn [1987], Schoutens [1988]), перманенты начинают играть дуальную (по отношению к детерминантам) роль Duplij [1991a].

Рассмотрим вначале для иллюстрации идеи 2×2 матрицы с четными элементами из грассмановой алгебры $\Lambda = \Lambda_0 \oplus \Lambda_1$, т. е. A$=\begin{pmatrix} a & b \\ c & d \end{pmatrix} \in$ $\mathrm{Mat}_{\Lambda_0}(2)$ (Λ_0 и Λ_1 содержат четные и нечетные элементы: см. обозначения в Березин [1983]). Перманент в этом случае имеет вид Минк [1982]

$$\mathrm{per}\, \mathrm{A} = ad + bc. \tag{6.1}$$

Если определить скалярное произведение $\mathrm{A} \times \mathrm{B} \overset{def}{=} \mathrm{tr}\, \mathrm{AB}^T$, то для перманента суммы матриц получаем

$$\mathrm{per}\,(\mathrm{A} + \mathrm{B}) = \mathrm{per}\, \mathrm{A} + \mathrm{per}\, \mathrm{B} + \mathrm{A} \times \mathrm{B}^M, \tag{6.2}$$

где B^T — транспонированная матрица и B^M — матрица миноров. Отсюда следуют важные частные случаи, которые будут использованы в дальнейших выкладках,

$$\mathrm{per}\,(\mathrm{A} - k\mathrm{I}) = k^2 - k \cdot \mathrm{tr}\, \mathrm{A} + \mathrm{per}\, \mathrm{A}, \tag{6.3}$$

$$\mathrm{per}\,\left(\mathrm{A} - \mathrm{A}^{MT}\right) = 2\,\mathrm{per}\, \mathrm{A} - \mathrm{tr}\, \mathrm{A}^2, \tag{6.4}$$

где $k \in \Lambda_0$ и I — единичная матрица. Отсюда следует определение перманента матрицы в терминах скалярного произведения

$$\mathrm{per}\, \mathrm{A} = \tfrac{1}{2}\, \mathrm{tr}\, \mathrm{A} \times \mathrm{A}^M, \tag{6.5}$$

которое справедливо для матриц любого порядка. Отметим, что, если A не содержит нильпотентных составляющих и положительна и $\mathrm{per}\, \mathrm{A} = 1$, то матрица $\mathrm{B} = \mathrm{A} - \mathrm{I}$ нильпотентна Nicholson [1975].

Введем еще одну матричную функцию $\mathrm{scf}_\pm \mathrm{A}$, которая играет важную роль при рассмотрении свойств матриц, содержащих нильпотентные элементы, по формулам

$$\mathrm{scf}_+ \mathrm{A} \overset{def}{=} ac, \quad \mathrm{scf}_- \mathrm{A} \overset{def}{=} bd, \tag{6.6}$$

т. е. $\mathrm{scf}_\pm \mathrm{A}$ определяет степень ортогональности элементов первого и второго столбца матрицы A соответственно. Необходимость введения функции $\mathrm{scf}_\pm \mathrm{A}$ видна из следующего ключевого соотношения

$$\mathrm{A}^{MT} \cdot \mathrm{A} = \begin{pmatrix} \mathrm{per}\, \mathrm{A} & 2\,\mathrm{scf}_- \mathrm{A} \\ 2\,\mathrm{scf}_+ \mathrm{A} & \mathrm{per}\, \mathrm{A} \end{pmatrix}. \tag{6.7}$$

Сравним это соотношение с подобным для детерминанта

$$A^{DT} \cdot A = \begin{pmatrix} \det A & 0 \\ 0 & \det A \end{pmatrix} = \det A \cdot I, \qquad (6.8)$$

где A^D — матрица алгебраических дополнений. Тогда естественным является определение $N = 2$ scf-матрицы как 2×2 четной матрицы с элементами из Λ_0, у которой элементы столбцов ортогональны

$$\text{scf}_{\pm} A_{\text{scf}} = 0. \qquad (6.9)$$

Для $N = 2$ scf-матриц имеем соотношение, аналогичное (6.8)

$$A_{\text{scf}}^{MT} \cdot A_{\text{scf}} = \begin{pmatrix} \text{per} A_{\text{scf}} & 0 \\ 0 & \text{per} A_{\text{scf}} \end{pmatrix} = \text{per} A_{\text{scf}} \cdot I, \qquad (6.10)$$

и, следовательно, имеет место "дуальность"

$$\text{per} A_{\text{scf}} \leftrightarrow \det A_{\text{scf}}, \quad A_{\text{scf}}^{M} \leftrightarrow A_{\text{scf}}^{D}. \qquad (6.11)$$

Тогда понятно, что при $\epsilon [\text{per} A_{\text{scf}}] \neq 0$ для scf-матриц можно ввести другое *дуальное* определение обратной матрицы, использующей не детерминант, а перманент: для $N = 2$ scf-матрицы, удовлетворяющей условию $\epsilon [\text{per} A_{\text{scf}}] \neq 0$, per-обратная матрица определяется следующей формулой

$$A_{\text{scf}}^{-1per} \overset{def}{=} \frac{A_{\text{scf}}^{MT}}{\text{per} A_{\text{scf}}}, \qquad (6.12)$$

что можно сравнить со стандартной формулой $A^{-1} = A^{DT} / \det A$.

Отсюда видно, что для per-обратной матрицы выполняется соотношение

$$A_{\text{scf}}^{-1per} \cdot A_{\text{scf}} = I. \qquad (6.13)$$

Отметим некоторые свойства $N = 2$ scf-матриц, следующие из их определения, которые, однако, не выполняются для обычных матриц, например,

$$\text{tr} A_{\text{scf}}^{n} = a^{n} + d^{n} + [1 + (-1)^{n}] (bc)^{\frac{n}{2}}, \qquad (6.14)$$

$$\begin{pmatrix} \text{per} \\ \det \end{pmatrix}^{n} A_{\text{scf}} = \begin{pmatrix} \text{per} \\ \det \end{pmatrix} A_{\text{scf}}^{n} = (ad)^{n} + (\pm 1)^{n} (bc)^{n}. \qquad (6.15)$$

Отсюда, в частности, следуют связи между перманентом и детерминантом scf-матриц $\text{per}^{2n} A_{\text{scf}} = \det^{2n} A_{\text{scf}}$, $\text{per} A_{\text{scf}}^{2n} = \det A_{\text{scf}}^{2n}$, а также

$$\det A_{\text{scf}} \cdot \text{per} A_{\text{scf}} = a^2 d^2 - b^2 c^2 \qquad (6.16)$$

и нетривиальная связь между перманентом и следом scf-матрицы

$$\left(2\,\mathrm{per}\,\mathrm{A}_{\mathrm{scf}} - \mathrm{tr}\,\mathrm{A}_{\mathrm{scf}}^2\right)\left(2\,\mathrm{per}\,\mathrm{A}_{\mathrm{scf}} + \mathrm{tr}\,\mathrm{A}_{\mathrm{scf}}^2 - \mathrm{tr}^2\,\mathrm{A}_{\mathrm{scf}}\right) = 0, \qquad (6.17)$$

где каждый из сомножителей отличен от нуля, а их ортогональность достигается за счет scf-условий (6.9).

Одной из причин, почему перманенты не применялись широко в приложениях, как детерминанты, служит тот факт, что в общем случае перманент не мультипликативен, т. е. формула Бине-Коши $\det(AB) = \det A \cdot \det B$ не выполняется без дополнительных условий для перманентов Минк [1982] (также, как и инвариантность при линейных операциях над матрицами). Замечательно, что именно уравнения (6.9) и являются требуемыми дополнительными условиями, тогда и только тогда

$$\mathrm{per}\,(\mathrm{A}_{\mathrm{scf}} \cdot \mathrm{B}_{\mathrm{scf}}) = \mathrm{per}\,\mathrm{A}_{\mathrm{scf}} \cdot \mathrm{per}\,\mathrm{B}_{\mathrm{scf}}. \qquad (6.18)$$

Отметим также и другие важные формулы, справедливые для детерминантов и *только* для scf-матриц DUPLIJ [1991a] $\mathrm{per}\left(\mathrm{A}_{\mathrm{scf}} \cdot \mathrm{B}_{\mathrm{scf}} \cdot \mathrm{A}_{\mathrm{scf}}^{-1}\right) = \mathrm{per}\,\mathrm{B}_{\mathrm{scf}}, \mathrm{per}\,\mathrm{A}_{\mathrm{scf}}^{-1} = \mathrm{per}^{-1}\,\mathrm{A}_{\mathrm{scf}}$, где $\mathrm{A}_{\mathrm{scf}}^{-1}$ — обратная матрица в обычном определении.

Важным свойством scf-матриц является их связь с ортогональными матрицами при смене базиса, что использовалось ранее при рассмотрении необратимых редуцированных $N = 2$ и $N = 4$ преобразований DUPLIJ [1991a], Дуплий [1991]. Так, если $\mathrm{A}_0 = \mathrm{U}^{-1} \cdot \mathrm{A} \cdot \mathrm{U}$, $\mathrm{B}_0 = \mathrm{U}^{-1} \cdot \mathrm{B} \cdot \mathrm{U}$, где $\mathrm{U} = \dfrac{1}{\sqrt{2}}\begin{pmatrix} 1 & i \\ 1 & -i \end{pmatrix}$ — матрица перехода в комплексный базис, то для произведения двух матриц в разных базисах можно получить $\mathrm{A}_0^T \cdot \mathrm{B}_0 = \mathrm{U}^{-1} \cdot \mathrm{A}^{MT} \cdot \mathrm{B} \cdot \mathrm{U}$. Если выбрать $\mathrm{A}_0 = \mathrm{B}_0$, то получим связь ортогональности в координатном базисе со свойствами scf-матриц в комплексном базисе DUPLIJ [1991a]

$$\mathrm{A}_0^T \cdot \mathrm{A}_0 = \mathrm{U}^{-1} \cdot \mathrm{A}^{MT} \cdot \mathrm{A} \cdot \mathrm{U} = \mathrm{per}\,\mathrm{A} \cdot \mathrm{I} + \mathrm{scf}_+\,\mathrm{A} \cdot \sigma^+ + \mathrm{scf}_-\,\mathrm{A} \cdot \sigma^-, \quad (6.19)$$

где I — единичная 2×2 матрица, $\sigma^{\pm} = \sigma_3 \pm i\sigma_1$. Поэтому в обратимом случае $\epsilon\,[\mathrm{per}\,\mathrm{A}] \neq 0$ нормированные на $\sqrt{\mathrm{per}\,\mathrm{A}}$ scf-матрицы (с $\mathrm{scf}_{\pm}\,\mathrm{A}_{\mathrm{scf}} = 0$) $\mathrm{N}_{0,\mathrm{scf}} = \mathrm{A}_{0,\mathrm{scf}}/\sqrt{\mathrm{per}\,\mathrm{A}_{\mathrm{scf}}}$ подобны ортогональным матрицам, т. е. $\mathrm{N}_{0,\mathrm{scf}}^T \cdot \mathrm{N}_{0,\mathrm{scf}} = \mathrm{I}$, следовательно $\mathrm{N}_{0,\mathrm{scf}} \in O_{\Lambda_0}(2)$. Для нормированных scf-матриц ортогональность в одном базисе связана с per-обратимостью в другом

$$\mathrm{N}_{0,\mathrm{scf}}^T \cdot \mathrm{N}_{0,\mathrm{scf}} = \mathrm{U}^{-1} \cdot \mathrm{N}_{\mathrm{scf}}^{-1per} \cdot \mathrm{N}_{\mathrm{scf}} \cdot \mathrm{U}, \qquad (6.20)$$

где $\mathrm{N}_{\mathrm{scf}} = \mathrm{A}_{\mathrm{scf}}/\sqrt{\mathrm{per}\,\mathrm{A}_{\mathrm{scf}}}$ и $\mathrm{N}_{\mathrm{scf}}^{-1per}$ определено формулой (6.12).

6.2. Перманенты и SCF-матрицы

Рассмотрим более подробно свойства обратимости scf-матриц. Так, числовые части детерминанта и перманента (отличных от нуля: $\operatorname{per} A \neq 0$, $\det A \neq 0$) обращаются в нуль одновременно $\epsilon\,[\operatorname{per} A] = 0 \Leftrightarrow \epsilon\,[\det A] = 0$, что справедливо для матриц любого порядка, состоящих из четных элементов. В обратимом случае $\epsilon\,[\operatorname{per} A_{\mathrm{scf}}] \neq 0$, $\epsilon\,[\det A_{\mathrm{scf}}] \neq 0$, тогда единственным решением scf-условий (6.9) могут быть варианты, когда один из сомножителей обращается в нуль, т. е. обратимые scf-матрицы диагональны или антидиагональны, и per-обратная матрица совпадает с обратной $A_{\mathrm{scf}}^{-1per} = A_{\mathrm{scf}}^{-1}$.

В необратимом случае $\epsilon\,[\operatorname{per} A_{\mathrm{scf}}] = 0$ нормировка A_{scf} невозможна. Поэтому нужно непосредственно пользоваться scf-условиями (6.9) и соответствующими ненормированными формулами. Тогда матрица A_{scf} не обязательно будет диагональной или антидиагональной, и для нахождения *доопределенной* per-*обратной* матрицы $\bar{A}_{\mathrm{scf}}^{-1per}$ в этом случае необходимо избегать деления в (6.12) и решать уравнение $\bar{A}_{\mathrm{scf}}^{-1per} \cdot \operatorname{per} A_{\mathrm{scf}} = A_{\mathrm{scf}}^{MT}$ с нильпотентными обеими частями. Если аналогично ввести *доопределенную обратную* матрицу $\bar{A}_{\mathrm{scf}}^{-1}$ по формуле $\bar{A}_{\mathrm{scf}}^{-1} \cdot \det A_{\mathrm{scf}} = A_{\mathrm{scf}}^{DT}$, то в общем случае $\bar{A}_{\mathrm{scf}}^{-1per} \neq \bar{A}_{\mathrm{scf}}^{-1}$.

Например, пусть $A_{\mathrm{scf}} = \begin{pmatrix} \mu\nu & \alpha\beta \\ \mu\rho & \alpha\gamma \end{pmatrix}$ — нильпотентная scf-матрица, для которой $\operatorname{per} A_{\mathrm{scf}} = \mu\nu\alpha\gamma + \alpha\beta\mu\rho = \mu\alpha\,(\gamma\nu + \beta\rho)$, $\det A_{\mathrm{scf}} = \mu\nu\alpha\gamma - \alpha\beta\mu\rho = \mu\alpha\,(\gamma\nu - \beta\rho)$. Она необратима, поскольку $\epsilon\,[\operatorname{per} A_{\mathrm{scf}}] = \epsilon\,[\det A_{\mathrm{scf}}] = 0$. Тогда сравним две обратные матрицы $\bar{A}_{\mathrm{scf}}^{-1per} = \begin{pmatrix} x_1 & x_2 \\ x_3 & x_4 \end{pmatrix}$ и $\bar{A}_{\mathrm{scf}}^{-1} = \begin{pmatrix} y_1 & y_2 \\ y_3 & y_4 \end{pmatrix}$. Из определений имеем 2(!) *различные* системы уравнений для нахождения элементов x_i и y_i

$$
\begin{cases}
\mu\alpha\,(\gamma\nu + \beta\rho)\,x_1 = \alpha\gamma, \\
\mu\alpha\,(\gamma\nu + \beta\rho)\,x_2 = \alpha\beta, \\
\mu\alpha\,(\gamma\nu + \beta\rho)\,x_3 = \mu\rho, \\
\mu\alpha\,(\gamma\nu + \beta\rho)\,x_3 = \mu\nu,
\end{cases}
\Leftrightarrow
\begin{cases}
\mu\alpha\,(\gamma\nu - \beta\rho)\,y_1 = \alpha\gamma, \\
\mu\alpha\,(\gamma\nu - \beta\rho)\,y_2 = -\alpha\beta, \\
\mu\alpha\,(\gamma\nu - \beta\rho)\,y_3 = -\mu\rho, \\
\mu\alpha\,(\gamma\nu - \beta\rho)\,y_3 = \mu\nu,
\end{cases}
\quad (6.21)
$$

которые могут быть решены разложением по образующим Λ.

Наряду с мультипликативностью перманента $N = 2$ scf-матриц важным также является групповое поведение введенной матричной функции $\mathrm{scf}_{\pm}\,A$ при умножении матриц. Если рассмотреть функцию $\mathrm{scf}_{\pm}$ от произведения матриц A и $B = \begin{pmatrix} p_+ & p_- \\ q_+ & q_- \end{pmatrix}$, то, пользуясь определением (6.6), получаем

$$
\mathrm{scf}_{\pm}\,(AB) = p_{\pm}^2 \cdot \mathrm{scf}_{\pm}\,A + q_{\pm}^2 \cdot \mathrm{scf}_{\mp}\,A + 2\operatorname{per} A \cdot \mathrm{scf}_{\pm}\,B, \qquad (6.22)
$$

и, следовательно, $\mathrm{scf}_\pm (AB) = 0 \Leftrightarrow \mathrm{scf}_\pm A = 0 \wedge \mathrm{scf}_\pm B = 0$. Поэтому множество 2×2 четных матриц, удовлетворяющих условию (6.9), $\mathfrak{A}_{\mathrm{scf}} = \bigcup A_{\mathrm{scf}}$ образует подполугруппу полной линейной полугруппы 2×2 четных матриц (поскольку $\mathfrak{A}_{\mathrm{scf}} \star \mathfrak{A}_{\mathrm{scf}} \subseteq \mathfrak{A}_{\mathrm{scf}}$), которую назовем полугруппой $N = 2$ scf-матриц $SCF_{\Lambda_0}(2)$. Обратимые элементы из полугруппы $SCF_{\Lambda_0}(2)$ образуют группу $N = 2$ scf-матриц $GSCF_{\Lambda_0}(2)$. Необратимые элементы из полугруппы $SCF_{\Lambda_0}(2)$ образуют идеал $ISCF_{\Lambda_0}(2)$. Тогда в обратимом случае очевидно группа $GSCF_{\Lambda_0}(2)$ изоморфна ортогональной группе $O_{\Lambda_0}(2)$. Нетривиальным является необратимый случай $\epsilon\,[\mathrm{per}\,A_{\mathrm{scf}}] = 0$, когда scf-условия (6.6) выполняются не за счет зануления одного из сомножителей, а за счет ортогональности нильпотентных ненулевых сомножителей. Такие scf-матрицы принадлежат идеалу $ISCF_{\Lambda_0}(2)$ (см. (6.21)).

Аналогичные свойства (но с более сложной структурой и нетривиальными условиями) имеют $N = 4$ scf-матрицы DUPLIJ [1991a], образующие полугруппу $SCF_{\Lambda_0}(4)$, которая состоит из групповой части $GSCF_{\Lambda_0}(4)$, изоморфной $O_{\Lambda_0}(4)$, и идеала $ISCF_{\Lambda_0}(4)$ DUPLIJ [1991a], Дуплий [2000].

6.3. Неэвклидова суперплоскость и SCF-матрицы

Рассмотрим некоторые необычные свойства дробно-линейных преобразований, к которым приводят $N = 2$ scf-матрицы. Поставим в соответствие матрице $A = \begin{pmatrix} a & b \\ c & d \end{pmatrix} \in \mathrm{Mat}_{\Lambda_0}(2)$ дробно-линейное преобразование суперплоскости $f : \mathbb{C}^{1|0} \to \mathbb{C}^{1|0}$ (см. например, ДУБРОВИН ET AL. [1986], БЕРДОН [1986]) $f_A(z) = \frac{az+b}{cz+d}$. Доопределим $f_A(z)$ на необратимый случай, когда $cz + d \neq 0$, однако $\epsilon\,[cz + d] = 0$, по формуле

$$\bar{f}_A(z)\,(cz+d) = az + b\,. \tag{6.23}$$

Будем обозначать равенства для доопределенных величин знаком $\overset{\circ}{=}$, а именно

$$\bar{f}_A(z) \overset{\circ}{=} \frac{az+b}{cz+d}\,. \tag{6.24}$$

Пусть $\bar{F}$ —полугруппа обратимых и необратимых доопределенных преобразований $\bar{f}_A(z)$, а $L_{\Lambda_0}(2)$ — полугруппа матриц $A \in \mathrm{Mat}_{\Lambda_0}(2)$. Поскольку для любых двух матриц A и B имеет место $\bar{f}_A \circ \bar{f}_B = \bar{f}_{AB}$, то отображение полугрупп $\varphi : L_{\Lambda_0}(2) \to \bar{F}$ есть гомоморфизм полугрупп (эпиморфизм с ненулевым ядром $a \cdot I$, $a \in \Lambda_0$ БЕРДОН [1986]).

6.3. Неэвклидова суперплоскость и SCF-матрицы

Интересно, что даже в несуперсимметричном случае произвольные (не дробно-линейные и неинфенитезимальные) голоморфные преобразования $f : \mathbb{C} \to \mathbb{C}$ в глобальном смысле не образуют группу (см. [SCHOTTENLOHER, 1997, с. 31]). Отметим, что доопределенные дробно-линейные преобразования $\bar{f}_A(z)$ имеют дополнительную неподвижную точку с нильпотентной координатой. Неподвижная точка z_{fix} отображения $\bar{f}_A(z)$ определяется формулой $\bar{f}_A(z_{\text{fix}}) \overset{\circ}{=} z_{\text{fix}}$. Из (6.23) имеем $cz_{\text{fix}}^2 + (d-a)z_{\text{fix}} - b = 0$, откуда следует не одна, как в стандартном рассмотрении при $c \neq 0$ ЦИШАНГ ЕТ AL. [1988], а *две* (!) возможности, связанные с ненулевым индексом нильпотентности координаты на суперплоскости:

1) $\epsilon[b] \neq 0$, $\epsilon[z_{\text{fix}}] \neq 0$, тогда (стандартный случай)

$$z_{\text{fix}}^{(\pm)} \overset{\circ}{=} \frac{a - d \pm \sqrt{(a+d)^2 - 4\det A}}{2c}; \qquad (6.25)$$

2) $\epsilon[b] = 0$, $\epsilon\left[z_{\text{fix}}^{(0)}\right] = 0$, $\left(z_{\text{fix}}^{(0)}\right)^2 = 0$, тогда (нильпотентный случай)

$$z_{\text{fix}}^{(0)} \overset{\circ}{=} \frac{b}{d-a}. \qquad (6.26)$$

Если выбрать в качестве матрицы A комплексную матрицу с единичным детерминантом, то $f_A(z)$ — это преобразование Мёбиуса, играющее важную роль в теории струн и римановых поверхностей FARKAS AND KRA [1980], KNIZHNIK [1989].

Выберем в качестве A введенные $N = 2$ scf-матрицы A_{scf}. Покажем, что наиболее ключевые соотношения будут иметь дуальные к стандартным, где детерминант заменяется на перманент DUPLIJ [1991a]. Поскольку $N = 2$ scf-матрицы A_{scf} образуют полугруппу $SCF_{\Lambda_0}(2)$, то соответствующие дробно-линейные преобразования $\bar{f}_{A_{\text{scf}}}(z)$ образуют полугруппу $\bar{F}_{\text{scf}} \subset \bar{F}$ относительно композиции, и отображение полугрупп $\varphi_{\text{scf}} : SCF_{\Lambda_0}(2) \to \bar{F}_{\text{scf}}$ есть также гомоморфизм полугрупп.

Назовем per-отображением дробно-линейное преобразование (6.24) с $N = 2$ scf-матрицей $A = A_{\text{scf}}$. Основным для дальнейшего рассмотрения будет тот факт, что per-отображения (и только они) удовлетворяют следующему тождеству

$$n_1 \cdot \bar{f}_{A_{\text{scf}}}(z_1) + n_2 \cdot \bar{f}_{A_{\text{scf}}}(z_2) \overset{\circ}{=} \frac{(n_1 + n_2)(z_1 + z_2) \cdot \operatorname{per} A_{\text{scf}}}{2(cz_1 + d)(cz_2 + d)}$$
$$+ \frac{(n_1 - n_2)(z_1 - z_2) \cdot \det A_{\text{scf}}}{2(cz_1 + d)(cz_2 + d)}. \qquad (6.27)$$

Глава 6. Симметрии гиперболической суперплоскости
С.А. Дуплий

Действительно, обозначим разность между левой и правой частями в (6.27) за $\Delta f(z_1, z_2)$. Тогда для любой матрицы A непосредственно из (6.24) имеем

$$\Delta f(z_1, z_2) = (z_1 z_2 \cdot \mathrm{scf}_+ A + \mathrm{scf}_- A)(n_1 + n_2), \qquad (6.28)$$

и в силу того, что в нашем случае $A = A_{\mathrm{scf}}$ есть $N = 2$ scf-матрица, то из scf-условий (6.9) $\mathrm{scf}_{\pm} A_{\mathrm{scf}} = 0$ получаем $\Delta f(z_1, z_2) = 0$, и следовательно тождество (6.27) выполняется (и явно прослеживается дуальная роль перманента $\mathrm{per}\, A_{\mathrm{scf}}$ и детерминанта $\det A_{\mathrm{scf}}$).

Так, при per-отображениях разность координат преобразуется множителем, пропорциональным $\det A_{\mathrm{scf}}$, а сумма координат преобразуется множителем, пропорциональным $\mathrm{per}\, A_{\mathrm{scf}}$

$$\bar{f}_{A_{\mathrm{scf}}}(z_1) + \bar{f}_{A_{\mathrm{scf}}}(z_2) \overset{\circ}{=} \frac{\mathrm{per}\, A_{\mathrm{scf}}}{(cz_1 + d)(cz_2 + d)}(z_1 + z_2), \qquad (6.29)$$

$$\bar{f}_{A_{\mathrm{scf}}}(z_1) - \bar{f}_{A_{\mathrm{scf}}}(z_2) \overset{\circ}{=} \frac{\det A_{\mathrm{scf}}}{(cz_1 + d)(cz_2 + d)}(z_1 - z_2). \qquad (6.30)$$

Очевидно, что соотношение (6.30) выполняется не только для scf-матриц, но и для любых матриц A (см. например, Бердон [1986]). Однако соотношение (6.29) говорит о появлении на суперплоскости $\mathbb{C}^{1|0}$ *новой симметрии*, связанной с scf-матрицами и перманентами.

Если элементы A_{scf} действительны, то из (6.30) находим дуальные формулы

$$\mathrm{Re}\, \bar{f}_{A_{\mathrm{scf}}}(z) \overset{\circ}{=} \frac{\mathrm{per}\, A_{\mathrm{scf}}}{|cz + d|^2} \cdot \mathrm{Re}\, z, \quad \mathrm{Im}\, \bar{f}_{A_{\mathrm{scf}}}(z) \overset{\circ}{=} \frac{\det A_{\mathrm{scf}}}{|cz + d|^2} \cdot \mathrm{Im}\, z, \qquad (6.31)$$

откуда следует, что можно определить *два* (!) "единичных круга" на суперплоскости $\mathbb{C}^{1|0}$

$$\mathrm{Re}\, \bar{f}_{A_{\mathrm{scf}}}(z) = \mathrm{Re}\, z \Leftrightarrow |cz + d| = \sqrt{\mathrm{per}\, A_{\mathrm{scf}}}, \qquad (6.32)$$

$$\mathrm{Im}\, \bar{f}_{A_{\mathrm{scf}}}(z) = \mathrm{Im}\, z \Leftrightarrow |cz + d| = \sqrt{\det A_{\mathrm{scf}}}. \qquad (6.33)$$

Кроме того, имеются такие полезные в дальнейшем "дуальные" ($\mathrm{Re} \leftrightarrow \mathrm{Im}$, " + " $\leftrightarrow$ " $-$ ") формулы

$$\frac{\left| \bar{f}_{A_{\mathrm{scf}}}(z_1) + \bar{f}_{A_{\mathrm{scf}}}(z_2) \right|^2}{\mathrm{Re}\, \bar{f}_{A_{\mathrm{scf}}}(z_1) \cdot \mathrm{Re}\, \bar{f}_{A_{\mathrm{scf}}}(z_2)} \overset{\circ}{=} \frac{|z_1 + z_2|^2}{\mathrm{Re}\, z_1 \cdot \mathrm{Re}\, z_2}, \qquad (6.34)$$

$$\frac{\left| \bar{f}_{A_{\mathrm{scf}}}(z_1) - \bar{f}_{A_{\mathrm{scf}}}(z_2) \right|^2}{\mathrm{Im}\, \bar{f}_{A_{\mathrm{scf}}}(z_1) \cdot \mathrm{Im}\, \bar{f}_{A_{\mathrm{scf}}}(z_2)} \overset{\circ}{=} \frac{|z_1 - z_2|^2}{\mathrm{Im}\, z_1 \cdot \mathrm{Im}\, z_2}. \qquad (6.35)$$

6.4. Правые и левые двойные отношения

Пусть $z_1, z_2, z_3, z_4 \in \mathbb{C}^{1|0}$ — четыре различные точки. Определим не одно (как в SIEGEL [1971], БЕРДОН [1986]), а два двойных доопределенных правых и левых отношения

$$D^{\pm}\left(z_1, z_2, z_3, z_4\right) \overset{\circ}{=} \frac{\left(z_1 \pm z_3\right)\left(z_2 \pm z_4\right)}{\left(z_1 \pm z_4\right)\left(z_2 \pm z_3\right)}. \qquad (6.36)$$

В (6.36) прослеживаются такие отличия от стандартных определений БЕРДОН [1986]:

1) наличие наряду с *левым* двойным отношением с разностями координат также и *правого* двойного отношения с их суммами;

2) распространение определений (нового и известного) на нильпотентную область $\mathbb{C}^{1|0}$ с использованием доопределенного знака равенства $\overset{\circ}{=}$ (6.23)–(6.24).

Отметим, что, в частности, $D^{\pm}\left(z, 1, 0, \infty\right) = z$. Относительно дробно-линейных преобразований общего вида левое двойное отношение (6.36) инвариантно SIEGEL [1971], БЕРДОН [1986] в силу второго соотношения в (6.30). Для per-отображений выполняются оба соотношения в (6.30), поэтому как правое, так и левое двойные отношения (6.36) инвариантны относительно per-отображений

$$D^{\pm}\left(\bar{f}_{A_{scf}}\left(z_1\right), \bar{f}_{A_{scf}}\left(z_2\right), \bar{f}_{A_{scf}}\left(z_3\right), \bar{f}_{A_{scf}}\left(z_4\right)\right) \overset{\circ}{=} D^{\pm}\left(z_1, z_2, z_3, z_4\right) = r^{\pm}. \qquad (6.37)$$

Рассмотрим преобразованное правое двойное отношение с

$$D^{+}\left(\bar{f}_{A_{scf}}\left(z_1\right), \bar{f}_{A_{scf}}\left(z_2\right), \bar{f}_{A_{scf}}\left(z_3\right), \bar{f}_{A_{scf}}\left(z_4\right)\right). \qquad (6.38)$$

Для различных сумм преобразованных координат воспользуемся (6.30) в следующем виде

$$\bar{f}_{A_{scf}}\left(z_i\right) + \bar{f}_{A_{scf}}\left(z_j\right) \overset{\circ}{=} \frac{per\, A_{scf}}{(cz_i+d)(cz_j+d)}\left(z_i + z_j\right), \qquad (6.39)$$

после чего в числителе и знаменателе (6.36) сократим на $per\, A_{scf}$ от каждой суммы и на общее выражение $\left(cz_1 + d\right)\left(cz_2 + d\right)\left(cz_3 + d\right)\left(cz_4 + d\right)$, тогда получим искомое непреобразованное правое двойное отношение $D^{+}\left(z_1, z_2, z_3, z_4\right)$. Поэтому, если для двух четверок точек z_i и w_i левые (или правые) двойные отношения совпадают, то существует per-отображение, которое переводит одну четверку в другую $w_i = \bar{f}_{A_{scf}}\left(z_i\right)$. Следовательно, per-отображения имеют *дополнительный* инвариант r_+ — правое двойное отношение $D^{+}\left(z_1, z_2, z_3, z_4\right) = r_+$, которое зависит не от конкретного значения координат z_1, z_2, z_3, z_4, а от их перестановок

$z_{\sigma 1}, z_{\sigma 2}, z_{\sigma 3}, z_{\sigma 4}$, $\sigma \in S_4$, где S_4 — группа перестановок множества из 4 элементов.

Введем правые и левые функции $p_\sigma^\pm(r_\pm)$ на правых и левых двойных отношениях соответственно по формуле $D^\pm(z_{\sigma 1}, z_{\sigma 2}, z_{\sigma 3}, z_{\sigma 4}) = p_\sigma^\pm(D^\pm(z_1, z_2, z_3, z_4))$. Тогда отображения группы перестановок $\omega^\pm$: $\sigma \to p_\sigma^\pm$ являются гомоморфизмами, поскольку для двух последовательных перестановок имеем

$$p_\pi^\pm\left[p_\sigma^\pm\left(D^\pm(z_1, z_2, z_3, z_4)\right)\right] = p_\pi^\pm\left[D^\pm(z_{\sigma 1}, z_{\sigma 2}, z_{\sigma 3}, z_{\sigma 4})\right]$$
$$= D^\pm(z_{\pi\sigma 1}, z_{\pi\sigma 2}, z_{\pi\sigma 3}, z_{\pi\sigma 4}) = p_{\pi\sigma}^\pm\left(D^\pm(z_1, z_2, z_3, z_4)\right), \quad (6.40)$$

т. е. $p_\pi^\pm p_\sigma^\pm = p_{\pi\sigma}^\pm$, что и доказывает утверждение.

Важно, что образами группы перестановок S_4 при гомоморфизмах ω^+ и ω^- являются две конечные группы, каждая из которых состоит из 6 элементов

$$\omega^+(S_4) = \left\{r^+, \frac{1}{r^+}, 1 + r^+, \frac{1}{1 + r^+}, \frac{1 + r^+}{r^+}, \frac{r^+}{1 + r^+}\right\}, \quad (6.41)$$

$$\omega^-(S_4) = \left\{r^-, \frac{1}{r^-}, 1 - r^-, \frac{1}{1 - r^-}, \frac{1 - r^-}{r^-}, \frac{r^-}{1 - r^-}\right\} \quad (6.42)$$

при $\epsilon[r^\pm] \neq 0$. Если $\epsilon[r^\pm] = 0$, то количество элементов в (6.41)–(6.42) уменьшается до четырех

$$\omega^+(S_4) = \left\{r^+, 1 + r^+, \frac{1}{1 + r^+}, \frac{r^+}{1 + r^+}\right\}, \quad (6.43)$$

$$\omega^-(S_4) = \left\{r^-, 1 - r^-, \frac{1}{1 - r^-}, \frac{r^-}{1 - r^-}\right\}. \quad (6.44)$$

Однако другие критические значения инвариантов r^+ и r^- не совпадают между собой. Из (6.41)–(6.42) следует, что образы отображений $\omega^\pm$ содержат по 3 элемента, если $1 \pm r^\pm = 1/r^\pm$, т. е. при различных значениях инвариантов $r_{1,2}^+ = \frac{-1 \pm \sqrt{5}}{2}$ и $r_{1,2}^- = \frac{1 \pm i\sqrt{3}}{2}$ соответственно. Если $r^- = -1$, то говорят, что точки z_1, z_2, z_3, z_4 образуют гармоническую последовательность Бердон [1986]. Соответствующее значение инварианта r^+ равно $+1$, а такую последовательность точек можно назвать рег-гармонической. При этом $\omega^+(S_4) = \omega^-(S_4) = \left\{\frac{1}{2}, 1, 2\right\}$.

Отметим, что для четырех точек z_1, z_2, z_3, z_4, лежащих на единичном круге, как правое $D^+(z_1, z_2, z_3, z_4)$ так и левое $D^-(z_1, z_2, z_3, z_4)$ двойные отношения (для левого двойного отношения см., например, Лелон-Ферран [1989]) действительны.

На единичном круге полагаем $z_i = e^{it_i}$, $t_i \in \mathbb{R}$, тогда из определений получаем

$$D^+ \left(e^{it_1}, e^{it_2}, e^{it_3}, e^{it_4}\right) = \frac{\cos\left(t_1 - t_3\right)\cos\left(t_2 - t_4\right)}{\cos\left(t_1 - t_4\right)\cos\left(t_2 - t_3\right)}, \qquad (6.45)$$

$$D^- \left(e^{it_1}, e^{it_2}, e^{it_3}, e^{it_4}\right) = \frac{\sin\left(t_1 - t_3\right)\sin\left(t_2 - t_4\right)}{\sin\left(t_1 - t_4\right)\sin\left(t_2 - t_3\right)}. \qquad (6.46)$$

и, следовательно, $D^{\pm} \left(e^{it_1}, e^{it_2}, e^{it_3}, e^{it_4}\right) \in \mathbb{R}$.

Имеется также per-аналог формулы Лаггера ЛЕЛОН-ФЕРРАН [1989], позволяющий выразить правое двойное отношение через "угол" ϑ между "прямыми". Действительно, пусть $\text{tg}\,\vartheta = \frac{m_1 - m_2}{1 + m_1 m_2}$, тогда из (6.36) можно получить

$$D^{\pm} \left(m_1, m_2, +i, -i\right) = e^{\pm i\vartheta}, \qquad (6.47)$$

где выражение с нижним знаком представляет собой классическую формулу Лаггера ЛЕЛОН-ФЕРРАН [1989].

Если A — матрица, соответствующая дробно-линейному преобразованию $f_{\text{A}}(z)$, то для левого двойного отношения можно вывести формулу

$$D^- \left(z, f_{\text{A}}^{\circ 3}(z), f_{\text{A}}^{\circ 2}(z), f_{\text{A}}(z)\right) = \frac{\text{tr}^2\,\text{A}}{\det\text{A}}, \qquad (6.48)$$

где $f_{\text{A}}^{\circ n}(z)$ — композиция из n преобразований. Подобная формула для правого двойного отношения (если $\text{A} = \text{A}_{\text{scf}}$) имеет вид

$$D^+ \left(z, f_{\text{A}_{\text{scf}}}^{\circ 3}(z), f_{\text{A}_{\text{scf}}}^{\circ 2}(z), f_{\text{A}_{\text{scf}}}(z)\right) \qquad (6.49)$$

$$= z \left[\text{per}\,\text{A}_{\text{scf}} \left(\text{tr}\,\text{A}_{\text{scf}}^2 + \frac{1}{2}\,\text{tr}^2\,\text{A}_{\text{scf}}\right) + \frac{1}{4}\,\text{tr}^2\,\text{A}_{\text{scf}} \left(\text{tr}^2\,\text{A}_{\text{scf}} - \text{tr}\,\text{A}_{\text{scf}}^2\right)\right], \qquad (6.50)$$

где $f_{\text{A}_{\text{scf}}}^{\circ n}(z)$ — композиция n per-отображений.

Отметим также, что имеется тесная связь между левым двойным отношением и производной Шварца АЛЬФОРС [1986]. Действительно, для любой функции $f(z)$ из (6.36) получаем

$$D^- \left(f(z + ta), f(z + tb), f(z + tc), f(z + td)\right)$$

$$= D^- \left(a, b, c, d\right) \left[1 + \frac{t^2}{6}\left(a - b\right)\left(c - d\right)S_f^-(z)\right] + O\left(t^3\right), \qquad (6.51)$$

где $a, b, c, d, t \in \Lambda_0$, и производная Шварца определяется стандартной формулой

$$S_f^-(z) = \frac{f'''(z)}{f'(z)} - \frac{3}{2}\left(\frac{f''(z)}{f'(z)}\right)^2. \qquad (6.52)$$

Аналогичная формула для правого двойного отношения имеет следующий вид

$$D^+ \left(f \left(z + ta \right), f \left(z + tb \right), f \left(z + tc \right), f \left(z + td \right) \right) =$$

$$1 + \frac{t^2}{6} \left(a - b \right) \left(c - d \right) S_f^+ \left(z \right)$$

$$+ \frac{t^3}{8} \left(a - b \right) \left(c - d \right) \left(a + b + c + d \right) S_f^{(3)+} \left(z \right) + O \left(t^4 \right), \qquad (6.53)$$

где функции $S_f^+ \left(z \right)$ и $S_f^{(3)+} \left(z \right)$ равны

$$S_f^+ \left(z \right) = -\frac{3}{2} \left(\frac{f'(z)}{f(z)} \right)^2, \ S_f^{(3)+} \left(z \right) = -\frac{f'(z)}{f(z)} \left(\frac{f'(z)}{f(z)} \right)'. \qquad (6.54)$$

Из сравнения выражения в квадратных скобках (6.51) и второй строки в (6.53) следует, что функцию $S_f^+ \left(z \right)$ можно трактовать как per-аналог производной Шварца $S_f^- \left(z \right)$ Дубровин ET AL. [1986], Duval and Ovsienko [1998].

6.5. PER-аналог расстояния на суперплоскости

Пусть точки z_1, z_2, z_3, z_4 лежат на одной и той же "геодезической", определяемой лишь точками z_1, z_2, в то время, как точки z_3, z_4 лежат на "единичном круге" (6.33). Тогда можно определить вместо одного Цишанг ET AL. [1988], Альфорс [1986] два гиперболических расстояния: правое и левое Duplij [1991a], Дуплий [2000]

$$d^\pm \left(z_1, z_2 \right) \overset{def}{=} \ln D^\pm \left(z_1, z_2, z_3, z_4 \right). \qquad (6.55)$$

Если точки z_1, z_2 лежат на "единичном круге" (6.33), то расстояния $d^\pm \left(z_1, z_2 \right)$ действительны (см. (6.46) и Лелон-Ферран [1989]). Аддитивность расстояния $d^\pm \left(z_1, z_2 \right)$ (6.55) обеспечивается мультипликативностью правого и левого двойных отношений

$$D^\pm \left(z_1, z_2, z, z' \right) D^\pm \left(z_2, z_3, z, z' \right) = D^\pm \left(z_1, z_3, z, z' \right). \qquad (6.56)$$

Имеются и другие формулы для расстояния (левого в нашем определении) Бердон [1986], Альфорс [1986], которые учитывают явно условие $\operatorname{Im} z \geq 0$, определяющее верхнюю полуплоскость $\mathbb{H}_{im}^2$ Хелгасон [1987], Цишанг ET AL. [1988]. Например, из (6.35) следует, что выражение Бердон [1986]

$$d_{im}^- \left(z_1, z_2 \right) = \operatorname{Arch} \left(1 + \frac{|z_1 - z_2|^2}{\operatorname{Im} z_1 \operatorname{Im} z_2} \right) \qquad (6.57)$$

инвариантно относительно дробно-линейных преобразований. Однако в случае per-отображений мы имеем дополнительную инвариантность, что приводит к необходимости рассмотрения "правой полуплоскости" $\mathbb{H}^2_{re}$, определяемой условием $\operatorname{Re} z \geq 0$. Тогда по аналогии с (6.57) можно определить правое расстояние DUPLIJ [1991a]

$$d^+_{re}(z_1, z_2) = \operatorname{Arch}\left(1 + \frac{|z_1 + z_2|^2}{\operatorname{Re} z_1 \operatorname{Re} z_2}\right), \qquad (6.58)$$

инвариантное относительно per-отображений вследствие (6.35). В терминах правого двойного отношения $D^+(z_1, z_2, z_3, z_4)$ и правого расстояния $d^+(z_1, z_2)$ (6.55) (или $d^+_{re}(z_1, z_2)$) можно построить per-аналог гиперболической геометрии ПЯТЕЦКИЙ-ШАПИРО [1961], БЕРДОН [1986], тригонометрии АЛЬФОРС [1986] на комплексной суперплоскости и в многомерных комплексных суперпространствах АПАНАСОВ [1991].

Такие построения могут играть фундаментальную роль, например, в конформной теории поля DI FRANCESCO ET AL. [1997], где четырехточечные корреляционные функции выражаются через инвариантное (левое в нашем определении) двойное отношение, и поэтому наличие дополнительного инварианта может привести к возможным дополнительным вкладам в различные наблюдаемые величины (супер)конформных моделей DI FRANCESCO ET AL. [1997], KETOV [1995].

ГЛАВА 7

СУПЕРМАТРИЧНЫЕ СТРУКТУРЫ И ОБОБЩЕННЫЕ ОБРАТНЫЕ

С.А. Дуплий, О. И. Котульская

7.1. Введение

В настоящее время построение последовательной единой теории всех фундаментальных взаимодействий — электромагнитных, слабых, сильных и гравитационных — прочно ассоциируется MOHAPATRA [1999], HABER [1993] с использованием суперсимметричных теорий WESS AND BAGGER [1983], VAN NIEUWENHUIZEN AND WEST [1989], GATES ET AL. [1983]. Это позволяет разрешить или обойти такие трудности предшествующих суперсимметрии калибровочных теорий фундаментальных взаимодействий (квантовой электродинамики, квантовой хромодинамики и модели Вайнберга-Салама), как проблема иерархий, устойчивости хиггсовского бозона, а также непротиворечивое включение гравитации CHAMSEDDINE ET AL. [2001], FERRARA [1994] и рассмотрение процессов при планковских энергиях BAILIN AND LOVE [1994]. Дальнейший прогресс, в свою очередь, требует интенсивных поисков TATA [1997] нестандартных путей разрешения известных проблем DIENES AND KOLDA [1997], привлечения принципиально новых теоретических идей SEIBERG [1998] и математических обобщений DELIGNE ET AL. [1999].

Первоначально математические аспекты групп и алгебр с антикоммутирующими переменными рассматривались БЕРЕЗИН AND КАЦ [1970], КАЦ AND КОРОНКЕВИЧ [1971], ЛЕЙТЕС [1974] лишь в рамках формального правила "протаскивания знака" и предписания "о возможности обобщения всех основных понятий анализа, при котором образующие грассмановой алгебры стали бы играть роль, равноправную с вещественными или комплексными переменными" БЕРЕЗИН [1979]. Именно в этой широко известной фразе (перепечатанной в [БЕРЕЗИН, 1983, с. 9]) отразилось сознательное ограничение на дальнейшее развитие суперматематики в абстрактном направлении: "равноправие" подразумевало в качестве "супераналогов" тривиально подобные (с точностью до замены некоторых знаков с минуса на плюс и четных величин на нечетные) объекты и не позволяло интересоваться более абстрактными алгебраическими и геометрическими структурами. Тем не менее, необратимость рассматривалась в теории супермногообразий DUPLIJ [1998a], Дуплий [2000] и суперконформной геометрии DUPLIJ [1997a, 1998b] с полугрупповой точки зрения, в теории супероператоров DUPLIJ [2000, 2001], а также в теории категорий DUPLIJ AND MARCINEK [2001a,b] и квантовых группах DUPLIJ AND LI [2001b], LI AND DUPLIJ [2002] и теории кобордизмов БОТВИННИК ET AL. [2000]. Кроме того, ранее чисто нечетные многообразия рассматривались в RABIN J. M. [1986], RABIN [1985], также вводились экзотические супермногообразия с нильпотентными четными координатами KONECHNY AND SCHWARZ [1997], рассматривалась супергравитация DRAGON ET AL. [1997] с необратимым репером. Список проблем по многообразиям с нечетными направлениями и, следовательно, так или иначе связанных с необратимостью, приведен в LEITES [1987].

Основой этих и других суперсимметричных конструкций является суперматричное исчисление и линейная супералгебра БЕРЕЗИН [1983], ЛЕЙТЕС [1980], поэтому именно здесь следует искать возможности нетривиальных обобщений (см. например, построение некоторых полугрупп суперматриц в DUPLIJ [1996d,c]). Необходимый аппарат для некоторых из таких обобщений — теория обобщенных обратных BEN-ISRAEL AND GREVILLE [1974], BOULLION AND ODELL [1971] — был уже давно построен для обычных прямоугольных матриц (обратимость для них не определена из-за несовпадения размеров) RAO AND MITRA [1971], CAMPBELL AND MEYER [1979]. В данной работе мы применяем элементы этой теории для суперматричных структур, определяем типы обобщенных обратных, рассматриваем конкретные примеры и приводим необратимый аналог супердетерминанта.

7.2. Структура суперматриц

Изложим необходимые сведения из линейной супералгебры и теории суперматриц ЛЕЙТЕС [1983], БЕРЕЗИН [1983], ЛЕЙТЕС [1980]. *Линейным суперпространством* называется $\mathbb{Z}_2$-градуированное линейное пространство Λ, разложенное в прямую сумму $\Lambda = \Lambda_{\bar{0}} \oplus \Lambda_{\bar{1}}$. Элементы из $\Lambda_{\bar{0}}$ и $\Lambda_{\bar{1}}$ называются *однородными* (*четными* и *нечетными* соответственно) элементами. Если $a \in \Lambda_i$, где $i \in \mathbb{Z}_2$, то будем писать $\mathrm{p}(a) = \mathrm{i}$ и называть $\mathrm{p}(a)$ четностью элемента a. Любой элемент (за исключением нуля) может быть единственным образом представлен в виде $a = a_{\bar{0}} + a_{\bar{1}}$, где $a_i \in \Lambda_i$. *Линейное подсуперпространство* — это такое $\mathbb{Z}_2$-градуированное подпространство $L \subset \Lambda$, что $L_i = L \cap \Lambda_i$. *Размерностью* $\mathbb{Z}_2$-*градуированного линейного пространства* называется пара $(p|q)$, где p — размерность четного и q — размерность нечетного подпространств. Будем обозначать $\mathbb{Z}_2$-градуированное линейное пространство с фиксированной четность как $\Lambda^{p|q}$. Тогда четные и нечетные подсуперпространства будут обозначаться $\Lambda^{p|0}$ и $\Lambda^{0|q}$ соответственно. Отметим, что размерность $(p|q)$ не связана с числом образующих Λ.

Пусть $\Lambda^{p|q}$ и $\Lambda^{m|n}$ — линейные суперпространства. На $\Lambda^{p|q} \oplus \Lambda^{m|n}$, $\Lambda^{p|q} \otimes \Lambda^{m|n}$ и $\mathrm{Hom}\left(\Lambda^{p|q}, \Lambda^{m|n}\right)$ структура суперпространства вводится естественным образом ЛЕЙТЕС [1980], и элементы $\mathrm{Hom}\left(\Lambda^{p|q}, \Lambda^{m|n}\right)$ называются *гомоморфизмами* из $\Lambda^{p|q}$ в $\Lambda^{m|n}$. Четные гомоморфизмы, т. е. элементы из $\mathrm{Hom}_{\bar{0}}\left(\Lambda^{p|q}, \Lambda^{m|n}\right)$, называются *морфизмами суперпространств*. Обозначим через $\Pi\left(\Lambda\right)$ суперпространство, определенное формулами $\Pi\left(\Lambda_{\bar{0}}\right) = \Lambda_{\bar{1}}$, $\Pi\left(\Lambda_{\bar{1}}\right) = \Lambda_{\bar{0}}$, т. е. Π — оператор смены четности, а гомоморфизм $\Pi : \Lambda \to \Pi\left(\Lambda\right)$ называется *каноническим нечетным гомоморфизмом суперпространства* Λ в $\Pi\left(\Lambda\right)$. *Суералгеброй* называется суперпространство A вместе с морфизмом суперпространств $A \oplus A \to A$. Каждая суералгебра является также и алгеброй. *Идеал* в суералгебре A — идеал алгебры A, являющийся одновременно подсуперпространством. Для суералгебры A определяется *коммутирование* (или *скобка*) $[,] : A \oplus A \to A$ по правилу о знаках, положив $[a, b] = ab - (-1)^{\mathrm{p(a)p(b)}} ba$. Элементы $a, b \in A$ называются *коммутирующими*, если $[a, b] = 0$. Суералгебра называется *коммутативной*, если любые два ее элемента коммутируют.

Обозначим через $\Lambda\left(n\right)$ внешнюю (грассманову) алгебру от n переменных $\xi_1, \ldots, \xi_n$ — образующих, которые удовлетворяют соотношениям $\xi_i \xi_j + \xi_j \xi_i = 0$, $1 \leq i, j \leq n$. В частности $\xi_i^2 = 0$. Произвольный элемент $f \in \Lambda\left(n\right)$ можно единственным образом представить в виде

$$f = f_0 + \sum_{1 \leq r \leq n} \sum_{1 < i_1 < \ldots < i_r \leq n} f_{i_1 \ldots i_r} \xi_{i_1} \cdots \xi_{i_r}, \qquad (7.1)$$

где $f_0, f_{i_1 \ldots i_r} \in \mathbb{K}$, и $\mathbb{K} = \mathbb{R}$ в вещественной случае, $\mathbb{K} = \mathbb{C}$ в комплексном случае. Определим на $\Lambda\left(n\right)$ структуру суералгебры, полагая $\mathrm{p}\left(\xi_i\right) = \bar{1}$. Суералгебра $\Lambda\left(n\right)$ коммутативна и называется *суералгеброй Грассмана*.

Каждой коммутативной суералгебре $C = C_{\bar{0}} \oplus C_{\bar{1}}$ соответствует *каноническая проекция* $\varepsilon : C \to C/\mathrm{id}\, C_{\bar{1}} = C_{\bar{0}}/\left(\mathrm{id}\, C_{\bar{1}}\right)^2$, где $\mathrm{id}\, X$ обозначает идеал, порожденный множеством X. Пусть C — коммутативная супералгебра. Тогда элемент c $\in$ C обратим в том случае, когда обратим ε [c].

Пусть A — супералгебра с единицей, M — некоторое суперпространство. *Левым действием* супералгебры A на M (или *левым A-действием*) называется морфизм суперпространств A $\otimes$ M $\to$ M, удовлетворяющий условиям a (bm) = (ab) m, a, b, 1 $\in$ A, m $\in$ M, 1m = m. *Левым (правым) модулем* над A, или левым (правым) A-модулем, называется суперпространство M, на котором задано левое (правое) A-действие. Пусть C — коммутативная супералгебра. Тогда каждый левый C-модуль можно превратить в правый C-модуль (и наооборот)

$$
mc = \left\{ \begin{array}{l} (-1)^{\mathrm{p}(m)\mathrm{p}(c)}\, cm \\ (-1)^{(\mathrm{p}(m)+1)\mathrm{p}(c)}\, cm \end{array} \right. , \tag{7.2}
$$

где c $\in$ C, m $\in$ M. Структуры левого и правого модуля на M согласованы в следующем смысле:

$$
(am)\, b = a\,(mb)\,, \quad a, b \in C,\ m \in M. \tag{7.3}
$$

Множество C-гомоморфизмов из M в N является подсуперпространством $\mathrm{Hom}_C (M, N)$ в $\mathrm{Hom} (M, N)$. Когда $M = N$, суперпространство $\mathrm{Hom}_C (M, N)$ обозначается через $\mathrm{End}_C (M)$ называются *автоморфизмами* M, и они образуют группу $GL_C (M)$. Пусть I-множество, представленное в виде объединения непересекающихся подмножеств $I_{\bar{0}}$ и $I_{\bar{1}}$. *Базисом* C-модуля M называется набор однородных элементов $m_i \in M$, где $i \in I$, такой, что p (m_i) =$\bar{0}$ при $i \in I_{\bar{0}}$ и p (m_i) =$\bar{1}$ при $i \in I_{\bar{1}}$, причем каждый элемент m однозначно записывается в виде суммы $\sum_i c_i m_i$, где все $c_i \in$ C, кроме конечного числа, равны нулю. C-модуль называется *свободным*, если в нем можно выбрать базис, соответствующий некоторому набору индексов.

Суперматричной структурой называется матричная структура с приписанной каждой строке и каждому столбцу четностью. Четность i-й строки обозначим p$_{row}$ (i), четность j-столбца — p$_{col}$ (j). Обычно суперматричная структура будет выбираться так, чтобы все четные строки и столбцы шли сначала, а нечетные — потом. Такая суперматричная структура будет называться *стандартной* БЕРЕЗИН [1983]. Нестандартные суперматричные структуры (когда нечетные элементы располагаются не блоками, а по диагоналям) рассматривались, например, в DELDUC ET AL. [1999]. Стандартную суперматричную структуру можно записывать в блочном 2×2 виде:

$$
\mathcal{A} = \left(\begin{array}{cc} A_{11} & A_{12} \\ A_{21} & A_{22} \end{array} \right), \tag{7.4}
$$

где A_{ij} — матричные структуры, согласованные с делением строк и столбцов на четные и нечетные (т.е. состоящие из однородных — четных или нечетных — элементов). В случае обобщенной $\mathbb{Z}_3$ суперсимметрии ABRAMOV ET AL. [1997] суперматричная структура описывается блочной 3×3 матрицей LE ROY [1996]. Если суперматричная структура содержит p четных и q нечетных строк и m четных и n нечетных столбцов, то размер этой структуры равен $(p|q) \times (m|n)$. *Порядком* суперматричной структуры размера $(p|q) \times (p|q)$ называется пара натуральных чисел $(p|q)$. Суперматричные структуры порядка $(p|q)$ соответствуют элементам $\mathrm{Hom}\left(\Lambda^{p|q}, \Lambda^{p|q}\right)$.

Матрицей с элементами из Λ называется множество $\{A_{ij} \mid A_{ij} \in \Lambda\}$, соответствующее клеткам суперматричной структуры $\mathcal{A}$. Определим на линейном пространстве матриц с элементами из Λ четность следующим образом: $\mathrm{p}\,(A) = \bar{0}$, если $\mathrm{p}\,(A_{ij}) + \mathrm{p}_{row}\,(i) + \mathrm{p}_{col}\,(j) = \bar{0}$, и $\mathrm{p}\,(A) = \bar{1}$, если $\mathrm{p}\,(A_{ij}) + \mathrm{p}_{row}\,(i) + \mathrm{p}_{col}\,(j) = \bar{1}$, для всех i, j. Относительно таким образом введенной четности линейное пространство матриц превращается в суперпространство ЛЕЙТЕС [1983]. Если суперматричная структура стандартна, то определение четности матриц (7.4) можно переписать в виде $\mathrm{p}\,(A) = \bar{0}$, если $\mathrm{p}\,(A_{11}) = \mathrm{p}\,(A_{22}) = \bar{0}$, $\mathrm{p}\,(A_{12}) = \mathrm{p}\,(A_{21}) = \bar{1}$, и $\mathrm{p}\,(A) = \bar{1}$, если $\mathrm{p}\,(A_{11}) = \mathrm{p}\,(A_{22}) = \bar{1}$, $\mathrm{p}\,(A_{12}) = \mathrm{p}\,(A_{21}) = \bar{0}$.

Введем на суперпространстве матриц (которое обозначим $\mathrm{Mat}_{\mathrm{C}}\,(p|q)$) размера $(p|q)$ с элементами из коммутативной супералгебры C структуру C-модуля, полагая

$$(M\mathrm{c})_{ij} = (-1)^{\mathrm{p}(\mathrm{c})\mathrm{p}_{col}(j)}\, M_{ij}\mathrm{c}, \quad (\mathrm{c}M)_{ij} = (-1)^{\mathrm{p}(\mathrm{c})\mathrm{p}_{row}(i)}\, \mathrm{c}M_{ij}. \quad (7.5)$$

Эту структуру можно задать, определив для каждой пары целых чисел $(p|q)$ гомоморфизм супералгебр $\mathrm{C} \to \mathrm{Mat}_{\mathrm{C}}\,(p|q)$, который каждому элементу $\mathrm{c} \in \mathrm{C}$ ставит в соответствие диагональную матрицу

$$\operatorname*{scalar}_{p|q}(\mathrm{C}) = \mathrm{diag}\left(\mathrm{c}, \dots, \mathrm{c}, (-1)^{\mathrm{p}(\mathrm{c})}\,\mathrm{c}, \dots, (-1)^{\mathrm{p}(\mathrm{c})}\,\mathrm{c}\right) \quad (7.6)$$

со стандартной суперматричной структурой. Теперь структуру C-модуля на суперпространстве матриц размера (p, q) можно ввести по формуле

$$\mathrm{c}M = \operatorname*{scalar}_{p|q}(\mathrm{C}) \cdot M. \quad (7.7)$$

Из ассоциативности матричного умножения следует, что

$$(\mathrm{c}A)\,B = \mathrm{c}\,(AB), \quad (A\mathrm{c})\,B = A\,(\mathrm{c}B), \quad A\,(B\mathrm{c}) = (AB)\,\mathrm{c} \quad (7.8)$$

при $A, B \in \mathrm{Mat}_{\mathrm{C}}\,(p|q)$, поэтому супералгебра $\mathrm{Mat}_{\mathrm{C}}\,(p|q)$ является C-алгеброй. Пусть $A = (A_{ij})$ — матрица размера $(p, q) \times (m, n)$ с элементами из суперпространства Λ. *Супертранспонированной* к суперматрице

$\mathcal{A} = (A_{ij}) \in \text{Mat}_C (p|q)$ назовем матрицу с элементами

$$\left(\mathcal{A}^{\text{st}} \right)_{ij} = (-1)^{(\text{p}_{row}(i) + \text{p}_{col}(j))(\text{p}(X) + \text{p}_{row}(i))} A_{ji}$$
$$= (-1)^{(\text{p}_{row}(i) + \text{p}_{col}(j))(\text{p}(X) + \text{p}_{col}(j))} A_{ji}, \tag{7.9}$$

а суперматричная структура определяется естественным образом Лейтес [1983], Манин [1984]. В формуле (7.9) четности $\text{p}_{row}(i)$, $\text{p}_{col}(j)$ берутся согласовано с суперматричной структурой матрицы $\mathcal{A}$. Если суперматричная структура имеет стандарный вид, то формула (7.9) дает

$$\mathcal{A}^{\text{st}} = \begin{pmatrix} A_{11} & A_{12} \\ A_{21} & A_{22} \end{pmatrix}^{\text{st}} = \begin{pmatrix} A_{11}^T & A_{12}^T \\ -A_{21}^T & A_{22}^T \end{pmatrix}, \tag{7.10}$$

если $\text{p}(\mathcal{A}) = \bar{0}$, и

$$\mathcal{A}^{\text{st}} = \begin{pmatrix} A_{11} & A_{12} \\ A_{21} & A_{22} \end{pmatrix}^{\text{st}} = \begin{pmatrix} A_{11}^T & -A_{12}^T \\ A_{21}^T & A_{22}^T \end{pmatrix}, \tag{7.11}$$

если $\text{p}(\mathcal{A}) = \bar{1}$.

Дважды супертранспонированная матрица имеет вид

$$\left(\begin{pmatrix} A_{11} & A_{12} \\ A_{21} & A_{22} \end{pmatrix}^{\text{st}} \right)^{\text{st}} = \begin{pmatrix} A_{11} & -A_{12} \\ -A_{21} & A_{22} \end{pmatrix}, \tag{7.12}$$

т. е. $(\text{st})^2 \neq \text{id}$, и порядок супертранспонирования равен четырем: $(\text{st})^4 = \text{id}$. Для любых двух суперматриц выполняются соотношения $(\mathcal{A} + \mathcal{B})^{\text{st}} = \mathcal{A}^{\text{st}} + \mathcal{B}^{\text{st}}$, $(\mathcal{A}\mathcal{B})^{\text{st}} = (-1)^{\text{p}(\mathcal{A})\text{p}(\mathcal{B})} \mathcal{B}^{\text{st}} \mathcal{A}^{\text{st}}$. Оператор смены четности Π действует по формуле Манин [1984]

$$\mathcal{A}^{\Pi} = \begin{pmatrix} A_{11} & A_{12} \\ A_{21} & A_{22} \end{pmatrix}^{\Pi} = \begin{pmatrix} A_{22} & A_{21} \\ A_{12} & A_{11} \end{pmatrix}, \tag{7.13}$$

являясь гомоморфизмом $(\mathcal{A}\mathcal{B})^{\Pi} = \mathcal{A}^{\Pi}\mathcal{B}^{\Pi}$, при этом $\text{p}(\mathcal{A}^{\Pi}) = \text{p}(\mathcal{A}) + \bar{1}$ и $\Pi^2 = \text{id}$, $\Pi \circ \text{st} \circ \Pi = (\text{st})^3$. Супераналог эрмитового сопряжения $(*)$ определяется формулой

$$\mathcal{A}^* = \begin{pmatrix} A_{11} & A_{12} \\ A_{21} & A_{22} \end{pmatrix}^* = \begin{pmatrix} A_{11}^* & A_{12}^* \\ A_{21}^* & A_{22}^* \end{pmatrix}, \tag{7.14}$$

где a_{ik}^* означает инволюцию в Λ Березин [1983]. Любую суперматрицу $\mathcal{A}$ можно записать как сумму числовой и нильпотентной части (*body* и *soul* Rogers [1980]) $\mathcal{A} = \mathcal{A}_{num} + \mathcal{A}_{nil}$, где $\mathcal{A}_{num} = \varepsilon_{body}(\mathcal{A}) = \mathcal{A}|_{\xi_i = 0}$.

Если $\mathrm{rank} A_{(num)11} = p$, и $\mathrm{rank} A_{(num)22} = q$, то $\mathcal{A}$ называется регулярной ЛЕЙТЕС [1983].

В общем случае множество суперматриц $\mathfrak{M} = \{\mathcal{A}\}$ (7.4) с элементами из Λ образуют полугруппу CLIFFORD AND PRESTON [1961], HOWIE [1995] относительно обычного матричного умножения $(\cdot)$, обозначаемую $\mathrm{Mat}_\Lambda\,(p|q) \overset{def}{=} \{\mathfrak{M}; \cdot\}$ БЕРЕЗИН [1983]. Множество $\mathfrak{M}^{inv}$ обратимых элементов из $\mathrm{Mat}_\Lambda\,(p|q)$ (для которых уравнение $AX = I$ имеет решение) образуют группу $\mathrm{G\,Mat}_\Lambda\,(p|q) \overset{def}{=} \{\mathfrak{M}^{inv}; \cdot\}$.

Рассмотрим подробнее полугрупповую структуру суперматриц из $\mathrm{Mat}_\Lambda\,(p|q)$ ДУПЛИЙ [2000]. Обозначим

$$\mathfrak{M}' = \{\mathcal{A} \in \mathrm{Mat}_\Lambda\,(p|q) \mid \varepsilon\,(A_{11}) \neq 0\}, \tag{7.15}$$

$$\mathfrak{M}'' = \{\mathcal{A} \in \mathrm{Mat}_\Lambda\,(p|q) \mid \varepsilon\,(A_{22}) \neq 0\}, \tag{7.16}$$

$$\mathfrak{J}' = \{\mathcal{A} \in \mathrm{Mat}_\Lambda\,(p|q) \mid \varepsilon\,(A_{11}) = 0\}, \tag{7.17}$$

$$\mathfrak{J}'' = \{\mathcal{A} \in \mathrm{Mat}_\Lambda\,(p|q) \mid \varepsilon\,(A_{22}) = 0\}. \tag{7.18}$$

Тогда $\mathfrak{M} = \mathfrak{M}' \cup \mathfrak{J}' = \mathfrak{M}'' \cup \mathfrak{J}''$ и $\mathfrak{M}' \cap \mathfrak{J}' = \varnothing$, $\mathfrak{M}'' \cap \mathfrak{J}'' = \varnothing$, поэтому $\mathfrak{M}^{inv} = \mathfrak{M}' \cap \mathfrak{M}''$. Для множеств (очевидно необратимых) суперматриц $\mathfrak{J}'$ (7.17) и $\mathfrak{J}''$ (7.18) использовались обозначения "полугруппы $\mathrm{G}'\,\mathrm{Mat}_\Lambda\,(p|q)$ и $\mathrm{G}''\,\mathrm{Mat}_\Lambda\,(p|q)$" [БЕРЕЗИН, 1983, сс. 89,97], хотя в английском переводе они уже появились, как "subgroups $\mathrm{G}'\,\mathrm{Mat}_\Lambda\,(p|q)$ and $\mathrm{G}''\,\mathrm{Mat}_\Lambda\,(p|q)$" [BEREZIN, 1987, pp. 95,103], что, по-видимому, и обусловило незамеченность нетривиальных полугрупповых свойств суперматричных структур (см. также BACKHOUSE AND FELLOURIS [1985], URRUTIA AND MORALES [1994]).

Так, подмножество $\mathfrak{J} = \mathfrak{J}' \cap \mathfrak{J}''$ представляет идеал полугруппы $\mathrm{Mat}_\Lambda\,(p|q)$. Более того, отметим, что ДУПЛИЙ [2000]:

1) Множества $\mathfrak{J}, \mathfrak{J}'$ и $\mathfrak{J}''$ представляют собой изолированные идеалы полугруппы $\mathrm{Mat}_\Lambda\,(p|q)$.

2) Множества $\mathfrak{M}^{inv}, \mathfrak{M}'$ и $\mathfrak{M}''$ — фильтры полугруппы $\mathrm{Mat}_\Lambda\,(p|q)$.

3) Множества $\mathfrak{M}'$ и $\mathfrak{M}''$ представляют подполугруппы полугруппы $\mathrm{Mat}_\Lambda\,(p|q)$, при этом $\mathfrak{M}' = \mathfrak{M}^{inv} \bigcup \mathfrak{J}'$ и $\mathfrak{M}'' = \mathfrak{M}^{inv} \bigcup \mathfrak{J}''$, где соответствующие изолированные идеалы $\mathfrak{K}' = \mathfrak{M}' \setminus \mathfrak{M}^{inv} = \mathfrak{M}' \cap \mathfrak{J}''$ и $\mathfrak{K}'' = \mathfrak{M}'' \setminus \mathfrak{M}^{inv} = \mathfrak{M}'' \cap \mathfrak{J}'$.

4) Идеал $\mathfrak{J}$ полугруппы $\mathrm{Mat}_\Lambda\,(p|q)$ представлен множеством $\mathfrak{J} = \mathfrak{J}' \cup \mathfrak{K}' = \mathfrak{J}'' \cup \mathfrak{K}''$.

Более подробно идеальная структура различных полугрупп суперматриц изложена в DUPLIJ [1996c,d, 2013] (свойства полугрупп обычных матриц см., например, в PUTCHA [1983], OKNIŃSKI AND PUTCHA [1991], OKNIŃSKI [1998]).

7.3. Обобщенные обратные

Рассмотрим суперматрицу $\mathcal{A}$ общего положения размерности $(p|q)$ (см. (7.4) и БЕРЕЗИН [1983], ЛЕЙТЕС [1980]) и ее свойства обратимости. Обычная обратная суперматрица $\mathcal{A}^{-1}$ определяется как решение уравнений

$$\mathcal{A}\mathcal{A}^{-1} = \mathcal{I}, \qquad \mathcal{A}^{-1}\mathcal{A} = \mathcal{I} \qquad (7.19)$$

(см. напр. БЕРЕЗИН [1983], ЛЕЙТЕС [1980]). Для необратимых (квадратных) суперматриц мы построим супераналог теории Мура-Пенроуза PENROSE [1955], RAO AND MITRA [1971] и теории обобщенных обратных NASHED [1976], RABSON [1969], применявшиеся при рассмотрении прямоугольных обычных матриц, для которых соотношения (7.19) вообще не имеют смысла. В суперсимметричном случае класс необратимых суперматриц возникает еще и по другой причине: из-за нильпотентности элементов грассмановой алгебры. Поскольку в суперсимметричных теориях применяются в основном квадратные суперматрицы вида (7.4), мы ограничимся только их рассмотрением и необратимостью за счет возможной нильпотентности элементов, а не за счет размеров.

Пусть $\mathcal{A} \in \mathrm{Mat}_\Lambda\,(p|q)$, тогда суперматрицу $\mathcal{A}^- \in \mathrm{Mat}_\Lambda\,(p|q)$ назовем 1-*инверсной* (*внутренней инверсной* NASHED [1976], *псевдообратной* ГАНТМАХЕР [1988], *обобщенной обратной* RAO AND MITRA [1971]) к $\mathcal{A}$, если выполняется

$$\mathcal{A}\mathcal{A}^-\mathcal{A} = \mathcal{A} \quad (\text{1-инверсная}). \qquad (7.20)$$

Суперматрицы, имеющие 1-инверсную, назовем *регулярными*. Это понятие было введено еще Нейманом VON NEUMANN [1936] для колец и является "наименьшим" ослаблением обратимости 7.19. Уравнения для блоков 1-инверсной суперматрицы имеют вид

$$A_{11}A_{11}^-A_{11} + A_{11}A_{12}^-A_{21} + A_{12}A_{21}^-A_{11} + A_{12}A_{22}^-A_{21} \;=\; A_{11}, \quad (7.21)$$
$$A_{11}A_{11}^-A_{12} + A_{11}A_{12}^-A_{22} + A_{12}A_{21}^-A_{12} + A_{12}A_{22}^-A_{22} \;=\; A_{12}, \quad (7.22)$$
$$A_{21}A_{11}^-A_{11} + A_{21}A_{12}^-A_{21} + A_{22}A_{21}^-A_{11} + A_{22}A_{22}^-A_{21} \;=\; A_{21}, \quad (7.23)$$
$$A_{21}A_{11}^-A_{12} + A_{21}A_{12}^-A_{22} + A_{22}A_{21}^-A_{12} + A_{22}A_{22}^-A_{22} \;=\; A_{22}. \quad (7.24)$$

Если известна одна 1-инверсная суперматрица $\mathcal{A}^-$ для регулярной $\mathcal{A}$, то остальные 1-инверсные имеют следующий вид RAO AND MITRA [1971]

$$\mathcal{A}^- + \mathcal{V} - \mathcal{A}^-\mathcal{A}\mathcal{V}\mathcal{A}\mathcal{A}^- \text{ или } \mathcal{A}^- + \left(\mathcal{I} - \mathcal{A}^-\mathcal{A}\right)\mathcal{V} + \mathcal{W}\left(\mathcal{I} - \mathcal{A}^-\mathcal{A}\mathcal{A}^-\right),$$
$$(7.25)$$

где $\mathcal{V}, \mathcal{W}$ — произвольные $(p|q)$ суперматрицы. Суперматрицу $\mathcal{A}^\wedge \in$ $\mathrm{Mat}_\Lambda\,(p|q)$ назовем 2-*инверсной* (*внешней инверсной* Nashed [1976]) к $\mathcal{A}$, если выполняется

$$\mathcal{A}^\wedge \mathcal{A} \mathcal{A}^\wedge = \mathcal{A}^\wedge \quad \text{(2-инверсная).} \tag{7.26}$$

Суперматрицы, имеющие 2-инверсную называются *антирегулярными*. Уравнения для блоков 2-инверсной суперматрицы имеют вид

$$A_{11}^\wedge A_{11} A_{11}^\wedge + A_{11}^\wedge A_{12} A_{21}^\wedge + A_{12}^\wedge A_{21} A_{11}^\wedge + A_{12}^\wedge A_{22} A_{21}^\wedge = A_{11}^\wedge, \tag{7.27}$$
$$A_{11}^\wedge A_{11} A_{12}^\wedge + A_{11}^\wedge A_{12} A_{22}^\wedge + A_{12}^\wedge A_{21} A_{12}^\wedge + A_{12}^\wedge A_{22} A_{22}^\wedge = A_{12}^\wedge, \tag{7.28}$$
$$A_{21}^\wedge A_{11} A_{11}^\wedge + A_{21}^\wedge A_{12} A_{21}^\wedge + A_{22}^\wedge A_{21} A_{11}^\wedge + A_{22}^\wedge A_{22} A_{21}^\wedge = A_{21}^\wedge, \tag{7.29}$$
$$A_{21}^\wedge A_{11} A_{12}^\wedge + A_{21}^\wedge A_{12} A_{22}^\wedge + A_{22}^\wedge A_{21} A_{12}^\wedge + A_{22}^\wedge A_{22} A_{22}^\wedge = A_{22}^\wedge. \tag{7.30}$$

Суперматрица назывется 1-2-*инверсной* (просто *инверсной* или *слабой обобщенной обратной*) к $\mathcal{A}$ и обозначается $\mathcal{A}^+$, если она одновременно удовлетворяет (7.20) и (7.26), т. е.

$$\mathcal{A}\mathcal{A}^+\mathcal{A} = \mathcal{A}, \quad \mathcal{A}^+\mathcal{A}\mathcal{A}^+ = \mathcal{A}^+ \quad \text{(инверсная),} \tag{7.31}$$

и ее блоки удовлетворяют восьми уравнениям (7.21)–(7.30). Суперматрицы, имеющие единственную инверсную, образуют инверсную подполугруппу Petrich [1984] полугруппы $\mathrm{Mat}_\Lambda\,(p|q)$. Общее решение уравнения (7.26) имеет вид Rao and Mitra [1971]

$$\mathcal{A}^\wedge = \mathcal{P}\,(\mathcal{Q}\mathcal{A}\mathcal{P})^\wedge\,\mathcal{Q}, \tag{7.32}$$

где $\mathcal{P}, \mathcal{Q}$ — произвольные идемпотентые суперматрицы из $\mathrm{Mat}_\Lambda\,(p|q)$. Каждая слабая обобщенная обратная (1-2 инверсная) суперматрица $\mathcal{A}^+$ может быть выражена через любую фиксированную 1-инверсную $\mathcal{A}^-$ следующим образом Hartwig [1976] (ср. 7.25)

$$\mathcal{A}^+ = \left(\mathcal{A}^- + \mathcal{V} - \mathcal{A}^-\mathcal{A}\mathcal{V}\mathcal{A}\mathcal{A}^-\right)\mathcal{A}\left(\mathcal{A}^- + \mathcal{V} - \mathcal{A}^-\mathcal{A}\mathcal{V}\mathcal{A}\mathcal{A}^-\right), \tag{7.33}$$

где $\mathcal{V}$ — произвольная суперматрица из $\mathrm{Mat}_\Lambda\,(p|q)$. Суперматрица $\mathcal{X}$, которая удовлетворяет

$$(\mathcal{A}\mathcal{X})^* = \mathcal{A}\mathcal{X} \quad \text{(3-инверсная) или } (\mathcal{X}\mathcal{A})^* = \mathcal{X}\mathcal{A} \quad \text{(4-инверсная)} \tag{7.34}$$

назывется 3-*инверсной* или 4-*инверсной* соответственно (суперэрмитово сопряжение определено в (7.14)). Уравнения (7.20), (7.26) и (7.34) назовем *суперсимметричными уравнениями Пенроуза* Penrose [1955], Nashed [1976], тогда суперматрицу $\mathcal{X}$, которая является инверсной и одновременно удовлетворяет дополнительным требованиям (7.34), т.е. является 1-2-3-4 инверсной, назовем *суперинверсной Мура-Пенроуза* $\mathcal{A}^{\dagger}$ (ср. MOORE [1964], PENROSE [1955])

$$\mathcal{A}\mathcal{A}^{\dagger}\mathcal{A} = \mathcal{A}, \quad \mathcal{A}^{\dagger}\mathcal{A}\mathcal{A}^{\dagger} = \mathcal{A}^{\dagger}, \tag{7.35}$$

$$\left(\mathcal{A}\mathcal{A}^{\dagger}\right)^{*} = \mathcal{A}\mathcal{A}^{\dagger}, \quad \left(\mathcal{A}^{\dagger}\mathcal{A}\right)^{*} = \mathcal{A}^{\dagger}\mathcal{A} \tag{7.36}$$

Перечислим свойства суперинверсной Мура-Пенроуза для различных комбинаций суперматриц $\mathcal{A}$ и $\mathcal{B}$ NASHED [1976], TIAN [2001]

$$(\mathcal{A} + \mathcal{B})^{\dagger} = \mathcal{A}^{\dagger} + \mathcal{B}^{\dagger}, \quad \mathcal{A}\mathcal{A}^{\dagger}\mathcal{B}\mathcal{B}^{\dagger} = \mathcal{B}\mathcal{B}^{\dagger}\mathcal{A}\mathcal{A}^{\dagger}, \tag{7.37}$$

$$(\mathcal{A}, \mathcal{B})^{\dagger}(\mathcal{A}, \mathcal{B}) = \begin{pmatrix} \mathcal{A}\mathcal{A}^{\dagger} & 0 \\ 0 & \mathcal{B}^{\dagger}\mathcal{B} \end{pmatrix}. \tag{7.38}$$

Если заменить условие регулярности (7.20) на более общее

$$\mathcal{A}^{k}\mathcal{X}\mathcal{A} = \mathcal{A}^{k} \quad (1^{k}\text{-инверсная}), \tag{7.39}$$

то суперматрица $\mathcal{A}^{dr} = \mathcal{X}$ называется *инверсной Дразина* DRAZIN [1958]. Слабая обобщенная обратная суперматрица $\mathcal{X} = \mathcal{A}^{+}$, суперкоммутирующая с $\mathcal{A}$, $\mathcal{A}\mathcal{X} = (-1)^{\mathrm{p}(A)\mathrm{p}(\mathcal{X})}\mathcal{X}\mathcal{A}$, называется *групповой инверсной* суперматрицей $\mathcal{A}^{gr}$ (ср. BEN-ISRAEL AND GREVILLE [1974]).

Если произведение $\mathcal{A}^{*}\mathcal{A}$ обратимо, то для вычисления инверсной Мура-Пенроуза $\mathcal{A}^{\dagger}$ можно применить супермодификацию стандартной формулы NASHED [1976]

$$\mathcal{A}^{\dagger} = (\mathcal{A}^{*}\mathcal{A})^{-1}\mathcal{A}^{*}, \tag{7.40}$$

где операция ($*$) определена в (7.14). Если суперматрица $\mathcal{A}$ раскладывается на произведение $\mathcal{A} = \mathcal{S}\mathcal{R}$ суперматриц того же формата, то инверсную Мура-Пенроуза $\mathcal{A}^{\dagger}$ можно вычислить по формуле BEN-ISRAEL AND GREVILLE [1974]

$$\mathcal{A}^{\dagger} = \mathcal{R}^{\dagger}\mathcal{S}^{\dagger} = \mathcal{R}^{*}(\mathcal{R}\mathcal{R}^{*})^{-1}(\mathcal{S}^{*}\mathcal{S})^{-1}\mathcal{S}^{*}, \tag{7.41}$$

если произведения $\mathcal{R}\mathcal{R}^{*}$ и $\mathcal{S}^{*}\mathcal{S}$ обратимы. В нильпотентном случае произведение $\mathcal{A}^{*}\mathcal{A}$ может быть необратимо, и поэтому решение следует искать непосредственным разложением по грассмановой алгебре и решением соответствующих компонентных уравнений. Рассмотрим в качестве примера простейший случай $\mathrm{Mat}_{\Lambda_{2}}(1|1)$.

7.4. Суперматрицы над конечномерной грассмановой алгеброй

Пусть $\mathcal{A} = \begin{pmatrix} a & \alpha \\ \beta & b \end{pmatrix} \in \mathrm{Mat}_{\Lambda_2}(1|1)$. В Λ_2 конкретный вид элементов

$$a = a_0 + a_{12}\xi_1\xi_2, \quad b = b_0 + b_{12}\xi_1\xi_2, \quad \alpha = n_1\xi_1 + n_2\xi_2, \quad \beta = m_1\xi_1 + m_2\xi_2, \tag{7.42}$$

где все коэффициеты — в поле $\mathbb{K}$. Запишем суперматрицу $\mathcal{A}$ как сумму числовой и нильпотентной части

$$\mathcal{A}_{num} = \mathcal{A}_0 = \begin{pmatrix} a_0 & 0 \\ 0 & b_0 \end{pmatrix}, \tag{7.43}$$

$$\mathcal{A}_{nil} = \begin{pmatrix} 0 & n_1 \\ m_1 & 0 \end{pmatrix}\xi_1 + \begin{pmatrix} 0 & n_2 \\ m_2 & 0 \end{pmatrix}\xi_2$$

$$+ \begin{pmatrix} a_{12} & 0 \\ 0 & b_{12} \end{pmatrix}\xi_1\xi_2 = \mathcal{A}_1\xi_1 + \mathcal{A}_2\xi_2 + \mathcal{A}_{12}\xi_1\xi_2, \tag{7.44}$$

здесь $\mathcal{A}_0, \mathcal{A}_{12}$ — четные диагональные суперматрицы, а $\mathcal{A}_1, \mathcal{A}_2$ — нечетные антидиагональные суперматрицы Березин [1983]. Отметим отличие $\mathcal{A}_{12}$ как суперматрицы от A_{12} как блока из (7.4).

Разложение (7.42) позволяет ввести на $\mathbb{K}$ структуру полугруппы, обозначим ее S, которая изоморфна $\mathrm{Mat}_{\Lambda_2}(1|1)$ и ее действие определяется умножением суперматриц. Из (7.42) следует, что полугруппа S является 8-параметрической над $\mathbb{K}$, и ее элемент записывается в виде $\mathrm{S} \ni \mathrm{s} = \mathrm{s}\,(a_0, b_0, a_{12}, b_{12}, n_1, n_2, m_1, m_2)$. Умножение в S имеет следующий вид

$$\mathrm{s}\,(a_0, b_0, a_{12}, b_{12}, n_1, n_2, m_1, m_2) * \mathrm{s}\,(a_0', b_0', a_{12}', b_{12}', n_1', n_2', m_1', m_2')$$
$$= \mathrm{s}(a_0 a_0', b_0 b_0', a_{12} a_0' + a_0 a_{12}' + n_1 m_2' - n_2 m_1', b_{12} b_0' + b_0 b_{12}' + m_1 n_2'$$
$$- m_2 n_1', a_0 n_1' + n_1 b_0', a_0 n_2' + n_2 b_0', m_1 a_0' + b_0 m_1', m_2 a_0' + b_0 m_2').\,(7.45)$$

Видно, что двусторонние нуль и единица полугруппы S определяются формулами

$$\mathrm{z} = \mathrm{s}\,(0, 0, 0, 0, 0, 0, 0, 0), \qquad \mathrm{e} = \mathrm{s}\,(1, 1, 0, 0, 0, 0, 0, 0), \tag{7.46}$$

а двусторонними идеалами являются объединения элементов вида

$$\mathrm{s}\,(0, 0, a_{12}, b_{12}, n_1, n_2, m_1, m_2) \quad \text{и} \quad \mathrm{s}\,(0, 0, a_{12}, b_{12}, 0, 0, 0, 0). \tag{7.47}$$

Найдем решение уравнений регулярности (7.20)–(7.26) и явный вид слабых обобщенных обратных для простейшего случая двумерной Λ_2

грассмановой алгебры и $(1|1)$-мерных суперматриц. Пусть в уравнениях регулярности

$$\mathcal{A}\mathcal{X}\mathcal{A} = \mathcal{A}, \qquad (7.48)$$
$$\mathcal{X}\mathcal{A}\mathcal{X} = \mathcal{X} \qquad (7.49)$$

искомая суперматрица $\mathcal{A}^{+} = \mathcal{X}$ имеет вид $\mathcal{X} = \begin{pmatrix} x & \varkappa \\ \gamma & y \end{pmatrix}$. Уравнение $\mathcal{A}\mathcal{X}\mathcal{A} = \mathcal{A}$ (7.48) для внутренней инверсной $\mathcal{A}^{-} = \mathcal{X}$ сводится к системе

$$axa + \alpha\gamma a + a\varkappa\beta + \alpha y\beta = a, \qquad (7.50)$$
$$ax\alpha + a\varkappa b + \alpha yb = \alpha, \qquad (7.51)$$
$$\beta xa + b\gamma a + by\beta = \beta, \qquad (7.52)$$
$$\beta x\alpha + b\gamma\alpha + \beta\varkappa b + byb = b, \qquad (7.53)$$

которую мы будем решать в Λ_2, где

$$x = x_0 + x_{12}\xi_1\xi_2, \ \ y = y_0 + y_{12}\xi_1\xi_2, \ \ \varkappa = r_1\xi_1 + r_2\xi_2, \ \ \gamma = s_1\xi_1 + s_2\xi_2. \qquad (7.54)$$

Тогда из (7.50)–(7.53) получаем систему уравнений на коэффициенты

$$a_0\left(a_0x_0 - 1\right) = 0, \qquad (7.55)$$
$$2a_0a_{12}x_0 + a_0^2x_{12} + a_0\left(n_1s_2 - n_2s_1\right)$$
$$+a_0\left(r_1m_2 - r_2m_1\right) + y_0\left(n_1m_2 - n_2m_1\right) = a_{12}, \qquad (7.56)$$
$$\left(a_0x_0 + b_0y_0\right)n_1 + a_0b_0r_1 = n_1, \qquad (7.57)$$
$$\left(a_0x_0 + b_0y_0\right)n_2 + a_0b_0r_2 = n_2, \qquad (7.58)$$
$$\left(a_0x_0 + b_0y_0\right)m_1 + a_0b_0s_1 = m_1, \qquad (7.59)$$
$$\left(a_0x_0 + b_0y_0\right)m_2 + a_0b_0s_2 = m_2, \qquad (7.60)$$
$$b_0\left(b_0y_0 - 1\right) = 0, \qquad (7.61)$$
$$2b_0b_{12}y_0 + b_0^2y_{12} - b_0\left(n_1s_2 - n_2s_1\right)$$
$$-b_0\left(r_1m_2 - r_2m_1\right) - x_0\left(n_1m_2 - n_2m_1\right) = b_{12}, \qquad (7.62)$$

Уравнение $\mathcal{X}\mathcal{A}\mathcal{X} = \mathcal{X}$ (7.49) для внешней инверсной $\mathcal{A}^{\wedge} = \mathcal{X}$ сводится к системе

$$xax + \varkappa\beta x + x\alpha\gamma + \varkappa b\gamma = x, \qquad (7.63)$$
$$xa\varkappa + x\alpha y + \varkappa by = \varkappa, \qquad (7.64)$$
$$\gamma ax + y\beta x + yb\gamma = \gamma, \qquad (7.65)$$
$$\gamma a\varkappa + y\beta\varkappa + y\alpha y + yby = y, \qquad (7.66)$$

которую мы будем также решать в Λ_2. Используя разложения (7.42),(7.54), получаем систему уравнений на коэффициенты

$$x_0\left(x_0 a_0 - 1\right) = 0, \tag{7.67}$$

$$2x_0 x_{12} a_0 + x_0^2 a_{12} + x_0\left(r_1 m_2 - r_2 m_1\right)$$
$$+x_0\left(n_1 s_2 - n_2 s_1\right) + b_0\left(r_1 s_2 - r_2 s_1\right) = x_{12}, \tag{7.68}$$

$$\left(a_0 x_0 + b_0 y_0\right) r_1 + x_0 y_0 n_1 = r_1, \tag{7.69}$$

$$\left(a_0 x_0 + b_0 y_0\right) r_2 + x_0 y_0 n_2 = r_2, \tag{7.70}$$

$$\left(a_0 x_0 + b_0 y_0\right) s_1 + x_0 y_0 m_1 = s_1, \tag{7.71}$$

$$\left(a_0 x_0 + b_0 y_0\right) s_2 + x_0 y_0 m_2 = s_2, \tag{7.72}$$

$$y_0\left(y_0 b_0 - 1\right) = 0, \tag{7.73}$$

$$2y_0 y_{12} b_0 + y_0^2 b_{12} - y_0\left(r_1 m_2 - r_2 m_1\right)$$
$$-y_0\left(n_1 s_2 - n_2 s_1\right) - a_0\left(r_1 s_2 - r_2 s_1\right) = y_{12}, \tag{7.74}$$

Основными уравнениями, которые определяют тип решения, являются (7.55) и (7.61). Из них следуют 4 случая выбора числовой части диагональных элементов:

$$a_0 = 0, \quad b_0 = 0, \tag{7.75}$$

$$a_0 = 0, \quad b_0 \neq 0, \tag{7.76}$$

$$a_0 \neq 0, \quad b_0 = 0, \tag{7.77}$$

$$a_0 \neq 0, \quad b_0 \neq 0. \tag{7.78}$$

В первом — наиболее тривиальном — случае (7.75) система (7.55)–(7.62) совместна только при $\mathcal{A} = 0$ и $\mathcal{A}^-$ — любом, а система (7.67)–(7.74) совместна при $\mathcal{A}^\wedge = 0$ и $\mathcal{A}$ — любом.

Последний случай (7.78) — стандартный БЕРЕЗИН [1983] и отвечает обратимой суперматрице $\mathcal{A}$, поэтому единственным решением (7.48)–(7.49) является обратная суперматрица

$$\mathcal{A}^{-1} = \begin{pmatrix} \frac{1}{a_0} + \left(\frac{n_1 m_2 - n_2 m_1}{a_0^2 b_0} - \frac{a_{12}}{a_0^2}\right)\xi_1\xi_2 & -\frac{n_1\xi_1 + n_2\xi_2}{a_0 b_0} \\ -\frac{m_1\xi_1 + m_2\xi_2}{a_0 b_0} & \frac{1}{b_0} + \left(\frac{m_1 n_2 - m_2 n_1}{a_0 b_0^2} - \frac{b_{12}}{b_0^2}\right)\xi_1\xi_2 \end{pmatrix}. \tag{7.79}$$

Поскольку второй (7.76) и третий (7.77) случай симметричны, мы рассмотрим только один из них (7.76). Из (7.55)–(7.56) следует, что x — произвольно. Уравнения (7.56) и (7.61) дают $y_0 = 1/b_0$ и условие на элементы суперматрицы $\mathcal{A}$

$$\left(n_1 m_2 - n_2 m_1\right) = b_0 a_{12}. \tag{7.80}$$

Поскольку это условие сохраняется при умножении, если $a_0 = 0$ (разность преобразованных правой и левой частей пропорциональна

$a_0 a_0' \left(m_1 n_2' - m_2 n_1'\right)$), то суперматрицы, удовлетворяющие (7.80) образуют подполугруппу S_{nm} полугруппы $\mathrm{Mat}_{\Lambda_2}(1|1)$. При $a_{12} = 0$ условие (7.80) определяет подполугруппу антитреугольных суперматриц Duplij [1996c,d], играющих важную роль в необратимый обобщениях суперконформной симметрии Duplij [1997a] и супероператоров Duplij [2000].

Уравнения (7.57)–(7.60) не определяют искомых параметров r_1, r_2, s_1, s_2 из-за $a_0 = 0$, а представляют собой тождества, поскольку $y_0 b_0 = 1$. Из (7.62) и (7.80) следует решение для y_{12}

$$y_{12} = x_0 \frac{a_{12}}{b_0} - \frac{b_{12}}{b_0^2} + \frac{n_1 s_2 - n_2 s_1}{b_0} + \frac{r_1 m_2 - r_2 m_1}{b_0}. \qquad (7.81)$$

Следовательно, в случае (7.76) определяется только один элемент y, а остальные произвольные, т.е. решение для $\mathcal{A}^-$ является 6-параметрическим.

Аналогично, решение уравнения (7.49) для $\mathcal{A}^\wedge$ в промежуточном случае (7.76) является 4-параметрическим с произвольными параметрами r_1, r_2, s_1, s_2 и

$$x_0 = 0, \quad x_{12} = b_0 \left(r_1 s_2 - r_2 s_1\right), \quad y_0 = \frac{1}{b_0},$$

а y_{12} определяется формулой (7.81), но без первого слагаемого. Таким образом, совместным решением двух уравнений (7.48)-(7.49) $\mathcal{X} = \mathcal{A}^- = \mathcal{A}^\wedge$ (которые определяют слабое обобщенное обратное Nashed [1976]) будет суперматрица вида

$$\mathcal{X} = \begin{pmatrix} b_0 \left(ut - wv\right) \xi_1 \xi_2 & u\xi_1 + v\xi_2 \\ w\xi_1 + t\xi_2 & \frac{1}{b_0} + \left(-\frac{b_{12}}{b_0^2} + \frac{n_1 t - n_2 w}{b_0} + \frac{um_2 - vm_1}{b_0}\right) \xi_1 \xi_2 \end{pmatrix}, \qquad (7.82)$$

где $u, t, w, v \in \mathbb{K}$ — свободные параметры. Рассмотрим возможные нетривиальные решения уравнения $\mathcal{E}_L \mathcal{A} = \mathcal{A}$, т. е. когда $\mathcal{E}_L$ (левая единица для суперматрицы $\mathcal{A}$) не является единичной $(p|q)$-суперматрицей

$$\mathcal{I} = \begin{pmatrix} I_{p \times p} & 0_{p \times q} \\ 0_{q \times p} & I_{q \times q} \end{pmatrix}.$$

Из умножения (7.45) следует, что классификация решений для $(1|1)$-суперматрицы над Λ_2 (см. разложение (7.42)) совпадает с (7.75)–(7.78). Обратимый случай (7.78) дает тривиальное решение $\mathcal{E}_L = \mathcal{I}$. Поскольку (7.76) и (7.77) симметричны, ограничимся рассмотрением (7.76).

В подполугруппе S_{nm} суперматриц, удовлетворяющих (7.80), имеем 4-параметрическое решение

$$\mathcal{E}_L\left(t, u, v, w\right) = \begin{pmatrix} t + u\xi_1 \xi_2 & \dfrac{1-t}{b_0}\left(n_1 \xi_1 + n_2 \xi_2\right) \\ v\xi_1 + w\xi_2 & 1 + \left(\dfrac{n_1}{b_0} w - \dfrac{n_2}{b_0} v\right) \xi_1 \xi_2 \end{pmatrix}, \qquad (7.83)$$

где $u, t, w, v \in \mathbb{K}$. Видно, что $\mathcal{E}_L\left(1, 0, 0, 0\right) = \mathcal{I}$. При $t = 0$ левая единица для суперматрицы $\mathcal{A}$ становится необратимой. Без условия (7.80) левой единицей является 3-параметрическое решение $\mathcal{E}_L\left(1, u, v, w\right)$, которое обратимо всегда. Правая единица для конкретной суперматрицы $\mathcal{A}$, удовлетворяющая $\mathcal{A}\mathcal{E}_R = \mathcal{A}$, при условии (7.80) (в подполугруппе S_{nm}) равна

$$\mathcal{E}_R\left(t, u, v, w\right) = \begin{pmatrix} t + u\xi_1\xi_2 & v\xi_1 + w\xi_2 \\ \dfrac{1-t}{b_0}\left(m_1\xi_1 + m_2\xi_2\right) & 1 - \left(\dfrac{m_1}{b_0}w - \dfrac{m_2}{b_0}v\right)\xi_1\xi_2 \end{pmatrix}.$$
(7.84)

Отсюда следует, что левая и правая единицы полугруппы S_{nm} совпадают и определяются одним свободным параметром

$$\mathcal{E}_L\left(1, u, 0, 0\right) = \mathcal{E}_R\left(1, u, 0, 0\right) = \begin{pmatrix} 1 + u\xi_1\xi_2 & 0 \\ 0 & 1 \end{pmatrix}.$$
(7.85)

Однако в S_{nm} имеются подполугруппы, в которых единицы недиагональны и определяются двумя параметрами. Действительно, из (7.45) следует, что условия пропорциональности коэффициентов нечетных элементов $\dfrac{n_1}{n_2} = k$ и $\dfrac{m_1}{m_2} = l$ сохраняются по отдельности при умножении, т. е. определяют подполугруппы $\mathrm{S}_{nm}^k \subset \mathrm{S}_{nm}$ и $\mathrm{S}_{nm}^l \subset \mathrm{S}_{nm}$. Левая единица в S_{nm}^k имеет вид

$$\mathcal{E}_L^k\left(u, w\right) = \begin{pmatrix} 1 + u\xi_1\xi_2 & 0 \\ w\left(k\xi_1 + \xi_2\right) & 1 \end{pmatrix},$$
(7.86)

а правая единица в S_{nm}^l определяется формулой

$$\mathcal{E}_L^l\left(u, w\right) = \begin{pmatrix} 1 + u\xi_1\xi_2 & w\left(l\xi_1 + \xi_2\right) \\ 0 & 1 \end{pmatrix}.$$
(7.87)

Видно, что единица пересечения $\mathrm{S}_{nm}^k \cap \mathrm{S}_{nm}^l$ является однопараметрической и равна (7.85).

7.5. Необратимый аналог супердетерминанта

Для суперматрицы общего вида (7.4) введем *обобщенные дополнения Шура*

$$S_{11} = A_{22} - A_{21}A_{11}^+ A_{12}, \quad S_{12} = A_{21} - A_{22}A_{12}^+ A_{11},$$
(7.88)

$$S_{21} = A_{12} - A_{11}A_{21}^+ A_{22}, \quad S_{22} = A_{11} - A_{12}A_{22}^+ A_{21}$$
(7.89)

и *обобщенные проекторы*

$$P_{11} = I - A_{11}A_{11}^+, \quad Q_{11} = I - A_{11}^+A_{11}, \qquad (7.90)$$

$$P_{22} = I - A_{22}A_{22}^+, \quad Q_{22} = I - A_{22}^+A_{22}, \qquad (7.91)$$

удовлетворяющие соотношениям ортогональности

$$P_{11}A_{11} = A_{11}Q_{11} = A_{11}^+P_{11} = Q_{11}A_{11}^+ = 0, \qquad (7.92)$$

$$P_{22}A_{22} = A_{22}Q_{22} = A_{22}^+P_{22} = Q_{22}A_{22}^+ = 0. \qquad (7.93)$$

Существование обобщенных дополнений Шура S_{11} и S_{22} следует из

$$\begin{pmatrix} A_{11} & A_{12} \\ A_{21} & A_{22} \end{pmatrix} \begin{pmatrix} A_{11}^+ & 0 \\ 0 & A_{22}^+ \end{pmatrix} \begin{pmatrix} I & 0 \\ 0 & -I \end{pmatrix} \begin{pmatrix} A_{11} & A_{12} \\ A_{21} & A_{22} \end{pmatrix} \begin{pmatrix} I & 0 \\ 0 & -I \end{pmatrix} = \begin{pmatrix} S_{22} & 0 \\ 0 & S_{11} \end{pmatrix}.$$

Кроме того, S_{11} и S_{22} состоят из четных элементов, как это следует из
(7.89). Понятно, что для обычных квадратных матриц, состоящих из четных элементов применим обычный детерминант Березин [1983]. В обратимом случае $A_{11}^+ = A_{11}^{-1}$, $A_{22}^+ = A_{22}^{-1}$, $S_{11} = S_{11}^{(0)}$, $S_{22} = S_2^{(0)}$, где

$$S_{11}^{(0)} = A_{22} - A_{21}A_{11}^{-1}A_{12}, \qquad S_{22}^{(0)} = A_{11} - A_{12}A_{22}^{-1}A_{21} \qquad (7.94)$$

— стандартные дополнения Шура, проекторы зануляются $P_{11} = Q_{11} = Q_{22} = P_{22} = 0$, поэтому P_{11}, Q_{11}, P_{22}, Q_{22} представляют собой меру необратимости суперматрицы $\mathcal{A}$. Чтобы вычислить суперобратную Мура-Пенроуза $\mathcal{A}^\dagger$, воспользуемся методом блочных матриц Tian [1998]. Для элемента A_{22} определим *ранговое дополнение* $J(A_{22})$ по формуле

$$J(A_{22}) = \left(I - (A_{21}Q_{11})(A_{21}Q_{11})^\dagger\right) \cdot S_{11} \cdot \left(I - (P_{11}A_{12})^\dagger (P_{11}A_{12})\right) \qquad (7.95)$$

Разложим суперматрицу $\mathcal{A}$ на сумму

$$\mathcal{A} = \mathcal{A}_{(+)} + \mathcal{A}_{(-)} = \begin{pmatrix} A_{11} & 0 \\ 0 & A_{22} \end{pmatrix} + \begin{pmatrix} 0 & A_{12} \\ A_{21} & 0 \end{pmatrix}, \qquad (7.96)$$

где $\mathcal{A}_{(+)}$ и $\mathcal{A}_{(-)}$ отвечают четной и нечетной составляющей суперматрицы $\mathcal{A}$ как супероператора Березин [1983]. Тогда суперобратная Мура-Пенроуза может быть найдена из формулы

$$\mathcal{A}^\dagger = J^\dagger\left(\mathcal{A}_{(+)}\right) + J^\dagger\left(\mathcal{A}_{(-)}\right), \qquad (7.97)$$

где $J\left(\mathcal{A}_{(\pm)}\right)$ — ранговые дополнения (7.95) элементов $\mathcal{A}_{(\pm)}$ в расширенной суперматрице $\begin{pmatrix} \mathcal{A}_{(+)} & \mathcal{A}_{(-)} \\ \mathcal{A}_{(-)} & \mathcal{A}_{(+)} \end{pmatrix}$.

7.5. Необратимый аналог супердетерминанта

Супердетерминант обратимой блочной суперматрицы $\mathcal{A}$ (7.4) (A_{11} и A_{22} обратимы) определяется формулой Пахомов [1974], Лейтес [1975]

$$\text{sdet}\,\mathcal{A} = \det A_{11} \left(\det S_{11}^{(0)}\right)^{-1} = \det S_{22}^{(0)} \left(\det A_{22}\right)^{-1}. \tag{7.98}$$

Супердетерминант матрицы Якоби при замене переменных для функций на грассмановой алгебре называют березинианом Лейтес [1983, 1980], а супердетерминант диагональной суперматрицы $\mathcal{A}$ называют также градуированным детерминантом Arnowitt et al. [1975], Rittenberg and Scheunert [1978].

Здесь мы рассмотрим возможный аналог супердетерминанта при некотором ослаблении обратимости, а именно мы предположим, что A_{11} и A_{22} являются регулярными, т. е. существуют инверсные A_{11}^+ и A_{22}^+ как решения уравнений

$$A_{11}A_{11}^+A_{11} = A_{11}, \qquad A_{11}^+A_{11}A_{11}^+ = A_{11}^+, \tag{7.99}$$
$$A_{22}A_{22}^+A_{22} = A_{22}, \qquad A_{22}^+A_{22}A_{22}^+ = A_{22}^+. \tag{7.100}$$

Отсюда следует, что величины $E_{11} = A_{11}A_{11}^+$, $E_{22} = A_{22}A_{22}^+$ являются идемпотентами $E_{11}^2 = E_{11}$, $E_{22}^2 = E_{22}$ и удовлетворяют условиям регулярности

$$E_{11}E_{11}^+E_{11} = E_{11}, \qquad E_{11}^+E_{11}E_{11}^+ = E_{11}^+, \tag{7.101}$$
$$E_{22}E_{22}^+E_{22} = E_{22}, \qquad E_{22}^+E_{22}E_{22}^+ = E_{22}^+. \tag{7.102}$$

В обратимом случае они совпадают с единичными матрицами $E_{11} = E_{22} = I$. Поскольку A_{11}, A_{22}, E_{11}, E_{22} являются обычными матрицами с четными элементами, то тем же соотношениям удовлетворяют и детерминанты $\det A_{11}$, $\det A_{22}$, $\det E_{11}$, $\det E_{22}$. Следует обратить внимание на отсутствие сокращений в необратимом случае как для (7.99)–(7.102), так и для детерминантов.

Построение необратимого аналога (для обычных матриц см. Good [1981], Hawkins et al. [1973], Joseph [1993]) супердетерминанта sdet_+ будем проводить таким образом, чтобы предельным случаем всегда был обратимый (7.98), а различие между ними будет пропорционально проекторам (7.91). При этом роль единичной матрицы будет играть E_{22}. Вместо $\text{sdet}\,\mathcal{I} = 1$ постулируем

$$\text{sdet}_+ \begin{pmatrix} E_{22} & 0 \\ 0 & E_{22} \end{pmatrix} = \text{sdet}\,\mathcal{I}_{E_{22}} = \det E_{22} \cdot \det E_{22}^+ = \det A_{22} \cdot \det A_{22}^+, \tag{7.103}$$

где последнее равенство следует из (7.100). Такое же равенство можно принять (по аналогии с обратимым случаем) и для произвольной блочно-треугольной суперматрицы с произвольным недиагональным блоком

$$\mathrm{sdet}_+ \begin{pmatrix} A_{11} & X \\ 0 & A_{22} \end{pmatrix} = \det A_{11} \cdot \det A_{22}^+. \tag{7.104}$$

Отсюда следует, что необратимый аналог супердетерминанта sdet мультипликативен для блочно-треугольных суперматриц. Поэтому, следуя модифицированному для необратимого случая алгоритму Гаусса (см. напр. Гантмахер [1988] и [Березин, 1983, с. 101]), умножим произвольную суперматрицу $\mathcal{A}$ на блочно-треугольную суперматрицу $\mathcal{M} = \begin{pmatrix} E_{22} & 0 \\ -A_{22}^+ A_{11} & E_{22} \end{pmatrix}$, и рассмотрим выражение

$$\mathcal{I}_{E_{22}} \mathcal{A} \mathcal{M} \mathcal{I}_{E_{22}} = \mathcal{I}_{E_{22}} \begin{pmatrix} A_{11} E_{22} - A_{12} A_{22}^+ A_{21} & A_{12} E_{22} \\ A_{21} E_{22} - E_{22} A_{21} & A_{22} E_{22} \end{pmatrix} \mathcal{I}_{E_{22}}.$$

Пользуясь тем, что E_{22} идемпотент и $E_{22} (A_{21} E_{22} - E_{22} A_{21}) E_{22} = 0$, получаем произведение блочно-диагональных и блочно-треугольных суперматриц

$$\mathcal{I}_{E_{22}} \mathcal{A} \mathcal{M} \mathcal{I}_{E_{22}} = \begin{pmatrix} E_{22} A_{11} E_{22} - E_{22} A_{12} A_{22}^+ A_{11} E_{22} & E_{22} A_{12} E_{22} \\ 0 & E_{22} A_{22} E_{22} \end{pmatrix} =$$

$$\begin{pmatrix} E_{22} & 0 \\ 0 & E_{22} \end{pmatrix} \begin{pmatrix} S_{22} & 0 \\ 0 & E_{22} \end{pmatrix} \begin{pmatrix} E_{22} & 0 \\ 0 & A_{22} \end{pmatrix} \begin{pmatrix} E_{22} & A_{12} \\ 0 & E_{22} \end{pmatrix} \begin{pmatrix} E_{22} & 0 \\ 0 & E_{22} \end{pmatrix}.$$

Тогда для необратимого аналога супердетерминанта можно принять

$$\mathrm{sdet}_+^{(22)} \mathcal{A} = \det S_{22} \cdot \det A_{22}^+ = \det \left(A_{11} - A_{12} A_{22}^+ A_{21} \right) \cdot \det A_{22}^+, \tag{7.105}$$

а также $1 \Leftrightarrow 2$ симметричный вариант

$$\mathrm{sdet}_+^{(11)} \mathcal{A} = \det A_{11} \cdot \det S_{11}^+ = \det A_{11} \cdot \det \left(A_{22} - A_{21} A_{11}^+ A_{12} \right)^+. \tag{7.106}$$

Важно, что в обратимом случае, как это следует из (7.99)–(7.102), они совпадают между собой и равны обычному супердетерминанту $\mathrm{sdet}_+^{(11)} \mathcal{A} = \mathrm{sdet}_+^{(22)} \mathcal{A} = \mathrm{sdet}\, \mathcal{A}$. Отметим, что в (7.105) один детерминант применяется к матрице $p \times p$, а другой — к матрице $q \times q$, поэтому нельзя воспользоваться мультипликативностью обычного детерминанта, однако при $p = q$ можно получить необратимое суперобобщение стандартной *формулы Шура* Гантмахер [1988]

$$\mathrm{sdet}_+^{(22)} \mathcal{A} = \det \left(A_{11} A_{22}^+ - A_{12} A_{22}^+ A_{21} A_{22}^+ \right), \tag{7.107}$$

позволяющей свести вычисление супердетерминанта $(p|p)$ суперматрицы к вычислению обычного детерминанта $p \times p$ матрицы, состоящей из четных элементов, если известна инверсная для A_{22} матрица A_{22}^+. Из (7.105) видно, что выполняется свойство

$$\mathrm{sdet}_+^{(22)} \left(\mathcal{I}_{E_{22}} \mathcal{A} \mathcal{I}_{E_{22}} \right) = \mathrm{sdet}_+^{(22)} \mathcal{A}$$

(и $1 \Leftrightarrow 2$ симметричное). Кроме того, мультипликативность выполняется и для необратимых блочно-треугольных суперматриц. С другой стороны, воспользуемся аналогом разложения Гаусса необратимой суперматрицы $\mathcal{A}$ в виде Tian [1998]

$$\mathcal{A} = \mathcal{A}_L \mathcal{A}_0 \mathcal{A}_R = \begin{pmatrix} I & A_{12} A_{22}^+ \\ 0 & I \end{pmatrix} \begin{pmatrix} S_{22} & A_{12} Q_{22} \\ P_{22} A_{21} & A_{22} \end{pmatrix} \begin{pmatrix} I & 0 \\ A_{22}^+ A_{21} & I \end{pmatrix},$$
$$\tag{7.108}$$

где S_{22}, P_{22} и Q_{22} определены в (7.89), (7.91). Из (7.93) следует, что $A_{12} Q_{22} A_{22}^+ P_{22} A_{21} = 0$, поэтому обобщенное дополнение Шура четного блока A_{22} в суперматрице $\mathcal{A}_0$ совпадает с S_{22}, и мы снова приходим к единственному возможному виду необратимого аналога супердетерминанта (7.105). Подобные рассуждения справедливы и для (7.106).

Следует отметить, что все формулы этого параграфа остаются справедливыми, если заменить слабые обобщенные обратные A^+ на суперобобщенные Мура-Пенроуза $A^\dagger$.

Таким образом, проанализированы различные необратимые обобщения суперматричных структур, играющих важную роль в теории суперпредставлений современных суперсимметричных объединенных теорий фундаментальных взаимодействий. Полученные результаты могут быть полезны при построении новых типов супергравитаций и анализе нетривиальных аспектов суперсимметричных моделей элементарных частиц.

Глава 8

Квазидетерминанты и необратимость
С.А. Дуплий, О. И. Котульская

8.1. Введение

Понятие детерминанта играет ключевую роль в теории представлений групп матрицами Кириллов [1978], Хэмфри [1980], а, следовательно, во многих расчетах, связанных с физикой высоких энергий и теорией элементарных частиц Barut and Raczka [1986]. С появлением суперсимметричных теорий Волков and Акулов [1972], Гольфанд and Лихтман [1971], Весс and Беггер [1986], Уэст [1989], Волков [1987] и квантовых групп Drinfeld [1987], Kassel [1995], Shnider and Sternberg [1993], Демидов [1998] возникла насущная необходимость рассматривать матрицы, содержащие наряду с обычными числовыми элементами, также и антикоммутирующие Березин and Кац [1970], Березин [1983], и вообще некоммутативные элементы Schirmacher et al. [1991], Wess and Zumino [1990]. Поэтому рассмотрение детерминантов (и других различных симметричных функций) от таких матриц является важным обобщением понятия детерминанта. С появлением многочисленных приложений необратимых матриц с некоммутативными элементами Дуплий [2000], Duplij [2001, 2000] возникла необходимость определить также аналоги детерминантов и для необратимых случаев Дуплий and Котульская [2002], Duplij [2003].

Впервые попытка определить детерминант с некоммутативными элементами была сделана Кэли еще более 150 лет назад Cayley [1845], и на протяжении многих лет наиболее популярными примерами некоммутативных объектов были кватернионы и блок-матрицы, для которых и были определены различные некоммутативные детерминанты Study [1920], Moore [1922].

Наиболее известным и широко используемым является детерминант Дьедонне Diedonne [1943], Artin [1987], определенный над алгеброй с делением R, так что, рассматривались детерминанты со значениями в $R^*/[R^*, R^*]$, где R^* является полугруппой обратимых элементов в R ДЬЕДОННЕ [1974].

Обобщение коммутативного детерминанта для матриц над суперкоммутативными алгебрами играет важнейшую роль в современных суперсимметричных теориях БЕРЕЗИН [1983], БЕРЕЗИН AND ЛЕЙТЕС [1975], ПАХОМОВ [1974].

Другие известные примеры некоммутативных детерминантов были построены для различных частных случаев: квантовый детерминант MANIN [1989], детерминант Капелли ВЕЙЛЬ [1947], детерминант Картье-Фоата CARTIER AND FOATA [1969] и др.

Понятие квазидетерминанта для матриц над свободным кососимметричным полем было введено в ГЕЛЬФАНД AND PETAX [1991, 1993]. Квазидетерминант определяется как наиболее некоммутативный случай — для матриц над свободным кососимметричным полем COHN [1977].

Квазидетерминант играет в некоммутативной алгебре ту же роль, что и детерминант в коммутативной, являясь в действительности отношением детерминанта $n \times n$-матрицы к детерминанту $(n-1) \times (n-1)$-подматрицы GELFAND ET AL. [2002]. Квазидетерминант эффективно используется во многих областях, включающих некоммутативные симметричные функции, некоммутативные интегральные системы, квантовые алгебры ГЕЛЬФАНД AND PETAX [1991], GELFAND ET AL. [2002], ETINGOF AND RETAKH [1999].

8.2. Кососимметричное поле рациональных функций

Свободное кососимметричное поле является естественной структурой для работы с некоммутативными переменными COHN [1977]. Здесь будет рассмотрено кососимметричное поле как алгебра с делением над полем с характеристикой 0, но все может быть обобщено для поля с характеристикой p GELFAND ET AL. [2002].

Пусть дано множество $X = \{x_1, \ldots, x_n\}$, обозначим $\mathcal{F}(\mathcal{X})$ алгебру, порожденную элементами из X над полем $\mathbb{Q}$, используя операции сложения, вычитания, умножения и нахождения обратной. Отношения еще не были установлены, так что, например, $(x - x)^{-1}$ существует. Алгебра $\mathcal{F}(\mathcal{X})$ называется алгеброй рациональных формул на X.

Пусть R — кольцо с единицей. Любое отображение $\alpha : X \to R$ определяет частичное отображение $\overline{\alpha}$ из $\mathcal{F}(\mathcal{X})$ в R по следующим правилам

1) $\overline{\alpha}(m) = m$, $m \in \mathbb{Z}$,

2) $\overline{\alpha}(x_i) = \alpha(x_i)$, $\quad i = 1, \ldots, n$,

3) если $a = -b$, или $b+c$, или bc и $\overline{\alpha}(b), \overline{\alpha}(c)$ определены, тогда $\overline{\alpha}(a) = -\overline{\alpha}(b)$, или $\overline{\alpha}(b+c)$, или $\overline{\alpha}(b) \cdot \overline{\alpha}(c)$,

4) если $a = b^{-1}$ и $\overline{\alpha}(b)$ определена и обратима в R, тогда $\overline{\alpha}(a) = (\overline{\alpha}(b))^{-1}$.

Если $\bar{\alpha}(a)$ определено для $a \in \mathcal{F}(\mathcal{X})$ говорят, что α может быть вычислено на a. Теперь пусть $\alpha : X \to D$ отображение на кососимметричное поле D, тогда $\bar{\alpha}(a)$ неопределено, если a имеет b^{-1} такое, что $\bar{\alpha}(b) = 0$. Для каждого $\alpha : X \to D$ может быть рассмотрено подмножество $E(\alpha)$ из $\mathcal{F}(\mathcal{X})$, область из $\overline{\alpha}$, состоящая из формул, на которых α может быть вычислено. Подобным образом каждому $a \in \mathcal{F}(\mathcal{X})$ можна поставить в соответсвие его область $\mathrm{dom}\, a$, подмножество D^n состоит из точек $(\alpha(x_i), i = 1, \ldots, n)$ таких, что $a \in E(\alpha)$ определено; a называется невырожденным, если $\mathrm{dom}\, a \neq \emptyset$. Можно показать, что если D кососимметричное поле, которое является алгеброй над неконечным полем k и a, и b невырождены, тогда $\mathrm{dom}\ a \cap \mathrm{dom}\ b \neq \emptyset$. Пусть даны $a, b \in \mathcal{F}(\mathcal{X})$, тогда запишем $a \sim b$, если a, b невырождены и a, b имеют одинаковые значения в каждой точке $\mathrm{dom}\, a \cap \mathrm{dom}\, b$. Это отношение эквивалентности, и классы эквивалентности называются рациональными функциями от $x_1, \ldots, x_n$. При этом:

i) Если D косимметричное поле с центром k характеристики 0. Тогда эквивалентные классы рациональных формул с переменными $x_1, \ldots, x_n$ образуют кососимметричное поле $F_D(X)$.

ii) Если D имеет бесконечную размерность над k, тогда $F_D(X)$ не зависит от кососимметричного поля D.

Исходя из предположений **i)** и **ii)**, отожествим все $F_D(X)$ и будем использовать обозначение $F(X)$. Для примера, если $X = \{x\}$, тогда $F(X) = \mathbb{Q}(x)$. Поле $F(X)$ называется свободным кососимметричным полем, порожденным X. Кон показал, что свободное кососимметричное поле является универсальным в следующем смысле. Рассмотрим алгебру $k\langle x_1, \ldots, x_n \rangle$ некоммутативных полиномов над коммутативным полем k. Алгебра $k\langle x_1, \ldots, x_n \rangle$ естественным образом вложена в алгебру $F(X)$. Универсальность означает, что если D является произвольным кольцом с делением и $\alpha : k\langle x_1, \ldots, x_n \rangle \to D$ есть гомоморфизм, тогда существует подкольцо R из $F(X)$ содержащее $k\langle x_1, \ldots, x_n \rangle$ и расширение α на гомоморфизм $\beta : R \to D$ такое, что, если $a \in R$ и $\beta(a) \neq 0$, тогда $a^{-1} \in R$. Высотой инверсии называется максимальное число вложенных инверсий, а высотой инверсии элемента кососимметричного поля $F(X)$ является наименьшей высотой инверсии этих рациональных выражений COHN [1977], GELFAND ET AL. [2002].

Пример. Высота инверсии полинома от $x_1, \ldots, x_n$ равна нулю. Высота инверсии отношения двух полиномов PQ^{-1} равна 0, если P делится на Q и 1 в противном случае. Высота инверсии рацинальных выражений $r_1 = (1 - x)^{-1} + (1 - x^{-1})^{-1}$ и $r_2 = x^{-1} + x^{-1}(z^{-1}y^{-1} - x^{-1})^{-1}x^{-1}$ равна 2. Однако $r_1 = 1$ и $r_2 = (x - yz)^{-1}$ в свободном кососимметричном поле, порожденном x, y и z. Таким образом, высота инверсии r_1 и r_2 как рациональных функций равна 0 и 1 соответственно.

8.3. Определение квазидетерминанта

Пусть $A = (a_{ij})$, $i \in I$, $j \in J$ матрица с элементами из кольца R,где I, J — конечные множества. Обозначим за A^{ij} подматрицу, полученную из A удалением i-ого ряда и j-ого столбика, за r_i^j матрицу-строку, получен из i-ого ряда A удалением элемента a_{ij}, за c_j^i матрицу-столбец, полученную из j-ого столбца A удалением элемента a_{ij}. Тогда квазидетерминант $|A|_{ij}^Q$ определяется формулой ГЕЛЬФАНД AND РЕТАХ [1991], GELFAND ET AL. [2002]

$$|A|_{ij}^Q = a_{ij} - r_i^j (A^{ij})^{-1} c_j^i, \tag{8.1}$$

если подматрица A^{ij} обратима в кольце R. Иногда удобно принять более явное понятие ячейки элемента a_{ij}, когда для $A = (a_{pq})$, $p, q = 1, \ldots, n$, имеем

$$|A|_{ij}^Q = \begin{vmatrix} a_{11} & \ldots & a_{1j} & \ldots & a_{1n} \\ & \ldots & & \ldots & \\ a_{i1} & \ldots & \boxed{a_{ij}} & \ldots & a_{in} \\ & \ldots & & \ldots & \\ a_{n1} & \ldots & a_{nj} & \ldots & a_{nn} \end{vmatrix} \tag{8.2}$$

и полагаем $|A|_{ij}^Q = a_{ij}$ если $I = \{i\}$, $J = \{j\}$. Это определение не требует, чтобы I и J были упорядоченными, или биективного соответствия между I и J. Если все квазидетерминанты $|A^{ij}|_{pq}^Q$ для $p \in I \setminus \{i\}$, $q \in J \setminus \{j\}$ определены и обратимы, тогда GELFAND ET AL. [2002]

$$|A|_{ij} = a_{ij} - \sum_{p,q} a_{iq} \left(|A^{ij}|_{pq}^Q \right)^{-1} a_{pj}, \tag{8.3}$$

где сумма берется по всем $p \in I \setminus \{i\}$, $q \in J \setminus \{j\}$.

Если A есть $n \times n$-матрица, общего вида (в смысле, что все квадратные подматрицы A обратимы), тогда существует n^2 квазидетерминантов A. Однако, матрица необщего вида может иметь k квазидетерминантов, где $0 \le k \le n^2$. Квадратная матрица $A = (a_{ij})$, $i \in I$, $j \in J$ это матрица общего вида над свободным кососимметричным полем, созданным ее элементами.

Пример. Для (2×2)-матрицы $A = (a_{ij}), i, j = 1, 2$ существует четыре квазидетерминанта

$$
\begin{aligned}
|A|_{11}^Q &= a_{11} - a_{12} \cdot a_{22}^{-1} \cdot a_{21}, \quad |A|_{12}^Q = a_{12} - a_{11} \cdot a_{21}^{-1} \cdot a_{22}, \\
|A|_{21}^Q &= a_{21} - a_{22} \cdot a_{12}^{-1} \cdot a_{11}, \quad |A|_{22}^Q = a_{22} - a_{21} \cdot a_{11}^{-1} \cdot a_{12},
\end{aligned}
\tag{8.4}
$$

и каждый из них определен, если соответствующий элемент a_{ij}^{-1} в правой части определен в R.

Пример. Для матрицы $A = (a_{ij}), i, j = 1, 2, 3$ существует девять квазидетерминантов. Выпишем только первый из них

$$
\begin{aligned}
|A|_{11}^Q &= a_{11} - a_{12}(a_{22} - a_{23}a_{33}^{-1}a_{32})^{-1}a_{21} - a_{12}(a_{32} - a_{33} \cdot a_{23}^{-1}a_{22})^{-1}a_{31} - \\
&\quad - a_{13}(a_{23} - a_{22}a_{32}^{-1}a_{33})^{-1}a_{21} - a_{13}(a_{33} - a_{32} \cdot a_{22}^{-1}a_{23})^{-1}a_{31}, \quad (8.5)
\end{aligned}
$$

который определен в том случае если все обратные существуют в R.

Таким образом, если каждый элемент a_{ij} обратим, морфизм $V_j \to V_i$ в аддитивной категории, тогда квазидетерминант $|A|_{pq}^Q$ может быть рассмотрен как морфизм из объекта V_q в объект V_p, если матрица морфизмов A^{pq} обратима.

Квазидетерминант не является обобщением детерминанта над коммутативным кольцом, но представляет собой обощение отношения двух детерминантов GELFAND ET AL. [2002]. Поэтому, в общем случае квазидетерминанты нельзя рассматривать как полиномы, а только как рациональные функции. Более того, высота инверсии квазидетерминанта матрицы $n \times n$ равна $n - 1$ REUTENAUER [1996].

Пример. Если все переменные a_{ij} коммутируют, тогда

$$
|A|_{pq}^Q = (-1)^{p+q} \frac{\det A}{\det A^{pq}}.
\tag{8.6}
$$

Подобные выражения для квазидетерминантов могут быть даны для квантовых матриц, кватернионных матриц, суперматриц, матриц Капелли и матриц других классов GELFAND ET AL. [2002].

8.4. Преобразования квазидетерминантов

Пусть $A = (a_{ij})$ — квадратная матрица, тогда имеют место следующие свойства GELFAND ET AL. [2002]

1) Квазидетерминант $|A|_{pq}^Q$ не изменится при перестановке рядов и столбцов матрицы A если p-ая строка и q-ый столбец не изменятся.

2) Пусть матрица $B = (b_{ij})$ получена из матрицы A умножением i-ой строки на скаляр λ слева, т.е. $b_{ij} = \lambda a_{ij}$ и $b_{kj} = a_{kj}$ если $k \neq i$. Тогда

$$|B|_{kj}^Q = \begin{cases} \lambda |A|_{ij}^Q & \text{если } k = i \\ |A|_{kj}^Q & \text{если } k \neq i \text{ и } \lambda \text{ обратимы .} \end{cases} \qquad (8.7)$$

Пусть матрица $C = (c_{ij})$ получена из матрицы A умножением j-ого столбца на скаляр μ справа, т.е. $c_{ij} = a_{ij}\mu$ и $c_{il} = a_{il}$ для всех i и $l \neq i$. Тогда

$$|C|_{il}^Q = \begin{cases} |A|_{ij}^Q \mu & \text{если } \ell = j \\ |A|_{i\ell}^Q & \text{если } \ell \neq j \text{ и } \mu \text{ обратимо.} \end{cases} \qquad (8.8)$$

3) Пусть матрица B получена из матрицы A при сложении некоторого ряда A с ее k-ым рядом, умноженным на скаляр λ слева. Тогда

$$|A|_{ij}^Q = |B|_{ij}^Q, \quad i = 1, \ldots k-1, k+1, \ldots n, j = 1, \ldots, n. \qquad (8.9)$$

Пусть матрица B получена из матрицы A при сложении некоторого столбца A с ее l-ым столбцом, умноженным на скаляр λ справа. Тогда

$$|A|_{ij}^Q = |C|_{ij}^Q, i = 1, \ldots, n, j = 1, \ldots, \ell-1, \ell+1, \ldots n. \qquad (8.10)$$

8.5. Свойства квазидетерминантов

Квазидетерминанты и обратные матрицы. Если $A = (a_{ij})$ матрица общего вида и $B = (b_{ij})$ равна A^{-1}, тогда $b_{ji} = \left(|A|_{ij}^Q\right)^{-1}$ для всех i, j.

Для квадратной матрицы $A = (a_{ij})$ обозначим $IA = A^{-1}$ обратную матрицу, и $HA = (a_{ji}^{-1})$ обратную Адамара. Очевидно, что если IA определена, тогда $I^2A = A$, и если HA определена, тогда $H^2A = A$.

Пусть $A^{-1} = (b_{ij}), b_{ij} = \left(|A|_{ij}^Q\right)^{-1}$. Эта формула может быть записана в следующем виде $HI(A) = (|A|_{ij}^Q)$.

Гомологическое отношение. Отношение двух квазидетерминантов некоторой квадратной матрицы — это отношение двух рациональных функций меньшего порядка Gelfand et al. [2002]. Это вытекает из следующих гомологических отношений:

a) Гомологичаие отношения строк:

$$-|A|_{ij}^Q \cdot |A^{i\ell}|_{sj}^{Q-1} = |A|_{i\ell}^Q \cdot |A^{ij}|_{s\ell}^{Q-1} \qquad \forall s \neq i \qquad (8.11)$$

b) Гомологические отношения столбцов:

$$-|A^{kj}|_{it}^{Q-1} \cdot |A|_{ij}^{Q} = |A^{ij}|_{kt}^{Q-1} \cdot |A|_{kj}^{Q} \qquad \forall r \neq j \qquad (8.12)$$

Наследственность. Пусть $A = \begin{pmatrix} A_{11} & A_{12} \\ A_{21} & A_{22} \end{pmatrix}$ есть разложение $A = (a_{ij}), i, j = 1, \ldots, n$, на блочные матрицы. Пусть A_{11} есть $(k \times k)$-матрица и пусть матрица A_{22} обратима, тогда

$$|A|_{ij}^{Q} = |A_{11} - A_{12}A_{22}^{-1} \cdot A_{21}|_{ij}^{Q} \text{ для } i, j = 1 \ldots, k \qquad (8.13)$$

Другими словами квазидетерминант $|A|_{ij}^{Q}$ матрицы $n \times n$ может быть вычислен в два шага: первый, рассмотреть квазидетерминант $|\tilde{A}|_{11}^{Q} = A_{11} - A_{12} \cdot A_{22}^{-1} \cdot A_{21}$ для (2×2)-матрицы $\tilde{A} = \begin{pmatrix} A_{11} & A_{12} \\ A_{21} & A_{22} \end{pmatrix}$; и второй — рассмотреть соответствующий квазидетерминант $(k \times k)$-матрицы $|\tilde{A}|_{11}^{Q}$.

В общем случае, пусть $A = (a_{ij}), i, j = 1, \ldots, n$ матрица и

$$A = \begin{pmatrix} A_{11} & \ldots & A_{1s} \\ & & \\ A_{s1} & \ldots & A_{ss} \end{pmatrix} \qquad (8.14)$$

ее блочное разложение. Обозначим $\tilde{A} = (A_{ij}), i, j = 1, \ldots, s$, матрицу с элементами A_{ij}. Предположим, что

$$A_{pq} = \begin{pmatrix} a_{k\ell} & \ldots & a_{k,\ell+m} \\ & \ldots & \\ a_{k+m,\ell} & \ldots & a_{k+m,\ell+m} \end{pmatrix}. \qquad (8.15)$$

квадратная матрица и что $|\tilde{A}|_{pq}$ определен, тогда имеет место равенство GELFAND ET AL. [2002]

$$|A|_{k'\ell'}^{Q} = \left||\tilde{A}|_{pq}^{Q}\right|_{k'\ell'}^{Q} \text{ для } k' = k, \ldots, k+m, \; l' = l, \ldots, l+m \qquad (8.16)$$

Пример. Пусть

$$A = \begin{pmatrix} a_{11} & a_{12} & a_{13} & a_{14} \\ a_{21} & a_{22} & a_{23} & a_{24} \\ a_{31} & a_{32} & a_{33} & a_{34} \\ a_{41} & a_{42} & a_{43} & a_{44} \end{pmatrix}.$$

Разложение на блочные матрицы следующее $A_{11} = \begin{pmatrix} a_{11} & a_{12} \\ a_{21} & a_{22} \end{pmatrix}$, $A_{12} = \begin{pmatrix} a_{13} & a_{14} \\ a_{23} & a_{24} \end{pmatrix}$, $A_{21} = \begin{pmatrix} a_{31} & a_{32} \\ a_{41} & a_{42} \end{pmatrix}$, $A_{22} = \begin{pmatrix} a_{33} & a_{34} \\ a_{43} & a_{44} \end{pmatrix}$, тогда $\tilde{A} = \begin{pmatrix} A_{11} & A_{12} \\ A_{21} & A_{22} \end{pmatrix}$,

$$\left. |\tilde{A}| \right|_{12}^Q = A_{12} - A_{11} A_{21}^{-1} A_{22} = \begin{pmatrix} a_{13} - \ldots & a_{14} - \ldots \\ a_{23} - \ldots & a_{24} - \ldots \end{pmatrix} \tag{8.17}$$

и

$$\left. |A| \right|_{13}^Q = \begin{vmatrix} a_{13} - \ldots & a_{14} - \ldots \\ a_{23} - \ldots & a_{24} - \ldots \end{vmatrix}_{13}^Q. \tag{8.18}$$

Квазидетерминант и тензорное произведение Кронекера. Пусть $A = (a_{ij})$, $B = (b_{\alpha\beta})$ матрицы с элементами из кольца R. Обозначим $A \otimes B$ тензорное произведение Кронекера, и элементы матрицы $A \otimes B$ пронумеруем как $(ij, \alpha\beta)$. Если квазидетерминанты $|A|_{ij}^Q$ и $|B|_{\alpha\beta}^Q$ определены, тогда квазидетерминант $|A \otimes B|_{ij,\alpha\beta}^Q$ определен и

$$|A \otimes B|_{ij,\alpha\beta}^Q = |A|_{ij}^Q |B|_{\alpha\beta}^Q. \tag{8.19}$$

Отметим, что в коммутативном случае соответствующее тождество имеет следующий вид: если A есть $(n \times n)$-матрица и B есть $(m \times m)$-матрица над коммутативным кольцом R_{comm}, тогда $\det(A \otimes B) = (\det A)^m (\det B)^n$.

Квазидетерминант и ранг матрицы. Пусть $A = (a_{ij})$ матрица над алгеброй с делением. Если квазидетерминант $|A|_{ij}^Q$ определен, тогда следующие утверждения эквивалентны: **i)** $|A|_{ij} = 0$, **ii)** i-ый ряд матрицы A является левой линейной комбинацией других рядов A; **iii)** j-ый столбец матрицы A является правой линейной комбинацией других столбцов A.

Пример. Пусть $i, j = 1, 2$ и $|A|_{11} = 0$. Это означает, что $a_{11} - a_{12} a_{22}^{-1} a_{21} = 0$. Из этого следует, что $a_{11} = \lambda a_{21}$, где $\lambda = a_{12} a_{22}^{-1}$. Тогда $a_{12} = (a_{12} a_{22}^{-1}) a_{22}$, и первая строка A пропорциональна второй строке.

Определим r-квазиминор квадратной матрицы A как квазидетерминант $(r \times r)$-подматрицы A. Ранг A над кососимметричным полем больше или равен r, когда наименьший из r-квазиминоров матрицы A определен и не равен нулю GELFAND ET AL. [2002].

8.6. Некоммутативные детерминанты

Некоммутативный детерминант и произведение квазиминоров. Пусть $A = (a_{ij})$, $i, j = 1, \ldots, n$ — матрица над алгеброй с делением

R такая, что все ее квадратные подматрицы обратимы. Для любых перестановок $I = (i_1, \ldots, i_n)$, $J = (j_1, \ldots, j_n)$ из $\{1, \ldots, n\}$ определим $A^{i_1 \ldots i_k, j_1 \ldots j_k}$ как подматрицу, которая получена из A удалением рядов с индексами $i_1, \ldots, i_k$ и столбцов с индексами $j_1, \ldots, j_k$. Тогда положим GELFAND ET AL. [2002]

$$D_{I,J}(A) = |A|^Q_{i_1 j_1} |A^{i_1 j_1}|^Q_{i_2 j_2} |A^{i_1 i_2, j_1 j_2}|^Q_{i_3 j_3} \ldots a_{i_n j_n}. \qquad (8.20)$$

В коммутативном случае все $D_{I,J}(A)$ с точностью до знака равны детерминанту A. Если A — квантовая матрица, все $D_{I,J}(A)$ равны с точностью до скаляра детерминанту A. То же самое справедливо для некоторых других, хорошо известных, некоммутативных алгебр. Это дает возможность называть величину $D_{I,J}(A)$ как (I, J)-предетерминант матрицы A. С категорной точки зрения, выражения $D_{I,I'}$, когда $I' = (i_2, i_3, \ldots, i_n, i_1)$ чрезвычайно важны, обозначим $D_I = D_{I,I'}$, тогда существует $n!$ выражений D_I. Удобно ввести основной предетерминант $\Delta = D_{\{12\ldots n\}, \{12 \ldots n\}}$.

Используя гомологические отношения, можно сравнивать различные предетерминанты $D_{I,J}$. Например, если $I = (i_1, i_2, \ldots, i_n)$, $J = (j_1, j_2, \ldots, j_n)$ и $I' = (i_2, i_1, \ldots, i_n)$, $J' = (j_2, j_1, \ldots, j_n)$ этого достаточно для сравнения $|A|^Q_{i_1 j_1} |A^{i_1 j_1}|^Q_{i_2 j_2}$ и $|A|^Q_{i_2 j_2} |A^{i_2 j_2}|^Q_{i_1 j_1}$. Гомологические отношения показывают, что эти выражения являются в определенном смысле "сопряженными"

$$|A|^Q_{i_2 j_2} |A^{i_2 j_2}|^Q_{i_1 j_1}$$
$$= |A^{i_1 j_1}|^Q_{i_2 j_2} \left(|A^{i_2 j_2}|^Q_{i_1 j_2} \right)^{-1} |A|^Q_{i_1 j_1} \left(|A^{i_1 j_1}|^Q_{i_2 j_2} \right)^{-1} |A^{i_2 j_1}|^Q_{i_1 j_2} |A^{i_2 j_2}|^Q_{i_1 j_1}. \qquad (8.21)$$

Пусть R — алгебра с делением, R^* — полугруппа из элементов, обратимых в R и $\pi : R^* \to R^*/[R^*, R^*]$ — естественный гомоморфизм. Группа $R^*/[R^*, R^*]$ является абелевой. К этой группе присоединим нулевой элемент 0 с естественным умножением, и обозначим полученную полугруппу $\tilde{R}$. Для $\mu \in R$ и $\tilde{\mu} = \pi(\mu)$, если $\mu \neq 0$, и $\tilde{\mu} = 0$ если $\mu = 0$.

Детерминантом Дьедонне DIEDONNE [1943], ARTIN [1987], ДЬЕДОННЕ [1974] называется гомоморфизм

$$\det_D : M_n(R) \to \tilde{R}, \qquad (8.22)$$

такой что

i) $\det_D A' = \tilde{\mu} \det_D A$ для любой матрицы A', полученной из $A \in M_n(R)$ умножением одной строки A слева на μ;

С.А. Дуплий, О. И. Котульская

ii) $\det_D A'' = \det_D A$ для любой матрицы A'', которая получена из A прибавлением одной строки к другой;

iii) детерминант единичной матрицы равен 1.

Для детерминанта Дьедонне имеет место выражение через предетерминант в виде GELFAND ET AL. [2002]

$$\det_D A = \pi\left(\Delta\left(A\right)\right),\tag{8.23}$$

где $\pi\left(D_{I,J}\right) = p\left(I\right)p\left(J\right)\Delta$ и $p\left(I\right)$ — четность упорядочивания I.

Детерминант Дьедонне для кватернионов. Пусть $A = (a_{ij})$, $i, j = 1,\ldots,n$ общая кватернионная матрица $a_{ij} \in \mathbb{H}$, тогда детерминант Дьедонне $\det_D$ отображает

$$\det_D : M_n(\mathbb{H}) \to \mathbb{R}_{\geq 0},\tag{8.24}$$

и $|D_{I,J}(A)|$, абсолютное значение $D_{I,J}(A)$, равно $D(A)$ для любых I, J.

Детерминант Мура. Кватернионная матрица $A = (a_{ij})$, $i, j = 1,\ldots,n$ эрмитова, если $a_{ji} = \bar{a}_{ji}$ для всех i, j. Из этого следует, что все диагональные элементы A — действительные числа и, что подматрицы A^{11}, $A^{12,12}, \ldots$ — эрмитовы.

Пусть $A = (a_{ij})$, $i, j = 1,\ldots,n$, матрица с элементами из кольца. Пусть σ - перестановка из $\{1,\ldots,n\}$. Можно записать σ как произведение дизъюнктивных циклов таких, что каждый цикл начинается с наименьшего числа. Так как дизъюнктивные циклы коммутируют, можно записать

$$\sigma = (k_{11}\ldots k_{1j_1})(k_{21}\ldots k_{2j_2})\ldots(k_{m1}\ldots k_{mj_m})\tag{8.25}$$

где для каждого i, имеем $k_{i1} < k_{ij}$ для всех $j > 1$, и $k_{11} > k_{21}\cdots > k_{m1}$, причем это выражение единственно. Пусть $p(\sigma)$ четность σ, тогда детерминант Мура $M(A)$ определяется как MOORE [1922]

$$\det_M A = \sum_{\sigma \in S_n} p(\sigma)a_{k_{11},k_{12}}\ldots a_{k_{1j_1},k_{11}}a_{k_{21},k_{22}}\ldots a_{k_{mj_m},k_{m1}}\tag{8.26}$$

Если A — эрмитова кватернионная матрица, то $\det_M A$ — действительное число. Можно показать, что для эрмитовой кватернионной матрицы A детерминанты $D_{I,I}(A)$ совпадают с точностью до знака.

Если A эрмитова, тогда $\Delta(A)$ -произведение действительных чисел, следовательно $\Delta(A)$ действителен и $\Delta(A) = p(I)p(J)D_{I,J}(A)$, где $p(I)$ — четность I. Пусть A — эрмитова кватернонная матрица, тогда $\Delta(A) = \det_M A$.

Для общей кватернионной матрицы $A = (a_{ij})$, $i, j = 1,\ldots,n$, определена кватернионная норма $\nu(A)$ следующим образом:

i) $\nu(A) = \nu(a)$, если A есть (1×1)-матрица (a);

ii) $\nu(A) = \nu(|A|_{11}^Q)\nu(A^{11})$.

Из этого следует что $\nu(A) \in \mathbb{R}_{\geq 0}$. При этом $\nu(AB) = \nu(A)\nu(B)$ и $\nu(A) = \Delta(A)\Delta(A^*) = \Delta(AA^*)$, а поскольку величина AA^* эрмитова, то

$$\nu(A) = \det_M(AA^*), \qquad (8.27)$$

где $\det_M$ — детерминант Мура. Поскольку норма $\nu(A)$ является полиномиальной функцией элементов a_{ij} и a_{ij}^*, то она определена для всех матриц.

Детерминант Стади. Вложение поля комплексных чисел $\mathbb{C}$ в $\mathbb{H}$ определяется образом мнимой единицы $\mathrm{i} \in \mathbb{C}$. Выберем следующее вложение $x+y\mathrm{i} \mapsto x+y\mathrm{i}+0\mathrm{j}+0\mathrm{k}$, где $x, y \in \mathbb{R}$ и отождествим $\mathbb{C}$ с его образом в $\mathbb{H}$. Тогда любой кватернион a может быть представлен единственным образом как $\mathrm{a} = \alpha + \mathrm{i}\beta$, где $\alpha, \beta \in \mathbb{C}$. Пусть $M(n, F)$ алгебра матриц порядка n над полем F. Определим гомоморфизм $\theta: \mathbb{H} \to M(2,\mathbb{C})$ как

$$\theta(a) = \begin{pmatrix} \alpha & -\bar{\beta} \\ \beta & \bar{\alpha} \end{pmatrix}, \qquad (8.28)$$

который может быть расширен до гомоморфизма алгебры матриц

$$\theta_n: M(n, \mathbb{H}) \to M(2n, \mathbb{C}). \qquad (8.29)$$

Пусть $A = (a_{ij}) \in M(n, \mathbb{H})$, set $\theta_n(A) = (\theta(a_{ij}))$. Определим детерминант $\det_S A$ кватернионной матрицы A порядка n как STUDY [1920]

$$\det_S A = \det \theta_n(A), \qquad (8.30)$$

где $\det$ — стандартный детерминант комплексной матрицы. Для кватернионной матрицы A имеем соотношение между детерминантами Мура и Стади

$$\det_S A = \det_M(AA^*). \qquad (8.31)$$

Квантовый детерминант. Пусть $A = (a_{ij})$, $i, j = 1, \ldots, n$ квантовая матрица над полем F, и $q \in F$ такое, что

$$\begin{aligned} a_{ik}a_{il} &= q^{-1}a_{il}a_{ik} \quad \text{для} \ k < l, \quad a_{ik}a_{jk} = q^{-1}a_{jk}a_{ik} \quad \text{для} \ i < j, \\ a_{il}a_{jk} &= a_{jk}a_{il} \quad \text{для} \ i < j, \quad k < l, \\ a_{ik}a_{jl} - a_{jl}a_{ik} &= (q^{-1} - q)a_{il}a_{jk} \quad \text{для} \ i < j, \quad k < l. \end{aligned}$$

Квантовый детерминант $\det_q A$ по определению равен MANIN [1989]

$$\det_q A = \sum_{\sigma \in S_n} (-q)^{-l(\sigma)} a_{1\sigma(1)} a_{1\sigma(2)} \ldots a_{1\sigma(n)}, \qquad (8.32)$$

где $l(\sigma)$ число инверсий в σ. Если A — квантовая матрица, то любая квадратная подматрица A также является квантовой матрицей с некоторым скаляром q

$$\det_q A = (-q)^{i-j}|A|_{ij} \cdot \det_q A^{ij} = (-q)^{i-j}\det_q A^{ij} \cdot |A|_{ij}. \quad (8.33)$$
$$\det_q A = |A|_{11}|A^{11}|_{22}\ldots a_{nn}, \quad (8.34)$$

и все множители в правой части коммутируют.

Детерминант Капелли. Пусть $X = (x_{ij})$, $i,j = 1,\ldots,n$ с формальными коммутативными элементами и X^T транспонированная матрица. Пусть $D = (\partial_{ij})$, $\partial_{ij} = \partial/\partial_{ij}$, есть матрица дифференциальных операторов, тогда $X^T D = (f_{ij})$, где $f_{ij} = \sum_k x_{ki}\partial/\partial_{kj}$.

Пусть W диагональная матрица, $W = \mathrm{diag}(0,1,2,\ldots,n)$. По определению детерминант Капелли выражения равен ВЕЙЛЬ [1947]

$$\det_C \left(X^T D - W\right)$$
$$= \sum_{\sigma \in S_n}(-1)^{l(\sigma)}f_{\sigma(1)1}(f_{\sigma(2)2} - \delta_{\sigma(2)2}\ldots(f_{\sigma(n)n} - (n-1)\delta_{\sigma(n)n}). \quad (8.35)$$

Положим $Z = X^T D - I_n$, тогда детерминант Капелли может быть представлен как произведение квазидетерминантов

$$|Z|_{11}^Q|Z^{11}|_{22}^Q\ldots z_{nn} = \det X \det D, \quad (8.36)$$

где все множители в левой части коммутируют.

Березиниан. Пусть $p(k)$ четность числа k, т.е. $p(k) = 0$ если k — четное и $p(k) = 1$ если k — нечетное. Коммутативное суперкольцо над R^0 - это кольцо $R = R^0 \oplus R^1$, такое что

i) $a_i a_j \in R^{p(i+j)}$ для любого $a_m \in R^m$, $m = 0,1$,

ii) $ab = ba$ для любого $a \in R^0$, $b \in R$, и $cd = -dc$ для любого $c,d \in R^1$.

Пусть $A = \begin{pmatrix} X & Y \\ Z & T \end{pmatrix}$ есть $(m+n) \times (m+n)$-блок-матрица над суперкольцом $R = R^0 \oplus R^1$, и X есть $(m \times m)$-матрица над R^0, T $(n \times n)$-матрица над R^0, и Y, Z — матрицы над R^1. Если T обратимая матрица, тогда $X - YT^{-1}Z$ тоже обратимая матрица над коммутативным кольцом R^0. Супердетерминант (или березиниан A ЛЕЙТЕС [1975]) определяется следующей формулой БЕРЕЗИН AND ЛЕЙТЕС [1975], ПАХОМОВ [1974]

$$\mathrm{Ber}\, A = \det(X - YT^{-1}Z) \cdot \det T^{-1}, \quad (8.37)$$

и это выражение принадлежит R^0.

Пусть R^0 поле. $J_k = \{1, 2, \ldots, k\}$, $k \leq m + n$ и $A^k = A^{J_k, J_k}$. Тогда Ber A может быть представлен GELFAND ET AL. [2002] как произведение элементов из R^0

$$\text{Ber} A = |A|_{11}^Q \cdot |A^{(1)}|_{22}^Q \cdots |A^{(m-1)}|_{mm}^Q$$
$$\cdot \left(|A^{(m)}|_{m+1,m+1}^Q\right)^{-1} \cdots \left(|A^{(m+n-1)}|_{m+n,m+n}^Q\right)^{-1}. \quad (8.38)$$

Детерминант Картьер-Фоата. Пусть $A = (a_{ij})$, $i, j = 1, \ldots, n$ матрица такая, что элементы a_{ij} и a_{kl} коммутируют, когда $i \neq k$, тогда детерминант Картьер-Фоата определяется как CARTIER AND FOATA [1969]

$$\det{}_{CF} A = \sum_{\sigma \in S_n} (-1)^{l(\sigma} a_{1\sigma(1)} a_{2\sigma(2)} \ldots a_{n\sigma(n)}, \quad (8.39)$$

причем порядок множителей в одночлене $a_{1\sigma(1)} a_{2\sigma(2)} \ldots a_{n\sigma(n)}$ не имеет значения. Пусть $A = (a_{ij})$, $i, j = 1, \ldots, n$ матрица такая, что a_{ij} и a_{kl} коммутируют при $i \neq k$, тогда

$$|A|_{pq}^Q = (-1)^{p+q} \det{}_{CF}(A^{pq})^{-1} \cdot \det{}_{CF} A, \quad (8.40)$$

если все выражения в этой формуле определены.

8.7. Квазидетерминанты необратимых матриц

Определим квазидетерминант для необратимых матриц. Если матрица A необратима, то матрица A^+, удовлетворяющая равенствам

$$AA^+A = A, \quad A^+AA^+ = A^+ \quad (8.41)$$

называется обобщенной обратной для матрицы A HARTWIG [1976], BEN-ISRAEL AND GREVILLE [1974], HAWKINS ET AL. [1973], TIAN [1998]. В обратимом случае $A^+ = A^{-1}$.

Если все квазидетерминанты $\left|A^{ij}\right|_{pq}^Q$ для $p \in I \setminus \{i\}$, $q \in J \setminus \{j\}$ определены и имеют обощенные обратные $\left|A^{ij}\right|_{pq}^{Q+}$, определяемые соотношениями (здесь нет суммирования)

$$\left|A^{ij}\right|_{pq}^{Q+} = \left|A^{ij}\right|_{pq}^{Q+} \left|A^{ij}\right|_{pq}^{Q} \left|A^{ij}\right|_{pq}^{Q+}, \quad (8.42)$$

$$\left|A^{ij}\right|_{pq}^{Q} = \left|A^{ij}\right|_{pq}^{Q} \left|A^{ij}\right|_{pq}^{Q+} \left|A^{ij}\right|_{pq}^{Q}, \quad (8.43)$$

то обобщенный квазидетерминант можно определить формулой

$$|A|_{ij}^{Q} = a_{ij} - \sum_{p,q} a_{iq} \left|A^{ij}\right|_{pq}^{Q+} a_{pj} \tag{8.44}$$

Таким образом определенный квазидетерминант обладает следующими свойствами. Пусть $A = (a_{ij})$ квадратная матрица и пусть матрица $B = (b_{ij})$ получена из матрицы A умножением i-ого ряда на скаляр λ слева, т.е. $b_{ij} = \lambda a_{ij}$ и $b_{kj} = a_{kj}$ если $k \neq i$. Тогда

$$|B|_{kj} = \lambda |A|_{ij}, \text{ если } k = i. \tag{8.45}$$

Пусть матрица $D = (d_{ij})$ получена из матрицы A умножением j-ого столбца на скаляр μ справа, т.е. $d_{ij} = a_{ij}\mu$ и $d_{il} = a_{il}$ для всех i и $l \neq i$. Тогда

$$|D|_{i\ell} = |A|_{ij}\mu, \text{ если } \ell = j. \tag{8.46}$$

Пусть λ^{+} есть обощенная обратная для λ, т.е.

$$\lambda^{+} = \lambda^{+}\lambda\lambda^{+}, \quad \lambda = \lambda\lambda^{+}\lambda. \tag{8.47}$$

Тогда матрица $C = (C_{ij})$ получена из матрицы A умножением i-ого ряда на скаляр $\lambda^{+}\lambda$, т.е. $c_{ij} = \lambda^{+}\lambda a_{ij}$ и $c_{nj} = a_{nj}$, если $n \neq i$, то

$$|C|_{nj} = \begin{cases} \lambda^{+}\lambda |A|_{ij} & \text{если } n = i, \\ |B|_{nj} & \text{если } n \neq i. \end{cases} \tag{8.48}$$

Если домножить левую и правую часть равенства слева на λ, то из соотношений (8.47) получим $\lambda |C|_{ij} = \lambda |A|_{ij}$ (здесь нет сокращения).

Пусть матрица $F = (f_{ij})$ получена из матрицы A умножением j-ого столбца на скаляр $\mu\mu^{+}$ справа (μ^{+} есть обобщенное обратное для μ), т.е. $d_{ij} = a_{ij}\mu\mu^{+}$ и $d_{ir} = a_{ir}$ для всех i и $r \neq j$. Тогда

$$|F|_{ir} = \begin{cases} |A|_{ij}\mu\mu^{+} & \text{если } r = j \\ |D|_{ir} & \text{если } r \neq j. \end{cases} \tag{8.49}$$

Если домножить левую и правую часть равенства справа на μ получим $|F|_{ij}\mu = |A|_{ij}\mu$ при $r = j$ (нет сокращения).

Полученные результаты могут быть использованы при построении суперсимметричных и некоммутативных теорий поля, и новых моделей элементарных частиц.

Глава 9

Суперматричные модели и необратимость
С.А. Дуплий, О.И. Котульская

9.1.   Введение

Хорошо известно, что теория матричных моделей связана с теорией эффективных действий GERASIMOV ET AL. [1991], MOROZOV [1991], а также со следующими разделами теории струн: конформные модели, теория Янга-Милса в любом измерении (сформулированная в терминах петлевых уравнений) и теория $N = 2$ суперсимметрии. По аналогии с теорией Янга-Милса сюда же можно отнести и эйнштейновскую гравитацию, однако ее связь с матричными моделями еще недостаточно выяснена. Конформная модель и $N = 2$ суперсимметрия служат источниками концепции "топологических моделей" WITTEN [1988, 1990, 1991].

9.2.   Теория матричных моделей

Применение матрично-модельного метода DI FRANCESCO ET AL. [1995] обычно предполагает два этапа: формулировку и изучение "дискретной" модели и взятие "непрерывного предела", результатом чего является "непрерывная матричная модель", которая иногда снова может быть представлена в форме матричного интеграла.

Непрерывные модели, исходно возникающие из описания произвольно равносторонних триангуляций простейших струнных моделей, в конечном итоге совпадают с простейшими моделями топологической гравитации: оба (класса) теорий идентичны WITTEN [1990, 1991], КОНЦЕВИЧ [1991], MARSHAKOV ET AL. [1992].

В случае струнных моделей, основанных на минимальных конформных теориях с < 1 (только для $q = 1$ в (p, q)-серии), действительно построены и в какой-то мере изучены как непрерывные модели. Конформные модели с $c \geqslant 1$, пригодные для описания калибровочных теорий в

Глава 9. СУПЕРМАТРИЧНЫЕ МОДЕЛИ И НЕОБРАТИМОСТЬ
С.А. Дуплий, О.И. Котульская

пространственно-временном измерении $d \geqslant 2$, должны дать начало дискретным матричным моделям с "нефакторизуемым" интегрированием по "угловым" переменным. Простейшим решаемым примером которых служит модель Казакова-Мигдала KAZAKOV AND MIGDAL [1993].

Изучение матричных моделей имеет троякую цель. Прежде всего — это поиск непертурбативных (точных) результатов для физических амплитуд в данной модели. Столь же важно понять математическую структуру матричных моделей — и это требует разработки таких направлений, как общая теория интегрируемых иерархий, геометрическое квантование и т.д. Не менее важно для целей теории струн использование результатов изучения матричных моделей для объединения априорно разных моделей.

Наиболее изученный раздел области матричных моделей связан с двумерными струнными моделями. Примером матричной модели служит одноматричный интеграл

$$z_N\{t\} = C_N \int_{N \times N} dH \exp(\sum_{k=0}^{\infty} t_k Tr H^k), \qquad (9.1)$$

где интегрирование производится по $N \times N$ –эрмитовым матрицам H, а $dH = \prod_{i,j} dH_{ij}$. Исходя из этого, дальше можно действовать в трех направлениях.

Первое состоит в рассмотрении инвариантной формулировки свойств функционала $z_N\{t\}$. Он удовлетворяет бесконечному множеству дифференциальных уравнений, которое известно под именем "дискретных условий (связей) Вирасоро". Функционал $z_N\{t\}$ можно представить как коррелятор экранирующих операторов во вспомогательной конформной модели, а условия Вирасоро естественно связаны с алгеброй Вирасоро в этой конформной модели. Как следствие $z_N\{t\}$ является τ-функцией интегрируемой иерархии "цепочки Тоды". Следующий шаг – взять непрерывный предел иерархии цепочки Тоды GERASIMOV ET AL. [1991], MAKEENKO ET AL. [1991].

Другое направление, ведущее от дискретной одноматричной модели, состоит в том, чтобы идентично переписать ее в форме модели Концевича KHARCHEV ET AL. [1993], на этот раз с $V(X) = X^2$ и дополнительным фактором $(\det X)^N$ под интегралом в $F_{V,n}\{L\}$. Тогда двойной скейлинговый предел можно изучать в терминах модели Концевича.

Третий путь ведет к мультиматричным моделям. В непрерывном варианте они должны давать τ-функции редуцированных КР-иерархий. Матричные модели для таких τ-функцией — это модели Концевича с $V(X) \sim X^{p+1}$ DIJKGRAAF [1992], KONTSEVICH [1992]. На дискретном уровне мультиматричные модели служат частными примерами картановских моделей со скалярным произведением и за исключением одноматричного ($p = 2$) и двухматричного ($p = 3$) случаев практически никак не выделены среди моделей такого типа. Это находит отражение в отсутствии каких-либо разумных тождеств Уорда и интегрируемых структур для этих моделей.

К числу главных нерешенных проблем во всей этой области относится описание общих (p, q)-моделей KHARCHEV AND MARSHAKOV [1995]. Формально обобщенная модель Концевича дает такое описание, однако на самом деле статистическая сумма (τ-функция) становится сингулярной при приближении к точке "фазового перехода", где изменяется q, и модель Концевича с $V(X) =$(полином степени $p + 1$) дает удовлетворительное описание только $(p, 1)$-моделей. Интеграл Концевича описывает преобразование дуальности между (p, q)- и (q, p)-моделями: $(p, q) > (q, p)$, но ни одну из этих моделей порознь. Единственным исключением служат $(p, 1)$-модели, поскольку они связаны указанным преобразованием с $(1, p)$-моделями, которые вполне тривиальны KHARCHEV AND MARSHAKOV [1993].

9.3. Метод ортогональных полиномов

Перепишем статистический интеграл в следующей форме GINSPARG [1991]

$$e^z = \int dM e^{-trV(M)} = \int \prod_{i=1}^{N} d\lambda_i \Delta^2(\lambda) e^{-\sum_i V(\lambda_i)}, \qquad (9.2)$$

где $V(M)$— полиномиальный потенциал, λ_i— N собственных значений эрмитовой матрицы M, а детерминант Вандермонда $\Delta(\lambda) = \prod_{i<j}(\lambda_i - \lambda_j)$.

Этот переход можно осуществить, используя метод Фаддеева-Попова: пусть U_0 — унитарная матрица, такая что $M = U_0^+ \Lambda U_0$, где Λ — диагональная матрица, элементами которой являются собственные числа λ_i. Тогда, подставив $1 = \int dU \delta(UMU^+ - \Lambda)\Delta^2(\lambda)$, где $\int dU \equiv 1$ в равенство (9.2), и, сделав ряд преобразований, мы получаем правую часть данного соотношения (9.2).

Теперь рассмотрим стандартный метод для вычисления полученного интеграла методом ортогональных полиномов GINSPARG [1991]. Полиномы называются ортогональными с соответствующей мерой, если выполняется следующее равенство

$$\int_{-\infty}^{\infty} d\lambda e^{-V(\lambda)} P_n(\lambda) P_m(\lambda) = h_n \delta_{nm}, \qquad (9.3)$$

где $P_n(\lambda)$ — многочлен степени n. Тогда справедливо следующее соотношение

$$\Delta(\lambda) = \det \lambda_i^{j-1} = \det P_{j-1}(\lambda_i). \qquad (9.4)$$

Подставим его в первоначальную формулу (9.2), тогда интеграл раскладывается на множители. Из-за ортогональности полиномов остаются только члены, содержащие произведение многочленов одинаковой степени, которых $N!$ штук. В результате преобразований интеграл преобретает вид

$$e^z = N! \prod_{i=0}^{N-1} h_i = N! h_0^N \prod_{k=1}^{N-1} f_k^{N-k}, \quad f_k = \frac{h_k}{h_{k-1}}. \qquad (9.5)$$

При переходе к пределу для больших N отношение $\frac{k}{N}$ становится непрерывной переменной, изменяющейся в интервале от 0 до 1, а $\frac{f_k}{N}$ — непрерывной функцией. При переходе к пределу $N \to \infty$, статистический интеграл сводится к одномерному интегралу

$$\frac{1}{N^2} z = \frac{1}{N} \sum_k (1 - \frac{k}{N}) \ln f_k \sim \int_0^1 d\xi (1 - \xi) \ln f(\xi). \qquad (9.6)$$

Определим $f(\xi)$ более строго, запишем $\lambda P_n(\lambda) = \sum_{i=0}^{n+1} a_i P_i(\lambda)$, где

$$a_i = h_i^{-1} \int d\lambda e^{-V(\lambda)} \lambda P_n(\lambda) P_i(\lambda)$$

из (9.3).

Для четного потенциала получаем, что $\int d\lambda e^{-V(\lambda)} \lambda P_n(\lambda) P_n(\lambda) = 0$, так как $e^{-V(\lambda)} \lambda P_n(\lambda) P_n(\lambda)$— нечетная функция, поэтому $a_n = 0$. Также получаем, что $\int d\lambda e^{-V(\lambda)} \lambda P_n(\lambda) P_i(\lambda) = 0$ для любого $i < n - 1$. Выражение для $\lambda P_n(\lambda)$ упрощается

$$\lambda P_n(\lambda) = P_{n+1}(\lambda) + r_n P_{n-1}(\lambda), \qquad (9.7)$$

для некоторого скалярного коэффициента r_n. Далее, воспользовавшись (9.7), можем записать

$$h_n = \int d\lambda e^{-V(\lambda)} \lambda P_{n-1}(\lambda) P_n(\lambda) = \int d\lambda e^{-V(\lambda)} \lambda P_n(\lambda) P_{n-1}(\lambda) = r_n h_{n-1},$$

следовательно $r_n = f_n$. Продифференцировав (9.7), мы получаем:

$$\lambda P_n'(\lambda) = P_{n+1}'(\lambda) - P_n(\lambda) + r_n P_{n-1}'(\lambda).$$

Используя $P'_{n+1}(\lambda) = (n+1)P_n(\lambda) + \sum_{i=0}^{n-1} a_i P_i(\lambda)$, запишем:

$$nh_n = \int d\lambda e^{-V(\lambda)} \lambda P'_n(\lambda) P_n(\lambda) = \int d\lambda e^{-V(\lambda)} P'_n(\lambda) r_n P_{n-1}(\lambda).$$

После интегрирования по частям получим

$$nh_n = r_n \int d\lambda e^{-V(\lambda)} V'(\lambda) P_n(\lambda) P_{n-1}(\lambda),$$

ключевое соотношение для вычисления r_n.

Для нечетного потенциала Caren Marzban $a_n \neq 0$, в результате рассуждений, аналогичных рассуждениям для четного потенциала получаем

$$\lambda P_n(\lambda) = P_{n+1}(\lambda) + a_n P_n(\lambda) + r_n P_{n-1}(\lambda), \tag{9.8}$$

$$nh_n = r_n \int d\lambda e^{-V(\lambda)} V'(\lambda) P_n(\lambda) P_{n-1}(\lambda), \tag{9.9}$$

$$0 = \int d\lambda e^{-V(\lambda)} V'(\lambda) P_n(\lambda) P_n(\lambda). \tag{9.10}$$

9.4. Типы суперматричных моделей

Рассмотрим следующую простую суперматричную модель ALVAREZ-GAUME AND MANES [1991]

$$z(N|M) \equiv \int D\Phi \exp(-V(\Phi)), \tag{9.11}$$

где $z(N|M)$ - функциональный интеграл матричной модели (функция распределения), Φ - блочная суперматрица вида:

$$\Phi = \begin{pmatrix} A & \Psi \\ \bar{\Psi} & \Omega \end{pmatrix},$$
$$\Phi_{ij} = A_{ij}, i,j = 1,\ldots,N,$$
$$\Phi_{\alpha\beta} = \Omega_{\alpha\beta}, \alpha,\beta = N+1,\ldots,N+M,$$
$$\Phi_{i\alpha} = \Psi_i^\alpha, \Phi_{\alpha i} = \bar{\Psi}_i^\alpha,$$

A и Ω – эрмитовы бозонные матрицы, Ψ – фермионная, $V(\Phi)$ – кубический потенциал:

$$V(\Phi) = \mathrm{Str}\,\Phi^2 - g\,\mathrm{Str}\,\Phi^3 \tag{9.12}$$

Str – суперслед:

$$\mathrm{Str}\,\Phi = \sum_{i=1}^{N} \Phi_{ii} - \sum_{\alpha=N+1}^{N+M} \Phi_{\alpha\alpha}.$$

Глава 9. Суперматричные модели и необратимость
С.А. Дуплий, О.И. Котульская

Выделим наиболее элементарный случай — чисто бозонная суперматрица $N = 1$, $M = 0$ вида $\Phi = \lambda$. В результате интегрирования функция $z(1|0)$ приобретает вид

$$
z(1|0) = \int\limits_{-\infty}^{+\infty} e^{g\lambda^3 - \lambda^2} d\lambda = \int\limits_{-\infty}^{+\infty} e^{-\lambda^2}(1 + \sum_{p=1}^{\infty} \frac{g^p \lambda^{3p}}{p!}) d\lambda
$$

$$
= \sqrt{\pi} + \sum_{p=1}^{\infty} \frac{g^{2p}(6p-1)!!}{2^{3p}(2p)!} \sqrt{\pi}. \tag{9.13}
$$

Для суперматрицы размерности $N = M = 1$ модель может быть вычислена непосредственно. Выделим три подслучая: модель для полной, треугольной и антитреугольной суперматриц. При этом антитреугольные суперматрицы являются необратимыми, их подмножества образуют различные полугруппы, свойства которых рассмотрены в Duplij [2003], Дуплий and Котульская [2002].

В случае полной суперматрицы

$$
\Phi = \begin{pmatrix} \lambda & \psi \\ \psi' & \omega \end{pmatrix}
$$

функция $z(1|1)$ преобретает вид

$$
z(1|1) = 2\pi i(1 + \sum_{p=1}^{\infty} g^{4p} A_p(\Gamma(6p+1) - 6p\Gamma(6p))) = 2\pi i,
$$

$$
\text{где} \quad A_p = \frac{3^{3p}}{4^{4p}} \frac{1}{p!(3p)!}.
$$

В случае антитреугольной суперматрицы имеется два варианта:

1) Для $\Phi_1 = \begin{pmatrix} \lambda & \psi \\ \psi' & 0 \end{pmatrix}$, имеем

$$
z(1|1) = 2\sqrt{\pi} + \sum_{p=1}^{\infty} \frac{g^{2p}}{(2p)!}(2\Gamma(3p+1/2) - 3\frac{g^2}{2p+1}\Gamma(3p+2)).
$$

2) Для $\Phi_2 = \begin{pmatrix} 0 & \psi \\ \psi' & \omega \end{pmatrix}$ имеем

$$
z(1|1) = i(2\sqrt{\pi} + \sum_{p=1}^{\infty} \frac{g^{2p}(-1)^p}{(2p)!}(2\Gamma(3p+1/2) + 3\frac{g^2}{2p+1}\Gamma(3p+2))).
$$

Можно заметить, что эти два случая могут быть представлены в едином виде

$$z(1|1) = \sqrt{k}(2\sqrt{\pi} + \sum_{p=1}^{\infty} \frac{g^{2p}(k)^p}{(2p)!}(2\Gamma(3p+1/2) + 3k\frac{g^2}{2p+1}\Gamma(3p+2))),$$

где $k = \pm 1$.

В случае треугольной суперматрицы

$$\Phi = \begin{pmatrix} \lambda & \psi \\ 0 & \omega \end{pmatrix},$$

получаем $z(1|1) = \int d\lambda d\omega d\psi \exp(-\lambda^2 + \omega^2 + g(\lambda^3 - \omega^3)).$

Поскольку $\int d\psi = 0$, то функция распределения равна нулю $z = 0$.

Для суперматриц размерности $N = 1, M = 2$ и $N = 2, M = 1$ вычислены подслучаи для треугольных суперматриц и антитреугольных, образующих полугруппу. Непосредственное вычисление случая полной суперматрицы приводит к громоздким вычислениям.

Рассмотрим следующую антитреугольную суперматрицу размерности $N = 1, M = 2$

$$\Phi = \begin{pmatrix} \lambda & \psi & \gamma \\ \psi' & 0 & 0 \\ \gamma' & 0 & 0 \end{pmatrix}.$$

Такие суперматрицы образуют полугруппу при условии, что

$$\psi'\psi = 0,$$
$$\gamma'\gamma = 0,$$
$$\gamma'\psi = 0,$$
$$\psi'\gamma = 0.$$

Теперь рассмотрим антитреугольную суперматрицу размерности $N = 2, M = 1$

$$\Phi = \begin{pmatrix} \lambda & a & \psi \\ b & c & \gamma \\ \psi' & \gamma' & 0 \end{pmatrix}.$$

Эти суперматрицы образуют полугруппу при условии, что

$$\psi'\psi + \gamma'\gamma = 0,$$
$$\lambda\psi'\psi + c\gamma'\gamma + a\psi'\gamma + b\gamma'\psi = 0.$$

И в том, и в другом случае, если выполняются эти условия, подынтегральное выражение не будет зависеть от $\psi, \psi', \gamma, \gamma'$. Следовательно,

$$z(1|2) = 0,$$
$$z(2|1) = 0.$$

Если антитреугольные суперматрицы вида $\Phi = \begin{pmatrix} \lambda & \psi & \gamma \\ \psi' & 0 & 0 \\ \gamma' & 0 & 0 \end{pmatrix}$ не образуют полугруппу, то функциональный интеграл имеет вид

$$z(1|2) = \sqrt{\pi}(4 + \frac{9}{2}g^2 + \sum_{p=1}^{\infty} \frac{g^{2p}(6p-1)!!}{(2p)!2^{3p-1}}$$

$$- 24\sum_{p=1}^{\infty} \frac{g^{2(p+1)}(6p+3)!!}{(2p+1)!2^{3p+1}} + 18\sum_{p=1}^{\infty} \frac{g^{2(p+1)}(6p+1)!!}{(2p)!2^{3p+2}}). \qquad (9.14)$$

Для случаев треугольной суперматрицы $N = 1, M = 2$ имеем

$$\Phi = \begin{pmatrix} \lambda & \psi & \gamma \\ 0 & \omega & a \\ 0 & b & c \end{pmatrix}$$

и $N = 2, M = 1$

$$\Phi = \begin{pmatrix} \lambda & a & \psi \\ b & c & \gamma \\ 0 & 0 & \omega \end{pmatrix}$$

подынтегральное выражение также не зависит от $\psi, \psi', \gamma, \gamma'$, тогда

$$z(1|2) = 0,$$
$$z(2|1) = 0.$$

Можно сформулировать общее утверждение: суперматричная модель (функция распределения) для произвольной треугольной суперматрицы и для антитреугольных, образующих полугруппу, равна 0.

Проверим данное утверждение для произвольной суперматрицы размерности $N = n, M = m$

$$\Phi = \begin{pmatrix} a_{11} & a_{12} & \ldots & a_{1n} & \psi_{11} & \psi_{12} & \ldots & \psi_{1m} \\ a_{21} & a_{22} & \ldots & a_{2n} & \psi_{21} & \psi_{22} & \ldots & \psi_{2m} \\ \ldots & \ldots & \ldots & \ldots & \ldots & \ldots & \ldots & \ldots \\ a_{n1} & a_{n2} & \ldots & a_{nn} & \psi_{n1} & \psi_{n2} & \ldots & \psi_{nm} \\ \bar{\psi}_{11} & \bar{\psi}_{12} & \ldots & \bar{\psi}_{1n} & b_{11} & b_{12} & \ldots & b_{1m} \\ \bar{\psi}_{21} & \bar{\psi}_{22} & \ldots & \bar{\psi}_{2n} & b_{21} & b_{22} & \ldots & b_{2m} \\ \ldots & \ldots & \ldots & \ldots & \ldots & \ldots & \ldots & \ldots \\ \bar{\psi}_{m1} & \bar{\psi}_{m2} & \ldots & \bar{\psi}_{mn} & b_{m1} & b_{m2} & \ldots & b_{mm} \end{pmatrix} = \begin{pmatrix} A & \Psi \\ \bar{\Psi} & B \end{pmatrix}.$$

Для треугольной суперматрицы, т.е. когда блоки $\Psi \cup \bar{\Psi} = 0$, покажем что потенциал (9.12) не будет зависеть от $\psi_{11}, \ldots, \psi_{nm}, \bar{\psi}_{11}, \ldots, \bar{\psi}_{mn}$. Например $\Psi = 0$, тогда

$$\operatorname{Str}\Phi^2 = (a_{11}^2 + \ldots + a_{1n}a_{n1}) + \ldots + (a_{n1}a_{1n} + \ldots + a_{nn}^2)$$
$$-(b_{11}^2 + \ldots + b_{1m}b_{m1}) - (b_{m1}b_{1m} + \ldots + b_{mm}^2),$$
$$\operatorname{Str}\Phi^3 = (a_{11}^2 + \ldots + a_{1n}a_{n1})a_{11} + \ldots + (a_{11}a_{1n} + \ldots + a_{1n}a_{nn})a_{n1} + \ldots$$
$$+(a_{n1}a_{11} + \ldots + a_{nn}a_{n1})a_{11} + \ldots + (a_{n1}a_{1n} + \ldots + a_{nn}^2)a_{nn} -$$
$$-(b_{11}^2 + \ldots + b_{1m}b_{m1})b_{11} - \ldots - (b_{11}b_{1m} + \ldots + b_{1m}b_{mm})b_{m1} - \ldots$$
$$-(b_{m1}b_{11} + \ldots + b_{mm}b_{m1})b_{11} - \ldots - (b_{m1}b_{1m} + \ldots + b_{mm}^2)b_{mm}.$$

Очевидно что функция распределения будет равна 0.

Проверим утверждение для антитреугольных суперматриц, образующих полугруппу, т.е. $A \cup B = 0$. Например $B = 0$, такие суперматрицы будут образовывать полугруппу при следующих условиях

$$\bar{\psi}_{11}\psi_{11} + \bar{\psi}_{12}\psi_{21} + \ldots + \bar{\psi}_{1n}\psi_{n1} = 0, \tag{9.15}$$
$$\bar{\psi}_{11}\psi_{12} + \bar{\psi}_{12}\psi_{22} + \ldots + \bar{\psi}_{1n}\psi_{n2} = 0,$$
$$\ldots \ldots \ldots \ldots \ldots \ldots \ldots \ldots \ldots \ldots \ldots \ldots,$$
$$\bar{\psi}_{11}\psi_{1m} + \bar{\psi}_{12}\psi_{2m} + \ldots + \bar{\psi}_{1n}\psi_{nm} = 0,$$
$$\ldots \ldots \ldots \ldots \ldots \ldots \ldots \ldots \ldots \ldots \ldots \ldots,$$
$$\bar{\psi}_{m1}\psi_{11} + \bar{\psi}_{m2}\psi_{21} + \ldots + \bar{\psi}_{mn}\psi_{n1} = 0,$$
$$\bar{\psi}_{m1}\psi_{12} + \bar{\psi}_{m2}\psi_{22} + \ldots + \bar{\psi}_{mn}\psi_{n2} = 0,$$
$$\ldots \ldots \ldots \ldots \ldots \ldots \ldots \ldots \ldots \ldots \ldots \ldots,$$
$$\bar{\psi}_{m1}\psi_{1m} + \bar{\psi}_{m2}\psi_{2m} + \ldots + \bar{\psi}_{mn}\psi_{nm} = 0, \tag{9.16}$$

$$(a_{11}\bar{\psi}_{11} + \ldots + a_{n1}\bar{\psi}_{1n})\psi_{11} + \ldots + (a_{1n}\bar{\psi}_{11} + \ldots + a_{nn}\bar{\psi}_{1n})\psi_{n1} = 0,$$
$$(9.17)$$

$$(a_{11}\bar{\psi}_{11} + \ldots + a_{n1}\bar{\psi}_{1n})\psi_{12} + \ldots + (a_{1n}\bar{\psi}_{11} + \ldots + a_{nn}\bar{\psi}_{1n})\psi_{n2} = 0,$$
$$\ldots\ldots\ldots\ldots\ldots\ldots\ldots\ldots\ldots\ldots\ldots,$$
$$(a_{11}\bar{\psi}_{11} + \ldots + a_{n1}\bar{\psi}_{1n})\psi_{1m} + \ldots + (a_{1n}\bar{\psi}_{11} + \ldots + a_{nn}\bar{\psi}_{1n})\psi_{nm} = 0,$$
$$\ldots\ldots\ldots\ldots\ldots\ldots\ldots\ldots\ldots\ldots\ldots,$$
$$(a_{11}\bar{\psi}_{m1} + \ldots + a_{n1}\bar{\psi}_{mn})\psi_{11} + \ldots + (a_{1n}\bar{\psi}_{m1} + \ldots + a_{nn}\bar{\psi}_{mn})\psi_{n1} = 0,$$
$$(a_{11}\bar{\psi}_{m1} + \ldots + a_{n1}\bar{\psi}_{mn})\psi_{12} + \ldots + (a_{1n}\bar{\psi}_{m1} + \ldots + a_{nn}\bar{\psi}_{mn})\psi_{n2} = 0,$$
$$\ldots\ldots\ldots\ldots\ldots\ldots\ldots\ldots\ldots\ldots\ldots,$$
$$(a_{11}\bar{\psi}_{m1} + \ldots + a_{n1}\bar{\psi}_{mn})\psi_{1m} + \ldots + (a_{1n}\bar{\psi}_{m1} + \ldots + a_{nn}\bar{\psi}_{mn})\psi_{nm} = 0.$$
$$(9.18)$$

Покажем, что потенциал не будет зависеть от $\psi_{11}, \ldots, \psi_{nm}, \bar{\psi}_{11}, \ldots, \bar{\psi}_{mn}$. Вычислим $\operatorname{Str}\Phi^2$ и $\operatorname{Str}\Phi^3$.

$$\operatorname{Str}\Phi^2 = a_{11}^2 + a_{12}a_{21} + \ldots + a_{1n}a_{n1} + \psi_{11}\bar{\psi}_{11} + \psi_{12}\bar{\psi}_{21} + \ldots + \psi_{1m}\bar{\psi}_{m1}$$
$$+a_{21}a_{12} + a_{22}^2 + \ldots + a_{2n}a_{n2} + \psi_{21}\bar{\psi}_{12} + \psi_{22}\bar{\psi}_{22} + \ldots + \psi_{2m}\bar{\psi}_{m2}$$
$$+\ldots\ldots\ldots\ldots\ldots\ldots\ldots\ldots\ldots\ldots\ldots\ldots\ldots\ldots +$$
$$+a_{n1}a_{1n} + a_{n2}a_{2n} + \ldots + a_{nn}^2 + \psi_{n1}\bar{\psi}_{1n} + \psi_{n2}\bar{\psi}_{2n} + \ldots + \psi_{nm}\bar{\psi}_{mn},$$

$$\operatorname{Str}\Phi^3 = (a_{11}^2 + \ldots + a_{1n}a_{n1} + \psi_{11}\bar{\psi}_{11} + \ldots + \psi_{1m}\bar{\psi}_{m1})a_{11} + \ldots$$
$$+(a_{11}a_{1n} + \ldots + a_{1n}a_{nn} + \psi_{11}\bar{\psi}_{1n} + \ldots + \psi_{1m}\bar{\psi}_{mn})a_{n1} +$$
$$+(a_{11}\psi_{11} + \ldots + a_{1n}\psi_{n1})\bar{\psi}_{11} + \ldots + (a_{11}\psi_{1m} + \ldots + a_{1n}\psi_{nm})\bar{\psi}_{m1}$$
$$+\ldots\ldots\ldots\ldots\ldots\ldots\ldots\ldots\ldots\ldots\ldots\ldots\ldots\ldots +$$
$$+(a_{n1}a_{11} + \ldots + a_{nn}a_{n1} + \psi_{n1}\bar{\psi}_{11} + \ldots + \psi_{nm}\bar{\psi}_{m1})a_{1n} + \ldots$$
$$+(a_{n1}a_{1n} + \ldots + a_{nn}^2 + \psi_{n1}\bar{\psi}_{1n} + \ldots + \psi_{nm}\bar{\psi}_{mn})a_{nn}$$
$$+(a_{n1}\psi_{11} + \ldots + a_{nn}\psi_{n1})\bar{\psi}_{1n} + \ldots + (a_{n1}\psi_{1m} + \ldots + a_{nn}\psi_{nm})\bar{\psi}_{mn}.$$

Перепишем $\operatorname{Str}\Phi^2$ в другом виде, выделив определенные группы слагаемых

$$\operatorname{Str}\Phi^2 = a_{11}^2 + a_{12}a_{21} + \ldots + a_{1n}a_{n1} + a_{21}a_{12} + a_{22}^2 + \ldots + a_{2n}a_{n2} + \ldots$$
$$+a_{n1}a_{1n} + a_{n2}a_{2n} + \ldots + a_{nn}^2 - (\bar{\psi}_{11}\psi_{11} + \bar{\psi}_{12}\psi_{21} + \ldots + \bar{\psi}_{1n}\psi_{n1})$$
$$-(\bar{\psi}_{21}\psi_{12} + \bar{\psi}_{22}\psi_{22} + \ldots + \bar{\psi}_{2n}\psi_{n2}) - \ldots$$
$$-(\bar{\psi}_{m1}\psi_{1m} + \bar{\psi}_{m2}\psi_{2m} + \ldots + \bar{\psi}_{mn}\psi_{nm}).$$

Воспользовавшись условием (9.15)–(9.16) получим, что

$$\operatorname{Str}\Phi^2 = a_{11}^2 + a_{12}a_{21} + \ldots + a_{1n}a_{n1} + a_{21}a_{12} + a_{22}^2 + \ldots$$
$$+a_{2n}a_{n2} + \ldots + a_{n1}a_{1n} + a_{n2}a_{2n} + \ldots + a_{nn}^2.$$

Аналогичные рассуждения применим к $\mathrm{Str}\,\Phi^3$, перепишем выражение в таком виде, чтобы можно было непосредственно воспользоваться тождествами (9.17)–(9.18)

$$\mathrm{Str}\,\Phi^3 = ((a_{11}^2 + \ldots + a_{1n}a_{n1})a_{11} + \ldots + (a_{11}a_{1n} + \ldots + a_{1n}a_{nn})a_{n1} + \ldots$$
$$+ (a_{n1}a_{11} + \ldots + a_{nn}a_{n1})a_{1n} + \ldots + (a_{n1}a_{1n} + \ldots + a_{nn}^2)a_{nn})$$
$$- 2((a_{11}\bar{\psi}_{11} + \ldots + a_{n1}\bar{\psi}_{1n})\psi_{11} + \ldots + (a_{1n}\bar{\psi}_{11} + \ldots + a_{nn}\bar{\psi}_{1n})\psi_{n1} + \ldots$$
$$+ (a_{11}\bar{\psi}_{m1} + \ldots + a_{n1}\bar{\psi}_{mn})\psi_{1m} + \ldots + (a_{1n}\bar{\psi}_{m1} + \ldots + a_{nn}\bar{\psi}_{mn})\psi_{nm}).$$

Получаем

$$\mathrm{Str}\,\Phi^3 = ((a_{11}^2 + \ldots + a_{1n}a_{n1})a_{11} + \ldots + (a_{11}a_{1n} + \ldots + a_{1n}a_{nn})a_{n1} + \ldots$$
$$+ (a_{n1}a_{11} + \ldots + a_{nn}a_{n1})a_{1n} + \ldots + (a_{n1}a_{1n} + \ldots + a_{nn}^2)a_{nn}).$$

Мы показали, что потенциал (9.12) не будет зависеть от $\psi_{11}, \ldots, \psi_{nm}$, $\bar{\psi}_{11}, \ldots, \bar{\psi}_{mn}$ и следовательно функция распределения равна 0.

Найдем функцию распределения для полной суперматрицы размерности $N = 2, M = 1$

$$\Phi = \begin{pmatrix} a & b & \psi \\ c & d & \gamma \\ \psi' & \gamma' & \omega \end{pmatrix}.$$

Используем для вычисления метод ортогональных полиномов, модифицированный для суперматричных моделей. После интегрирования по $\psi, \psi', \gamma, \gamma'$ модель имеет вид ALVAREZ-GAUME AND MANES [1991]

$$z(2|1) = \pi \int d\lambda_1 d\lambda_2 d\omega \Delta^2(\lambda_i)(2 - 3g(\lambda_1 + \omega))(2 - 3g(\lambda_2 + \omega))*$$
$$* \exp(-\lambda_1^2 + g\lambda_1^3 - \lambda_2^2 + g\lambda_2^3 + \omega^2 - g\omega^3),$$

где λ_1, λ_2 - собственные числа матрицы $\begin{pmatrix} a & b \\ c & d \end{pmatrix}$, а $\Delta(\lambda_i)$ - детерминант Вандермонда $\Delta(\lambda_i) = \begin{vmatrix} 1 & \lambda_1 \\ 1 & \lambda_2 \end{vmatrix}$. Сделаем замену $\omega \to i\omega$, и введем обозначение $\varsigma = \frac{2}{3g} - i\omega$, тогда

$$z(2|1) = \pi i(3g)^2 \int d\lambda_1 d\lambda_2 d\omega \Delta^2(\lambda_i)(\varsigma - \lambda_1)(\varsigma - \lambda_2)$$
$$* \exp(-\lambda_1^2 + g\lambda_1^3 - \lambda_2^2 + g\lambda_2^3) \exp(-\omega^2 + ig\omega^3).$$

Представим $\Delta^2(\lambda_i)(\varsigma - \lambda_1)(\varsigma - \lambda_2)$ в виде

$$\Delta^2(\lambda_i)(\varsigma - \lambda_1)(\varsigma - \lambda_2) = \begin{vmatrix} 1 & \lambda_1 & \lambda_1^2 \\ 1 & \lambda_2 & \lambda_2^2 \\ 1 & \varsigma & \varsigma^2 \end{vmatrix} \begin{vmatrix} 1 & \lambda_1 \\ 1 & \lambda_2 \end{vmatrix}$$

$$= \begin{vmatrix} 1 & \lambda_1 + s & \lambda_1^2 + k\lambda_1 + p \\ 1 & \lambda_2 + s & \lambda_2^2 + k\lambda_2 + p \\ 1 & \varsigma + s & \varsigma^2 + k\varsigma + p \end{vmatrix} \begin{vmatrix} 1 & \lambda_1 + l \\ 1 & \lambda_2 + l \end{vmatrix},$$

где $\lambda_1^2 + k\lambda_1 + p, \lambda_2^2 + k\lambda_2 + p, \varsigma^2 + k\varsigma + p, \lambda_1 + s, \lambda_2 + s, \varsigma + s, \lambda_1 + l, \lambda_2 + l$ — ортогональные полиномы. Тогда из (9.3) следует, что

$$\int d\lambda_1 d\lambda_2 \Delta^2(\lambda_i)(\varsigma - \lambda_1)(\varsigma - \lambda_2) \exp(-\lambda_1^2 + g\lambda_1^3 - \lambda_2^2 + g\lambda_2^3) = 2h_0 h_1(\varsigma^2 + k\varsigma + p)$$

Далее, так как потенциал кубический (9.12) воспользуемся для нахождения h_0, h_1 (9.8)-(9.10). Получим

$$\lambda P_1(\lambda) = P_2(\lambda) + a_1 P_1(\lambda) + r_1 P_0(\lambda), \tag{9.19}$$

$$h_1 = r_1 \int d\lambda e^{-V(\lambda)} (2\lambda - 3g\lambda^2) P_1(\lambda) P_0(\lambda), \tag{9.20}$$

$$0 = \int d\lambda e^{-V(\lambda)} (2\lambda - 3g\lambda^2) P_1(\lambda) P_1(\lambda). \tag{9.21}$$

Применим к (9.20) и (9.21) свойство ортогональности (9.3) и получим

$$1 = 2r_1 - 3g(a_0 + a_1)r_1,$$
$$0 = 2a_1 - 3g(a_1^2 + r_1 + r_2).$$

Соответственно, после того как мы проинтегрировали по λ_1, λ_2 получаем следующий интеграл

$$z(2|1) = 2h_0 h_1 \pi i (3g)^2 \int d\omega(\varsigma^2 + k\varsigma + p) \exp(-\omega^2 + ig\omega^3).$$

Чтобы вычислить его, перейдем обратно к переменной ω

$$z(2|1) = 2h_0 h_1 \pi i \int d\omega(4 - 12ig\omega - 9g^2\omega^2 + 6kg$$
$$-9k^2 ig\omega + 9g^2 p) \exp(-\omega^2 + ig\omega^3).$$

Перепишем интеграл в следующем виде

$$z(2|1) = 2h_0 h_1 \pi i \int d\omega(4 - 12ig\omega - 9g^2\omega^2 + 6kg - 9kig^2\omega + 9pg^2)$$
$$* \exp(-\omega^2)(\cos(g\omega^3) + i\sin(g\omega^3)),$$

разложим косинус и синус в ряд по степеням g, и получим

$$
\begin{aligned}
z(2|1) = {} & 2h_0 h_1 \pi i \int d\omega \exp(-\omega^2)((4 + 6kg + 9pg^2)\sum_{n=0}^{\infty}(-1)^n \frac{g^{2n}}{(2n)!}\omega^{6n} \\
& -(12ig + 9ikg^2)\sum_{n=0}^{\infty}(-1)^n \frac{g^{2n}}{(2n)!}\omega^{6n+1} \\
& -9g^2\sum_{n=0}^{\infty}(-1)^n \frac{g^{2n}}{(2n)!}\omega^{6n+2} \\
& +(4i + 6kig + 9ipg^2)\sum_{n=0}^{\infty}(-1)^n \frac{g^{2n+1}}{(2n+1)!}\omega^{6n+3} \\
& +(12g + 9kg^2)\sum_{n=0}^{\infty}(-1)^n \frac{g^{2n+1}}{(2n+1)!}\omega^{6n+4} \\
& -9ig^2\sum_{n=0}^{\infty}(-1)^n \frac{g^{2n}}{(2n)!}\omega^{6n+5}.
\end{aligned}
$$

Слагаемые с ω в нечетной степени при интегрировании дают 0, остальные перепишем в терминах гамма-функции.

$$
\begin{aligned}
z(2|1) = {} & 2h_0 h_1 \pi i \sum_{n=0}^{\infty}(-1)^n \frac{g^{2n}}{(2n)!}\Gamma(3n + \frac{1}{2})(4 + 12\frac{g^2}{2n+1}(3n + \frac{1}{2})(3n + \frac{3}{2}) \\
& -9g^2(3n + \frac{1}{2}) + 6kg + 9k\frac{g^3}{2n+1}(3n + \frac{1}{2})(3n + \frac{3}{2}) + 9pg^2). \quad (9.22)
\end{aligned}
$$

Найдем функцию распределения для полной суперматрицы размерности $N = 1, M = 2$

$$
\Phi = \begin{pmatrix} \omega & \gamma & \psi \\ \gamma' & a & b \\ \psi' & c & d \end{pmatrix}.
$$

Рассуждения такие же как в предыдущем случае. После интегрирования по $\psi, \psi', \gamma, \gamma'$ модель имеет вид Alvarez-Gaume and Manes [1991]

$$
\begin{aligned}
z(1|2) = {} & \pi \int d\lambda_1 d\lambda_2 d\omega \Delta^2(\lambda_i)(2 - 3g(\lambda_1 + \omega))(2 - 3g(\lambda_2 + \omega)) \\
& * \exp(\lambda_1^2 - g\lambda_1^3 + \lambda_2^2 - g\lambda_2^3 - \omega^2 + g\omega^3).
\end{aligned}
$$

Воспользуемся методом ортогональных полиномов, далее проинтегрируем по λ_1, λ_2

$$
z(1|2) = 2h_0 h_1 \pi (3g)^2 \int d\omega(\varsigma^2 + k\varsigma + p)\exp(-\omega^2 + g\omega^3).
$$

Так как в данном случаем потенциал имеет вид

$$V(\lambda) = -\lambda^2 + g\lambda^3,$$

система уравнений (9.8)-(9.10) сводится к следующей

$$\lambda P_1(\lambda) = P_2(\lambda) + a_1 P_1(\lambda) + r_1 P_0(\lambda), \qquad (9.23)$$

$$h_1 = r_1 \int d\lambda e^{-V(\lambda)}(-2\lambda + 3g\lambda^2)P_1(\lambda)P_0(\lambda), \qquad (9.24)$$

$$0 = \int d\lambda e^{-V(\lambda)}(-2\lambda + 3g\lambda^2)P_1(\lambda)P_1(\lambda). \qquad (9.25)$$

Воспользуемся свойством ортогональности полиномов (9.3), получим

$$1 = -2r_1 + 3g(a_0 + a_1)r_1,$$
$$0 = -2a_1 + 3g(a_1^2 + r_1 + r_2).$$

Из этих уравнений можно найти h_0, h_1. Для вычисления $z(2|1)$ вернемся к переменной ω и разложим $\exp(g\omega^3)$ в ряд по степеням g, получим

$$z(1|2) = 2h_0 h_1 \pi \int d\omega \exp(-\omega^2)(4 - 12g\omega + 9g^2\omega^2 + 6kg$$

$$-9kg^2\omega + 9pg^2)(\sum_{n=0}^{\infty} \frac{g^n\omega^{3n}}{n!}).$$

Раскроем скобки, приведем подобные

$$z(1|2) = 2h_0 h_1 \pi \int d\omega \exp(-\omega^2)((4 + 6kg + 9pg^2)\sum_{n=0}^{\infty} \frac{g^n\omega^{3n}}{n!}$$

$$-(12g + 9kg^2)\sum_{n=0}^{\infty} \frac{g^n\omega^{3n+1}}{n!} + 9g^2\sum_{n=0}^{\infty} \frac{g^n\omega^{3n+2}}{n!}).$$

Искомую матричную модель запишем в терминах гамма-функции, учитывая, что слагаемые содержащие ω в нечетной степени дают нуль

$$z(1|2) = 2h_0 h_1 \pi \sum_{p=0}^{\infty} \frac{g^{2p}}{(2p)!}\Gamma(3p + \frac{1}{2})((4 + 6kg + 9pg^2)$$

$$-\frac{(12g^2 + 9kg^3)}{(2p + 1)}(3p + \frac{3}{2})(3p + \frac{1}{2}) + 9g^2(3p + \frac{1}{2})).$$

9.5. Фермионная матричная модель

Чисто фермионная модель SEMENOFF AND SZABO [1997] имеет вид

$$z_f = \int d\psi d\psi' \exp\{N^2 tr(\psi'\psi + \frac{g_k(\psi'\psi)^k}{k})\}, \qquad (9.26)$$

где z_f —функция распределения, ψ, ψ'— независимые комплексные грассмановы $N \times N$-матрицы, $k = 2, 3$.

Вычислим функцию распределения для блоков

$$\psi = \begin{pmatrix} \psi_{11} & \psi_{12} \\ \psi_{21} & \psi_{22} \end{pmatrix}, \ \psi' = \begin{pmatrix} \psi'_{11} & \psi'_{12} \\ \psi'_{21} & \psi'_{22} \end{pmatrix}.$$

Перепишем интеграл (9.26) в таком виде

$$\begin{aligned} z_f &= \int d\psi d\psi' \exp\{N^2 tr(\psi'\psi + \frac{g_2(\psi'\psi)^2}{2} + \frac{g_3(\psi'\psi)^3}{3})\} = \\ &= \int d\psi d\psi' \exp\{N^2 tr(\psi'\psi)\} \exp\{N^2 tr(\frac{g_2(\psi'\psi)^2}{2})\} \exp\{tr(\frac{g_3(\psi'\psi)^3}{3})\}. \end{aligned}$$

Разложим экспоненты в ряд

$$z = \int d\psi d\psi' (\sum_{p=0}^{\infty} \frac{N^{2p} tr^p(\psi'\psi)}{p!})(\sum_{k=0}^{\infty} \frac{N^{2k} tr^k(\frac{g_2(\psi'\psi)^2}{2})}{k!})(\sum_{l=0}^{\infty} \frac{N^{2l} tr^l(\frac{g_3(\psi'\psi)^3}{3})}{l!}).$$

$$(9.27)$$

Вычислим след матриц $\psi'\psi$, $(\psi'\psi)^2$, $(\psi'\psi)^3$

$$tr(\psi'\psi) = \psi'_{11}\psi_{11} + \psi'_{12}\psi_{21} + \psi'_{21}\psi_{12} + \psi'_{22}\psi_{22}, \qquad (9.28)$$

$$tr((\psi'\psi)^2) = 2(\psi'_{11}\psi_{11}\psi'_{12}\psi_{21} + \psi_{11}\psi'_{12}\psi'_{21}\psi_{22}$$
$$+\psi'_{11}\psi_{11}\psi'_{12}\psi_{21} - \psi'_{11}\psi_{12}\psi_{21}\psi'_{22} - \psi'_{12}\psi_{21}\psi'_{22}\psi_{22} - \psi_{12}\psi'_{21}\psi'_{22}\psi_{22}),$$
$$(9.29)$$

$$tr((\psi'\psi)^3) = 3(-\psi'_{11}\psi_{11}\psi'_{12}\psi_{21}\psi'_{22}\psi_{22} + \psi'_{11}\psi_{11}\psi'_{12}\psi_{12}\psi'_{21}\psi_{21}$$
$$+\psi'_{11}\psi_{11}\psi_{12}\psi'_{21}\psi'_{22}\psi_{22} + \psi'_{12}\psi_{12}\psi'_{21}\psi_{21}\psi'_{22}\psi_{22}). \qquad (9.30)$$

Так как элементы грассмановой алгебры нильпотентны, очевидно, что

$$\begin{aligned} tr^p(\psi'\psi) &= 0, p > 4, \\ tr^k((\psi'\psi)^2) &= 0, k > 2, \\ tr^l((\psi'\psi)^3) &= 0, l > 1. \end{aligned}$$

Соответственно (9.27) можно переписать в таком виде

$$
\begin{aligned}
z_f &= \int d\psi d\psi' (1 + N^2 tr(\psi'\psi) + N^4 \frac{tr^2(\psi'\psi)}{2} + N^6 \frac{tr^3(\psi'\psi)}{6} \\
&+ N^8 \frac{tr^4(\psi'\psi)}{24})(1 + N^2 tr(\frac{g_2(\psi'\psi)^2}{2}) \\
&+ N^4 \frac{tr^2(\frac{g_2(\psi'\psi)^2}{2})}{2})(1 + N^2 tr(\frac{g_3(\psi'\psi)^3}{3})).
\end{aligned}
\tag{9.31}
$$

Подставим (9.28)-(9.30) в (9.31). Интеграл не будет равен нулю от слагаемых вида $\psi'_{11}\psi_{11}\psi'_{12}\psi_{12}\psi'_{21}\psi_{21}\psi'_{22}\psi_{22}$. После интегрирования получаем следующее выражение для функции распределения

$$
z_f = -N^8 - 4N^6 g_2 - 3N^4 g_2^2 + 4N^4 g_3.
\tag{9.32}
$$

Таким образом, мы рассмотрели модификации теории матричных моделей с учетом специального вида суперматриц. Вычислены функциональные интегралы для полной, антитреугольной и треугольной суперматриц размерности $N = M = 1$, для полной и антитреугольной суперматриц размерности $N = 2$, $M = 1$ и $N = 1$, $M = 2$. Сформулировано утверждение о виде функционального интеграла для треугольных суперматриц и антитреугольных, образующих полугруппу. На примере рассмотрена фермионная модель. Приведенные конструкции могут привести к развитию нового направления в теории матричных моделей и соответствующей теории двумерной гравитации.

В книге: **Суперсимметрия, квантовые группы, мультигравитация и сингулярные теории**, ред. *С. А. Дуплий*

Стр. 143 из 254   © 2018 Central West Publishing, Australia

Глава 10

Регулярные решения уравнения Янга-Бакстера

С.А. Дуплий, А.С. Садовников

10.1. Введение

Квантовое уравнение Янга-Бакстера BAXTER [1982], LAMBE AND RADFORD [1997] является одним из основных уравнений математической физики и представляет собой фундамент современной теории квантовых групп KASSEL [1995], SHNIDER AND STERNBERG [1993], ДЕМИДОВ [1998], CHARI AND PRESSLEY [1996], MAJID [1995]. Первоначально квантовое уравнение Янга-Бакстера появилось в статистической механике YANG [1967], BAXTER [1972], а затем в работах, посвященных квантовому методу обратной задачи рассеяния (см. например, FADDEEV ET AL. [1990]), что и послужило мотивацией термина "квантовая группа" DRINFELD [1987]. Кроме того, квантовое уравнение Янга-Бакстера тесно связано с теорией узлов и инвариантами трехмерных многообразий TURAEV [1994], где оно эквивалентно уравнению кос KAUFFMAN [1991].

Решениями квантового уравнения Янга-Бакстера с использованием формализма алгебр Хопфа ABE [1980], SWEEDLER [1969] являются "деформации" единичного решения (см. например, LAMBE AND RADFORD [1997], KASSEL [1995], LUSZIG [1993]). Однако возможен и другой тип решений, "теоретико-множественные" DRINFELD [1992], которые являются перестановками (в конечном случае см. HIETARINTA [1997]) или отображениями множеств ETINGOF ET AL. [1999], LU ET AL. [2000], ETINGOF ET AL. [1997], GU [1997]. Такие решения рассматривались в теории симплектических группоидов WEINSTEIN AND XU [1992] и теории геометрических кристаллов ETINGOF [2001]. Для них применялись термины "теоретико-множественные решения квантового уравнения Янга-Бакстера" ETINGOF ET AL. [1999], LU ET AL. [2000], ODESSKII [2002], "рациональная теоретико-множественная R-матрица" ETINGOF [2001], "преобразования Янга-Бакстера" БУХШТАБЕР [1998] и "отображения Янга-Бакстера" Veselov [2002], для краткости здесь мы будем использовать последний вариант.

Здесь мы рассмотрим суперматричные линейные решения квантово-го уравнения Янга-Бакстера в классе регулярных R-матриц (см. Duplij and Li [2001a], Li and Duplij [2002], Duplij and Li [2001b]). Данный подход позволяет в принципе решить уравнения для любой размерности грассмановой алгебры (см., например Березин [1983], Лейтес [1980]).

10.2. Регулярные отображения Янга-Бакстера

Пусть X — непустое множество, тогда определим R-отображение $R : X \times X \to X \times X$ как $R \circ \{x, y\} = \{p(x, y), q(x, y)\}$, где компоненты $p(x, y)$, $q(x, y)$ являются бинарными операциями на X. Пара (X, R) называется *невырожденной*, если отображения $X \to X$, определяемые $x \to p(x, y)$ и $y \to q(x, y)$ являются биекциями. *Тривиальное* R-отображение определяется как $R_{\mathrm{tr}} \circ \{x, y\} = \{x, y\}$, т.е. $p_{\mathrm{tr}}(x, y) = x$ и $q_{\mathrm{tr}}(x, y) = y$. Определим обратное R-отображение по формуле $R^{21} = \sigma \circ R \circ \sigma$, тогда $R^{21} \circ \{x, y\} = \{q(y, x), p(y, x)\}$. Отображение R называ-ется *унитарным* (обратимым), если

$$R^{21} \circ R = \mathrm{id}_{X \times X} . \tag{10.1}$$

В компонентах условие обратимости (10.1) имеет вид

$$q(q(x, y), p(x, y)) = x, \tag{10.2a}$$
$$p(q(x, y), p(x, y)) = y. \tag{10.2b}$$

Соотношения кроссинга определяются формулами

$$R^{t_1} \circ \{q(x, y), y\} = \{p(x, y), x\}, \quad R^{t_2} \circ \{x, p(x, y)\} = \{y, q(x, y)\} \tag{10.3a}$$
$$\left(R^{21}\right)^{t_1} \circ \{p(y, x), y\} = \{q(y, x), x\}, \left(R^{21}\right)^{t_2} \circ \{x, q(y, x)\} = \{y, p(y, x)\} . \tag{10.3b}$$

Для обратимых невырожденных R-отображений имеет место кроссинг-симметрия

$$R^{t_1} \circ \left(R^{21}\right)^{t_1} = R^{t_2} \circ \left(R^{21}\right)^{t_2} = \mathrm{id}_{X \times X} . \tag{10.4}$$

Отметим, что операции t_i могут быть определены для всех отобра-жений R, а не только таких, что компоненты $p(x, y)$ и $q(x, y)$ обратимы.

Для этого R нужно трактовать не как отображение множества $X \times X$ в себя, а как линейный оператор на векторном пространстве $V \times V$, где V — линейная оболочка X ETINGOF ET AL. [1999].

Здесь мы ослабим обратимость и определим *регулярные R-отображения* (по фон Нейману VON NEUMANN [1936], см. также NASHED [1976], RABSON [1969], DAVIS AND ROBINSON [1972], BEN-ISRAEL AND GREVILLE [1974]), для которых вместо (10.1) имеем

$$\mathrm{R}_{reg} \circ \mathrm{R}_{reg}^{21} \circ \mathrm{R}_{reg} = \mathrm{R}_{reg}, \tag{10.5}$$

или в компонентах

$$p\left(q\left(q\left(x,y\right),p\left(x,y\right)\right),p\left(q\left(x,y\right),p\left(x,y\right)\right)\right) = p\left(x,y\right), \tag{10.6a}$$

$$q\left(q\left(q\left(x,y\right),p\left(x,y\right)\right),p\left(q\left(x,y\right),p\left(x,y\right)\right)\right) = q\left(x,y\right). \tag{10.6b}$$

Соотношение (10.5) говорит о том, что R-отображение R_{reg}^{21} является *внутренним инверсным* для R_{reg} (см. например, NASHED [1976], RABSON [1969], RAO AND MITRA [1971]). Одновременно R_{reg}^{21} и *внешний инверсный*

$$\mathrm{R}_{reg}^{21} \circ \mathrm{R}_{reg} \circ \mathrm{R}_{reg}^{21} = \mathrm{R}_{reg}^{21}, \tag{10.7}$$

поскольку компонентное разложение (10.7) отличается от (10.6) только заменой $x \leftrightarrow y$. В регулярном случае роль единицы $\mathrm{id}_{X \times X}$ играют два отображения

$$\mathrm{E} = \mathrm{R}_{reg}^{21} \circ \mathrm{R}_{reg} = \left(\begin{array}{c} q\left(q\left(x,y\right),p\left(x,y\right)\right) \\ p\left(q\left(x,y\right),p\left(x,y\right)\right) \end{array} \right), \tag{10.8a}$$

$$\overline{\mathrm{E}} = \mathrm{R}_{reg} \circ \mathrm{R}_{reg}^{21} = \left(\begin{array}{c} p\left(q\left(y,x\right),p\left(y,x\right)\right) \\ q\left(q\left(y,x\right),p\left(y,x\right)\right) \end{array} \right), \tag{10.8b}$$

поскольку из (10.5)–(10.7) следует

$$\mathrm{R}_{reg} \circ \mathrm{E} = \mathrm{R}_{reg}, \quad \overline{\mathrm{E}} \circ \mathrm{R}_{reg} = \mathrm{R}_{reg}, \tag{10.9a}$$

$$\mathrm{E} \circ \mathrm{R}_{reg}^{21} = \mathrm{R}_{reg}^{21}, \quad \mathrm{R}_{reg}^{21} \circ \overline{\mathrm{E}} = \mathrm{R}_{reg}^{21}, \tag{10.9b}$$

и это означает, что E — правая единица для R_{reg} и левая для R_{reg}^{21}, а $\overline{\mathrm{E}}$ —наоборот. Более того, E и $\overline{\mathrm{E}}$ — идемпотенты, потому что, например, $\mathrm{E} \circ \mathrm{E} = \mathrm{R}_{reg}^{21} \circ \mathrm{R}_{reg} \circ \mathrm{R}_{reg}^{21} \circ \mathrm{R}_{reg} = \mathrm{R}_{reg}^{21} \circ \mathrm{R}_{reg} = \mathrm{E}$.

Каждому двумерному R-отображению R можно сопоставить три *трехмерных R-отображения* $R^{ij} : X \times X \times X \to X \times X \times X$, которые изменяют только i-й и j-й сомножители, по формулам

$$R^{12} \circ \{x,y,z\} = \{p\left(x,y\right), q\left(x,y\right), z\}, \tag{10.10a}$$

$$R^{13} \circ \{x,y,z\} = \{p\left(x,z\right), y, q\left(x,z\right)\}, \tag{10.10b}$$

$$R^{23} \circ \{x,y,z\} = \{x, p\left(y,z\right), q\left(y,z\right)\}, \tag{10.10c}$$

что можно представить как $R^{12} = \mathrm{R}^{12} \times \mathrm{id}_X$ и т.д.

Двумерное R-отображение R называется *отображением Янга-Бакстера* (или теоретико-множественной R-матрицей ETINGOF [2001]), если соответствующие трехмерные R-отображения R^{ij} удовлетворяют *квантовому уравнению Янга-Бакстера*

$$R^{12} \circ R^{13} \circ R^{23} = R^{23} \circ R^{13} \circ R^{12}. \qquad (10.11)$$

Если, в дополнение, отображение R удовлетворяет условию регулярности (10.5), то назовем его *регулярным* отображением Янга-Бакстера (или, для краткости, регулярной R-матрицей). В этом случае для R^{ij} вместо соотношений обратимости

$$R^{12} \circ R^{21} = \mathrm{id}_{X \times X \times X}, \qquad R^{23} \circ R^{32} = \mathrm{id}_{X \times X \times X}, \qquad R^{13} \circ R^{31} = \mathrm{id}_{X \times X \times X} \qquad (10.12)$$

имеем соотношения регулярности

$$R^{12}_{reg} \circ R^{21}_{reg} \circ R^{12}_{reg} = R^{12}_{reg}, \quad R^{23}_{reg} \circ R^{32}_{reg} \circ R^{23}_{reg} = R^{23}_{reg}, \quad R^{13}_{reg} \circ R^{31}_{reg} \circ R^{13}_{reg} = R^{13}_{reg}. \qquad (10.13)$$

В компонентном виде для (10.11) получаем

$$p\left(p\left(x,y\right),z\right) = p\left(p\left(x,q\left(y,z\right)\right),p\left(y,z\right)\right), \qquad (10.14a)$$

$$p\left(q\left(x,y\right),q\left(p\left(x,y\right),z\right)\right) = q\left(p\left(x,q\left(y,z\right)\right),p\left(y,z\right)\right), \qquad (10.14b)$$

$$q\left(q\left(x,y\right),q\left(p\left(x,y\right),z\right)\right) = q\left(x,q\left(y,z\right)\right). \qquad (10.14c)$$

Решения этих уравнений зависят от природы множества X и функций $p\left(x,y\right), q\left(x,y\right)$. В простейшем нетривиальном случае (пример Любашенко из DRINFELD [1992] — разделение переменных)

$$\mathrm{R}_{Lyubash} \circ \{x,y\} = \{p\left(x\right),q\left(y\right)\} \qquad (10.15)$$

при $p \circ q = q \circ p$ отображение R является отображением Янга-Бакстера, т.е. соответствующие R^{ij} удовлетворяют (10.11). Если представить $\mathrm{R}_{Venkov} \circ \{x,y\} = \{x, x \circledast y\}$, где $\circledast$ — некоторая операция на множестве X, то уравнения Янга-Бакстера (10.11) дают дистрибутивное тождество (пример Венкова из DRINFELD [1992])

$$x \circledast \left(y \circledast z\right) = \left(x \circledast y\right) \circledast \left(x \circledast z\right). \qquad (10.16)$$

С другой стороны, теоретико-множественные решения уравнения Янга-Бакстера (10.11) на инверсных полугруппах изучались в GU [1997], LI [1998]. Так, если $X = S$ — инверсная полугруппа и $p : S \to S$, то для

$R_{Gu} \circ \{x, y\} = \left\{ p(x), xyp(x)^{-1} \right\}$ уравнения Янга-Бакстера (10.11) эквивалентны условиям LI [1998]

$$p\left(xyp(x)^{-1}\right) = p(x) p(y) p^2(x)^{-1}, \qquad (10.17)$$

$$xyzp(y)^{-1} p(x)^{-1} = xyp(y)^{-1} p(x) zp^2(x)^{-1} p\left(xyp(x)^{-1}\right)^{-1}. \quad (10.18)$$

Пусть S — полугруппа, и рассмотрим "скрученное" разделение переменных

$$R_{opp} \circ \{x, y\} = \{p(y), q(x)\}. \qquad (10.19)$$

Тогда для уравнений Янга-Бакстера (10.11) получаем

$$p \circ p = p, \qquad (10.20a)$$
$$p \circ q \circ p = q \circ p \circ q \qquad (10.20b)$$
$$q \circ q = q, \qquad (10.20c)$$

т.е. p и q — идемпотентные отображения, связанные скрученным соотношением (10.20b). Регулярность (10.7) дает

$$p \circ p \circ p = p, \qquad q \circ q \circ q = q, \qquad (10.21)$$

поэтому из (10.20a) и (10.20c) следует, что "скрученное" отображение Янга-Бакстера R_{opp} регулярно. В обратимом случае решение (10.20) равно $\mathrm{id}_{X \times X}$. Из первых уравнений (10.20a), (10.20c) следует, что отображения p и q являются проекторами и $p_{\mathrm{Im}\,p} = \mathrm{id}_{\mathrm{Im}\,p}$, $q_{\mathrm{Im}\,q} = \mathrm{id}_{\mathrm{Im}\,q}$. Простейшим решением уравнений (10.20) будут коммутирующие отображения p и q, т.е. удолетворяющие $p \circ q = q \circ p$ (как и в примере Любашенко (10.15)). Другие решения можно получить, воспользовавшись тем, что p и q проекторы. Тогда уравнение (10.20b) можно записать на разбиении области определения и получить соответствующую совокупность уравнений

$-$	$\bar{h}$	id	$\bar{h}$	id
1	$\tilde{q} \cap \bar{X}_{ph}$	p	$\tilde{p} \cap \bar{X}_{qh}$	q
2	$\tilde{q} \cap \bar{X}_p$	$q \circ p$	$\tilde{p} \cap \bar{X}_q$	$p \circ q$
3	$\bar{X}_{qh}$	q	$\bar{X}_{ph}$	p
4	$q^{-1}(\bar{X}_{ph}) \cap \bar{X}_q$	$p \circ q$	$p^{-1}(\bar{X}_{qh}) \cap \bar{X}_p$	$q \circ p$
5	$q^{-1}(\bar{X}_p) \cap \bar{X}_q$	$q \circ p \circ q$	$p^{-1}(\bar{X}_q) \cap \bar{X}_p$	$p \circ q \circ p$

где $\bar{h} = \mathrm{Im}\, p \cap \mathrm{Im}\, q$, $\tilde{p} = \mathrm{Im}\, p \setminus \bar{h}$, $\tilde{q} = \mathrm{Im}\, q \setminus \bar{h}$, $\bar{X}_{ph} = p^{-1}(\bar{h})$, $\bar{X}_p = p^{-1}(\tilde{p})$, $\bar{X}_{qh} = q^{-1}(\bar{h})$, $\bar{X}_q = q^{-1}(\tilde{q})$.

10.3. Линейные регулярные суперотображения Янга-Бакстера

Рассмотрим отображения Янга-Бакстера для случая, когда X представляет собой $\mathbb{Z}_2$-градуированное линейное суперпространство $\Lambda^{(n|m)}$ (над полем $\mathbb{K}$) с n четными и m нечетными координатами над грассмановой алгеброй $\Lambda_N = \Lambda_0 \oplus \Lambda_1$ с N образующими БЕРЕЗИН [1983], ЛЕЙТЕС [1983]. Числовая часть a^0 элемента $a \in \Lambda_N$ определяется отображением $\varepsilon : \Lambda_N \to \mathbb{K}$.

Отображение R — это линейный морфизм пары суперпространств $\Lambda^{(n|m)} \times \Lambda^{(n|m)} \to \Lambda^{(n|m)} \times \Lambda^{(n|m)}$, который назовем *линейным суперотображением Янга-Бакстера*, если выполняется (10.11). Тогда имеем

$$p(x,y) = Cx + Dy, \qquad q(x,y) = Ax + By, \qquad (10.22)$$

где $A, B, C, D \in \mathrm{Mat}_{\Lambda_N}(n|m)$ — суперматрицы размерности $(n|m) \times (n|m)$ над Λ_N, а x, y — элементы супермодуля размерности $(n|m)$. Отметим, что размерность $\Lambda^{(n|m)}$ как линейного пространства равна $2^{N-1}(m+n)$.

Уравнение Янга-Бакстера (10.11) в терминах суперматриц A, B, C, D будет выглядеть так

$$BAC = A(1-A), \qquad CDB = D(1-D), \qquad (10.23a)$$
$$[A,C] = DAC, \quad [D,B] = ADB, \qquad (10.23b)$$
$$[C,D] = CDA, \quad [B,A] = BAD, \qquad (10.23c)$$
$$[B,C] = DAD - ADA, \qquad (10.23d)$$

где $[X,Y] = XY - YX$. Условие обратимости (10.2) примет вид

$$A^2 + BC = 1, \quad D^2 + CB = 1, \quad AB + BD = 0, \quad CA + DC = 0. \quad (10.24)$$

Решения уравнений (10.23)–(10.24) для различных случаев конечных, абелевых и матричных групп рассматривались в HIETARINTA [1997], ETINGOF ET AL. [1999, 2000], SCHEDLER [1999]. Подобные рассуждения справедливы и для нашего случая.

Так, если суперматрицы B, C обратимы (числовая часть их березинианов отлична от нуля БЕРЕЗИН [1983]), то решением (10.23)–(10.24) является четверка (A_0, B_0, C_0, D_0) такая, что $1 - A_0^2$ обратимо и

$$B_0 A_0 B_0^{-1} = A_0(A_0+1)^{-1}, \quad C_0 = B_0^{-1}(1 - A_0^2), \quad D_0 = A_0(A_0-1)^{-1}. \quad (10.25)$$

Рассмотрим ослабление обратимости линейного суперотображения Янга-Бакстера — заменой условия (10.1) на регулярность (10.5) (см. Duplij and Li [2001b], Li and Duplij [2002]). Тогда вместо (10.24) для суперматриц A, B, C, D получаем систему

$$A^3 + ABC + BCA + BDC = A, \quad BD^2 + BCB + A^2B + ABD = B,$$
$$\text{(10.26a)}$$
$$D^3 + DCB + CBD + CAB = D, \quad CA^2 + CBC + DCA + D^2C = C.$$
$$\text{(10.26b)}$$

Для нахождения регулярного линейного суперотображения Янга-Бакстера решим уравнения (10.23) и (10.26) в различных частных случаях.

10.4. Редуцированные решения

Линейный аналог решения Любашенко (10.15) приводит к условиям на суперматрицы $A = D = 0$ и

$$CB = BC, \quad BCB = B, \quad CBC = C, \quad \text{(10.27)}$$

тогда R-матрица равна

$$\mathrm{R}_{Lyubash}^{(lin)} \circ \{x, y\} = \{Cx, By\}. \quad \text{(10.28)}$$

Отсюда следует, что суперматрицы B, C коммутируют и взаимоинверсны (см. например, Клиффорд AND Престон [1972], Petrich [1984]).

Для линейного "скрученного" решения (10.19) получаем $B = C = 0$,

$$A = A^2, \quad D = D^2, \quad \text{(10.29a)}$$
$$ADA = DAD, \quad \text{(10.29b)}$$

т. е. суперматрицы A, D идемпотентны и связаны "скрученным" соотношением (10.29b), тогда

$$\mathrm{R}_{opp}^{(lin)} \circ \{x, y\} = \{Dy, Ax\}. \quad \text{(10.30)}$$

Более сложным является решение типа $p(x, y) = q(y, x)$, для которого в линейном случае имеем $A = D$ и $B = C$, тогда

$$\mathrm{R}_{pq}^{(lin)} \circ \{x, y\} = \{Bx + Ay, Ax + By\}, \quad \text{(10.31)}$$

и суперматрицы A, B удовлетворяют соотношениям, следующим из уравнения Янга-Бакстера и регулярности

$$[AB] = A^2B = -BA^2, \quad BAB = A - A^2, \tag{10.32a}$$
$$ABA = B - B^3, \quad AB^2 + B^2A + BAB = A - A^3. \tag{10.32b}$$

Эти уравнения можно решить в частных случаях конкретного выбора вида суперматриц.

10.5. Нередуцированные решения

Рассмотрим решения среди гомоморфизмов $\Lambda^{(1|0)}$, тогда для числовой части возможны такие случаи

1) $a^0 = d^0 = c^0 = b^0 = 0; 2)\, a^0 = 1, d^0 = 0, c^0 = b^0 = 0;$
3) $a^0 = 1, d^0 = 0, c^0 \neq 0, b^0 = 0; 4)\, a^0 = 1, d^0 = 0, c^0 = 0, b^0 \neq 0;$
5) $a^0 = 0, d^0 = 1, c^0 = b^0 = 0; 6)\, a^0 = 0, d^0 = 1, c^0 \neq 0, b^0 \neq 0;$
7) $a^0 = 0, d^0 = 1, c^0 = 0, b^0 \neq 0; 8)\, a^0 = d^0 = 1, c^0 = b^0 = 0;$
9) $a^0 = d^0 = 0, c^0 b^0 = 1. \tag{10.33}$

Выделив числовую часть, получим систему нильпотентных уравнений, в которых вид числовой части определяет вид одночленов первой степени. Тогда решениями будут

1) $a = b = c = d = 0; 2)\, a = 1, d = 0, c = 0, b \in \Lambda_0,$ при $\varepsilon(b) \neq 0;$
3) $a = 1, d = 0, b = 0, c \in \Lambda_0,$ при $\varepsilon(c) \neq 0;$
4) $a = 1, d = 0, bc = 0,$ при $b, c \in \Lambda_0,\, \varepsilon(b) = \varepsilon(c) = 0;$
5) $a = 0, d = 1, c = 0, b \in \Lambda_0,$ при $\varepsilon(b) \neq 0;$
6) $a = 0, d = 1, b = 0, c \in \Lambda_0,$ при $\varepsilon(c) \neq 0;$
7) $a = 0, d = 1,\, b, c \in \Lambda_0,$ при $\varepsilon(b) = \varepsilon(c) = 0;$
8) $a = d = 1, b = c = 0; \tag{10.34}$
9) $a^2 = 0, c = b^{-1}, d = -a,$
$\quad$ при $a, b, c, d \in \Lambda_0,\, \varepsilon(b) = \varepsilon(c) = 1, \varepsilon(a) = \varepsilon(d) = 0;$

Решение 9) — обратимое невырожденное решение типа (10.25).

В $\Lambda^{(1|1)}$ имеем $\mathrm{Hom}_{\Lambda_N}(\Lambda^{(1|1)}, \Lambda^{(1|1)}) \simeq \mathrm{Mat}_{\Lambda_N}(1|1)$, тогда $X = \begin{pmatrix} x_{11} & x_{12} \\ x_{21} & x_{22} \end{pmatrix} \in \mathrm{Mat}_{\Lambda_N}(1|1) \iff x_{11}, x_{22} \in \Lambda_0, x_{12}, x_{21} \in \Lambda_1,$ где

$X = A, B, C, D$ и $x = a, b, c, d$. Для числовой части $\varepsilon(X) = \begin{pmatrix} x_{11}^0 & 0 \\ 0 & x_{22}^0 \end{pmatrix}$ уравнения (для x_{11}^0 и x_{22}^0) независимы и их решения совпадают с решениями для числовой части $\Lambda^{(1|0)}$ (10.34), что дает 81 класс решений. Используя симметрии $A \longleftrightarrow D, C \longleftrightarrow B$ и $X \to \sigma X \sigma$, где $\sigma = \begin{pmatrix} 0 & 1 \\ 1 & 0 \end{pmatrix}$, количество независимых классов решений уменьшается (поскольку есть инвариантные относительно симметрий классы).

Выделим в элементах числовую часть для рассмотрения членов первой степени. Обозначим за i-j) решение, отвечающее случаям i и j на местах 11 и 22 в $\mathrm{Mat}_{\Lambda_N}(1|1)$ соответственно.

Тогда имеем:

1-1) Из регулярности следует $A = D = C = B = 0$;

8-8) Из регулярности следует $A = D = 1, C = B = 0$;

9-9) Обратимое невырожденное решение.

Пусть $D^0 = 0$. Из второго уравнения (10.23a) разложением матриц по степени идеала легко показать, что $D = 0$ при условии одновременного отличия числовой части B и C от нуля. Тогда из уравнения Янга-Бакстера получает систему

$$A^2 = A, \qquad (10.35a)$$
$$[A, C] = 0, \qquad (10.35b)$$
$$[A.B] = 0, \qquad (10.35c)$$
$$[B, C] = 0, \qquad (10.35d)$$
$$ABC = 0, \qquad (10.35e)$$
$$BCB + AB = B, \qquad (10.35f)$$
$$CBC + CA = C \qquad (10.35g)$$

Видно, что классы решений симметричны относительно замены $C \leftrightarrow B$.

2-1) Уравнение (10.35a) дает $A = \begin{pmatrix} 1 - a_{12}a_{21} & a_{12} \\ a_{21} & -a_{12}a_{21} \end{pmatrix}$, уравнение (10.35b) и (10.35c) совместно с (10.35e) дает $b_{11}c_{11} = 0, a_{12}a_{21}b_{11} = 0, a_{21}a_{12}c_{22} = 0$. Отсюда следует, что $BC = 0$. $C = \begin{pmatrix} c_{11} & a_{12}c_{22} \\ a_{21}c_{11} & 0 \end{pmatrix}$,

$B = \begin{pmatrix} b_{11} & a_{12}b_{11} \\ a_{12}b_{11} & 0 \end{pmatrix}$

2-2) Из уравнения (10.35a) и (10.35e) следует $A = 1$ и $BC = 0$.

4-1) Имеем

$A = \begin{pmatrix} 1 & b_{12}(b^0 + b_{11})^{-1} \\ 0 & 0 \end{pmatrix}, D = C = 0, B = \begin{pmatrix} b^0 + b_{11} & b_{12} \\ 0 & 0 \end{pmatrix}$

4-2) Получаем

$$A = 1, D = 0, BC = 0, CB = 0 \implies B = \begin{pmatrix} b^0 + b_{11} & b_{12} \\ b_{21} & b_{22} \end{pmatrix},$$

$$C = \begin{pmatrix} 0 & -b_{12}(b^0 + b_{11})^{-1}c_{22} \\ 0 & c_{22} \end{pmatrix}, b_{22}c_{22} = 0, b_{21}c_{22} = 0.$$

4-3) $A = E, D = 0, b^0 c^0 \neq 1,$

$$B = \begin{pmatrix} b^0 + \left(b^0\right)^{-1} b_{12}b_{21} & b_{12} \\ b_{21} & -\left(b^0\right)^{-1} b_{12}b_{21} \end{pmatrix},$$

$$C = \begin{pmatrix} -\left(b^0\right)^{-1} b_{12}c_{21} & -c^0 \left(b^0\right)^{-1} b_{12} \\ c_{21} & c^0 + \left(b^0\right)^{-1} b_{12}c_{21} \end{pmatrix},$$

Случай $c^0 b^0 = 1$ должен рассматриватся отдельно.

4-4) $A = E, D = C = 0, B$ — любая обратимая матрица.

8-1) $A = D = \begin{pmatrix} 1 - a_{12}a_{21} & a_{12} \\ a_{21} & -a_{12}a_{21} \end{pmatrix}, B = C = 0.$

10.6. Блочные решения уравнения Янга-Бакстера

Для дальнейшего анализа уравнения Янга-Бакстера с регулярностью рассмотрим линейное решение для блочно-антитреугольных суперматриц $\begin{pmatrix} 0 & x_{12} \\ x_{21} & x_{22} \end{pmatrix}$ с условиями

$$x_{12}y_{21} = 0, \qquad x_{21}y_{12} = 0, \qquad (10.36)$$

где $x, y = a, b, c, d$ (исключением будут условия $b_{12}b_{21} = 0, b_{21}b_{12} = 0$ и $c_{12}c_{21} = 0, c_{21}c_{12} = 0$, т.к. в уравнениях такие произведения не появляются). Такие суперматрицы и их полугруппы рассматривались в Дуплий [2000], DUPLIJ [2000, 2001]. Условия вида $x_{12}y_{21} = 0$ есть условие сохранения антитреугольного вида, а условия $x_{21}y_{12} = 0$ приводят к тому, что уравнения для членов x_{22} имеет тот же вид, что и для всей матрицы. Поэтому на последние имеет смысл наложить какое либо дополнительное условие, приводящее или упрощающее нахождение решений. Одним из таких условий, совместных с регулярностью есть обратимость с невырожденностью. Такие решения изучены в ETINGOF ET AL. [1999, 1997], и уравнения, описывающие их, имеют вид (см. (10.25))

$$b_{22}a_{22}b_{22}^{-1} = a_{22}(a_{22}+1)^{-1}, d_{22} = a_{22}(a_{22}-1)^{-1}, c_{22} = b_{22}^{-1}(1-a_{22}^2). \quad (10.37)$$

Далее элементы обозначим $x_{22} \equiv x$. Тогда уравнения Янга-Бакстера для блоков 12 и 21 примут вид линейных блочно-матричных уравнений

$$\begin{pmatrix} -cd & 0 & -d & c \\ 0 & (1-a)d & 0 & -b \\ -c & 0 & (1-d)a & 0 \\ b & -a & 0 & -ba \\ 0 & -cd & 0 & 1-d \\ 1-a & 0 & -ba & 0 \\ -ad & c & -b & da \end{pmatrix} \begin{pmatrix} a_{21} \\ b_{21} \\ c_{21} \\ d_{21} \end{pmatrix} = 0, \qquad (10.38)$$

$$\begin{pmatrix} a_{12} & b_{12} & c_{12} & d_{12} \end{pmatrix} \begin{pmatrix} 0 & -db & c & -b & 0 & 1-a & -da \\ 0 & -d & 0 & a(1-d) & 0 & -ac & -c \\ d(1-a) & 0 & -a & 0 & -db & 0 & b \\ -c & b & -ac & 0 & 1-d & 0 & ad \end{pmatrix} = 0. \qquad (10.39)$$

В блоках 11 получатся условия, появление которых говорит о том, что уравнений (10.36) для блочно-антитреугольных матриц недостаточно, чтобы их множество было алгебраически замкнуто

$$c_{12}da_{21} = 0, a_{12}db_{21} = 0, d_{12}ac_{21} = 0, b_{12}ad_{21} = 0, \qquad (10.40)$$
$$c_{12}db_{21} = 0, b_{12}ac_{21} = 0, a_{12}da_{21} - d_{12}ad_{21} = 0. \qquad (10.41)$$

Условие регулярности в блоках 12,21,22 выполнится из-за обратимости решения в блоках 22, и в блоках 11 выполняется условие, аналагичное (10.41)

$$\begin{pmatrix} b_{12} & a_{12} \\ d_{12} & c_{12} \end{pmatrix} \begin{pmatrix} d & c \\ b & a \end{pmatrix} \begin{pmatrix} c_{21} & d_{21} \\ a_{21} & b_{21} \end{pmatrix} = 0. \qquad (10.42)$$

Используя (10.37) в виде коммутационного соотношения для b и a, можно показать зависимость строк 2 и 5, 3 и 6, а также применяя строки 2 и 3 зависимость 1 и 4 в (10.38); столбцов 1 и 5, 4 и 6, столбцов 2 и 3, используя 1 и 4 в (10.39) (умножением слева в (10.38) и справа в (10.39)). Разрешая оставшиеся системы методом Гаусса, получим выражения

$$d_{21} = -b^{-1}ab_{21}, \; a_{21} = ab^{-1}b_{21}, \; c_{21} = (1-a^2)b^{-2}b_{21}, \qquad (10.43)$$

$$a_{12} = b_{12}b^{-1}a, \; d_{12} = b_{12}ab^{-1}, \; c_{12} = b_{12}b^{-2}(1-a^2). \qquad (10.44)$$

Как видно из (10.43) и (10.44), нахождение решений сводятся к нахождению двух матриц.

Из условий (10.36) $b_{21}c_{12} = 0$ или $c_{21}b_{12} = 0$ следует $b_{21}b_{12} = 0$, а значит и всех $x_{21}y_{12} = 0$ из (10.36). Оставшиеся условия (10.36) и (10.41), используя (10.44) и (10.43), получим

$$b_{12}ab^{-2}ab_{21} = 0, \quad b_{12}ab^{-1}b_{21} = 0, \quad b_{12}b^{-1}ab^{-1}b_{21} = 0, \quad b_{12}b^{-1}a^2b^{-1}b_{21} = 0,$$
(10.45a)

$$b_{12}(1-a^2)b^{-2}b_{21} = 0, \quad b_{12}a(1-a^2)b^{-2}b_{21} = 0,$$
(10.45b)

$$b_{12}b^{-2}(1-a^2)b_{21} = 0, \quad b_{12}b^{-2}(1-a^2)a(a-1)^{-1}b_{21} = 0,$$
(10.45c)

$$b_{12}b^{-1}a(1-a^2)b^{-2}b_{21} = 0, \quad b_{12}ab^{-1}(1-a^2)b^{-2}b_{21} = 0,$$
(10.45d)

$$b_{12}b^{-2}(1-a^2)b^{-1}ab_{21} = 0, \quad b_{12}b^{-2}(1-a^2)ab^{-1}b_{21} = 0,$$
(10.45e)

$$b_{12}b^{-1}ab^{-1}b_{21} = 0, \quad b_{12}ab^{-2}b_{21} = 0, \quad b_{12}b^{-1}ab_{21} = 0,$$
(10.45f)

$$b_{12}ab^{-1}b_{21} = 0, \quad b_{12}b^{-1}b_{21} = 0, \quad b_{12}b^{-1}(1-a^2)b^{-2}b_{21} = 0,$$
(10.45g)

Все условия (10.45) имеют вид $b_{12}G_ib_{21} = 0$, где G_i — матрица, принадлежащая алгебре, порожденной $a, b, b^{-1}, 1-a^2$. Множители G_i, за исключением четырех $b^{-2}(1-a^2), (1-a^2)b^{-2}, b^{-1}, b^{-1}(1-a^2)b^{-2}$ — нильпотентны.

Как видно из уравнения (10.37) при переносе b^{-1} через рациональное выражение (с определенным видом знаменателя) степень a в числителе сохраняется, а, следовательно, и степень нильпотентости по a.

Приведем конкретные примеры.

1. Положим $b_{21} = 0$, b_{12} — любое, тогда

$$B = \begin{pmatrix} 0 & b_{12} \\ 0 & b \end{pmatrix}, C = \begin{pmatrix} 0 & b_{12}b^{-2}(1-a^2) \\ 0 & b^{-1}(1-a^2) \end{pmatrix},$$

$$A = \begin{pmatrix} 0 & b_{12}b^{-1}a \\ 0 & a \end{pmatrix}, D = \begin{pmatrix} 0 & b_{12}b^{-1} \\ 0 & a(a-1)^{-1} \end{pmatrix}.$$

2. Положим $b_{12} = 0$, b_{21} -любое, тогда

$$A = \begin{pmatrix} 0 & 0 \\ ab^{-1}b_{21} & a \end{pmatrix}, D = \begin{pmatrix} 0 & 0 \\ -b^{-1}ab_{21} & a(a-1)^{-1} \end{pmatrix},$$

$$B = \begin{pmatrix} 0 & 0 \\ b_{21} & b \end{pmatrix}, C = \begin{pmatrix} 0 & 0 \\ (1-a^2)b^{-2}b_{21} & b^{-1}(1-a^2) \end{pmatrix}.$$

3. $[a]_{ij} = \delta_{i+1,j}, [b]_{ij} = \binom{j}{i}, b_{12}(b-1) = 0, ab_{21} = 0 \implies [b_{12}]_{ij} = e_i\delta_{jN}, [b_{21}]_{ij} = \delta_{i1}f_j, b_{12}b_{21} = 0, b_{21}b_{12} = 0 \implies \sum_{i=1}^{N} j_ie_i = 0$ (N — размер матрицы a) $\implies a_{21} = 0, d_{21} = 0, c_{21} = b_{21}, a_{12} = 0, d_{12} = 0, c_{12} = b_{12}$.

4. $[a]_{ij} = \delta_{i+1,j}, [b]_{ij} = \binom{j}{i}, ab_{21} = 0 \implies [b_{21}]_{ij} = \delta_{i1}f_j, \sum_{i=1}^{N} j_i(b_{12}b^{-3})_ik = 0, (b_{12}b^{-3})_{i1} = 0 \wedge f_j = 0, a_{21} = d_{21} = 0, c_{21} = b_{21}, a_{12} = b_{12}b^{-1}a, d_{12} = -b_{12}ab^{-1}, c_{12} = b_{12}b^{-2}(1-a^2)$.

10.6. Блочные решения уравнения Янга-Бакстера

Полученные решения могут быть использованы для исследования новых свойств квантового уравнения Янга-Бакстера, а также для применения его в суперсимметричных расширениях квантовых групп MANIN [1989, 1991] и двумерных моделях теории поля BAXTER [1982], DI FRANCESCO ET AL. [1997].

В книге: **Суперсимметрия, квантовые группы, мультигравитация и сингулярные теории**, ред. *С. А. Дуплий*
Стр. 157 из 254   © 2018 Central West Publishing, Australia

Глава 11

Константные решения уравнения Янга-Бакстера
С.А. Дуплий, О.И. Котульская, А.С. Садовников

11.1. Введение

Уравнение Янга-Бакстера Yang [1967], Baxter [1972] является важным в современной теоретической физике Baxter [1982]. Необходимость детального изучения решений уравнения Янга-Бакстера связана с его ключевой ролью в точнорешаемых моделях статистической механики Baxter [1972, 1982] и теории поля в малых размерностях Yang [1967], конформной теории поля Di Francesco et al. [1997] и в квантовых интегрируемых системах Faddeev et al. [1990]. С теоретико-групповой точки зрения, в то время, как классическое уравнение Янга-Бакстера тесно связано с теорией классических (полупростых) групп, квантовое уравнение Янга-Бакстера является основой современной теории квантовых групп Drinfeld [1987], Shnider and Sternberg [1993], Демидов [1998], Chari and Pressley [1996]. Имеется константная, однопараметрическая и двухпараметрическия формы квантового уравнения Янга-Бакстера Lambe and Radford [1997]. Соответствующие константные (и перестановочные) решения уравнения Янга-Бакстера Hietarinta [1992] применяются в квантовании интегрируемых нелинейных уравнений эволюции, теории квантовых групп Etingof et al. [1999], Lu et al. [2000], Etingof et al. [1997], Gu [1997] и теории узлов Kauffman [1991], Turaev [1994]. Решением квантового уравнения Янга-Бакстера является R-матрица Kassel [1995], Majid [1995] (соответствующая трансфер-марице в решеточных статистических моделях Baxter [1982]).

В последнее время унитарные решения уравнения Янга-Бакстера нашли также применение в квантовых вычислениях Холево [2002], Китаев et al. [1999], при этом унитарная R-матрица специального вида, действуя на квантовое состояние двух кубитов, по теореме Брылинских

157

BRYLINSKI AND BRYLINSKI [1994] может трактоваться как универсальный квантовый гейт KAUFFMAN AND LOMONACO [2004], ZHANG ET AL. [2005], DYE [2003].

Обобщение квантового метода обратной задачи рассеяния на суперсимметричные системы KHOROSHKIN AND TOLSTOY [1991] и соответствующие R-матрицы были рассмотрены в CHANG ET AL. [1992], ZHANG AND GOULD [1991]. Построение суперсимметричных аналогов данных конструкций требует последовательного рассмотрений решений уравнения Янга-Бакстера над грассмановой алгеброй.

Здесь мы рассматриваем константные решения уравнения Янга-Бакстера для случая 6 вершин, применяемые для описания двухпараметрической квантовой плоскости MANIN [1989] и специального вида квантовых гейтов KAUFFMAN AND LOMONACO [2004], DYE [2003]. Произведена общая классификация решений и рассмотрены частные случаи.

В отличие от стандартного случая, когда R-матрица над обычным числовым полем (например, $\mathbb{R}, \mathbb{C}$) может иметь одновременно не более 5 ненулевых элементов HIETARINTA [1992, 1993], в нашем случае (над грассмановой алгеброй) все 6 элементов могут быть отличны от нуля. Появляется новый вид решений, отсутствующий в стандартном случае HIETARINTA [1992, 1993] — действительно полное 6-вершинное решение. В заключение рассмотрены решения, приводящие к регулярным R-матрицам, которые появляются при описании слабых алгебр Хопфа LI AND DUPLIJ [2002], DUPLIJ AND LI [2001b].

11.2. Уравнение Янга-Бакстера над грассмановой алгеброй

Пусть V — векторное пространство, тогда на тензорном произведении $V^{\otimes n}$ определим линейный оператор $\mathrm{R} : V^{\otimes n} \to V^{\otimes n}$ следующим образом. Пусть $\{e_i\}$-базис в V. Сопоставим оператору R числовую матрицу R с n парами индексов

$$\mathrm{R}\left(e_{i_1} \otimes \cdots \otimes e_{i_n}\right) = R_{i_1 \cdots i_n}^{j_1 \cdots j_n}\left(e_{j_1} \otimes \cdots \otimes e_{j_n}\right), \tag{11.1}$$

где по повторяющимся индексам предполагается суммирование. Рассмотрим n-симплексное уравнение на тензорном произведении $V^{\otimes \left[\frac{n(n+1)}{2}\right]}$, где линейные операторы R действуют тривиально, $\mathrm{R}_{12}\left(e_{i_1} \otimes e_{i_2} \otimes e_{i_3}\right) = r_{i_1 i_2}^{j_1 j_2}\left(e_{i_1} \otimes e_{i_2} \otimes e_{i_3}\right)$.

11.2. Уравнение Янга-Бакстера над грассмановой алгеброй

В общем случае с $K_\alpha \in \{1, \ldots, N\}$, $N = \frac{n(n+1)}{2}$ операторы R имеют вид

$$(R_{K_1 \ldots K_n})_{i_1 \cdots i_N}^{j_1 \cdots j_N} = r_{i_{K_1} \cdots i_{K_n}}^{j_{K_1} \cdots j_{K_n}} \prod_{k=1, k \neq K_\alpha, \forall \alpha}^{N} \delta_{i_k}^{j_k}, \tag{11.2}$$

где $r_{i_{K_1} \cdots i_{K_n}}^{j_{K_1} \cdots j_{K_n}}$ — матричный элемент R-матрицы. Например, 2-симплексное константное уравнение определяется формулой

$$R_{12} R_{13} R_{23} = R_{23} R_{13} R_{12} \tag{11.3}$$

и называется уравнением Янга-Бакстера BAXTER [1982], LAMBE AND RADFORD [1997], а 3-симплексное уравнение

$$R_{123} R_{145} R_{246} R_{356} = R_{356} R_{246} R_{145} R_{123} \tag{11.4}$$

называется уравнением тетраэдра, в HIETARINTA [1997] рассматривалось также и 4-симплексное уравнение

$$R_{1234} R_{1567} R_{2589} R_{3680} R_{4790} = R_{4790} R_{3680} R_{2589} R_{1567} R_{1234}. \tag{11.5}$$

В терминах мультииндексных матриц, определенных в (11.2), операторные уравнения (11.3)–(11.5) принимают вид

$$r_{j_2 j_3}^{k_2 k_3} \, r_{j_1 k_3}^{k_1 l_3} \, r_{k_1 k_2}^{l_1 l_2} = r_{j_1 j_2}^{k_1 k_2} \, r_{k_1 j_3}^{l_1 k_3} \, r_{k_2 k_3}^{l_2 l_3}, \tag{11.6}$$

$$r_{j_3 j_5 j_6}^{k_3 k_5 k_6} \, r_{j_2 j_4 j_6}^{k_2 k_4 l_6} \, r_{j_1 j_4 j_6}^{k_1 l_4 l_5} \, r_{k_1 k_2 k_3}^{l_1 l_2 l_3} = r_{j_1 j_2 j_3}^{k_1 k_2 k_3} \, r_{k_1 j_4 j_5}^{l_1 k_4 k_5} \, r_{k_2 k_4 j_6}^{l_2 l_4 k_6} \, r_{k_3 k_5 k_6}^{l_3 l_5 l_6}, \tag{11.7}$$

$$r_{j_4 j_7 j_9 j_0}^{k_4 k_7 k_9 k_0} \, r_{j_3 j_6 j_8 j_0}^{k_3 k_6 k_8 l_0} \, r_{j_2 j_5 k_8 k_9}^{k_2 k_5 l_8 l_9} \, r_{j_1 k_5 k_6 k_7}^{k_1 l_5 l_6 l_7} \, r_{k_1 k_2 k_3 k_4}^{l_1 l_2 l_3 l_4}$$
$$= r_{j_1 j_2 j_3 j_4}^{k_1 k_2 k_3 k_4} \, r_{k_1 j_5 j_6 j_7}^{l_1 k_5 k_6 k_7} \, r_{k_2 k_5 j_8 j_9}^{l_2 l_5 k_8 k_9} \, r_{k_3 k_6 k_8 j_0}^{l_3 l_6 l_8 k_0} \, r_{k_4 k_7 k_9 k_0}^{l_4 l_7 l_9 l_0}. \tag{11.8}$$

Общая формулировка подобных (n-симплексных) уравнений приведена в CARTER AND SAITO [1996], а перестановочные решения изучались в HIETARINTA [1997, 1993]

Здесь мы рассматрим константные решения для 2-симплексного уравнения (11.6) (*уравнения Янга-Бакстера*) над грассмановой алгеброй, являющейся частным случаем супералгебры БЕРЕЗИН [1983], КАС [1993], что является важным на пути последовательного суперсимметричного обобщения уравнения Янга-Бакстера и его константных решений KHOROSHKIN AND TOLSTOY [1991], ZHANG [1991], LINKS ET AL. [1994].

Пусть Λ — коммутативная супералгебра над полем $\mathbb{K}$ (где $\mathbb{K} = \mathbb{R}$, $\mathbb{C}$ или $\mathbb{Q}_p$) с разложением на прямую сумму $\Lambda = \Lambda_{\bar{0}} \oplus \Lambda_{\bar{1}}$ БЕРЕЗИН [1983], КАС [1993]. Элементы a из $\Lambda_{\bar{0}}$ and $\Lambda_{\bar{1}}$ являются однородными по отношению к четности $p(a) \overset{def}{=} \{\bar{i} \in \{\bar{0}, \bar{1}\} = \mathbb{Z}_2 \mid a \in \Lambda_{\bar{i}}\}$.

Суперкоммутатор определяется как $[a, b] = ab - (-1)^{\mathrm{p}(a)\mathrm{p}(b)} ba$. В частном случае Λ_n —грассманова алгебра с образующими $\xi_i, \ldots, \xi_n$, которые удовлетворяют $\xi_i\xi_j + \xi_j\xi_i = 0$, $1 \leq i, j \leq n$, в частности $\xi_i^2 = 0$ (n может быть бесконечным). Структура супералгебры в Λ_n определяется тем, что четность образующей полагается равной $\mathrm{p}(\xi_i) = \bar{1}$ ЛЕЙТЕС [1980]. Тогда четный $x \in \Lambda_{\bar{0}}$ и нечетный $\varkappa \in \Lambda_{\bar{1}}$ элементы грассмановой алгебры разлагаются в сумму (которая конечна при конечном числе образующих ξ_i)

$$x = x_{numb} + x_{nil} = x_0 + x_{12}\xi_1\xi_2 + x_{13}\xi_1\xi_3 + \ldots$$

$$= x_{numb} + \sum_{1 \leq r \leq n} \sum_{1 < i_1 < \ldots < i_{2r} \leq n} x_{i_1 \ldots i_{2r}}\xi_{i_1} \cdots \xi_{i_{2r}}, \qquad (11.9)$$

$$\varkappa = \varkappa_{nil} = x_1\xi_1 + x_2\xi_2 + \ldots + x_{123}\xi_1\xi_2\xi_3 + \ldots$$

$$= \sum_{1 \leq r \leq n} \sum_{1 < i_1 < \ldots < i_{2r-1} \leq n} x_{i_1 \ldots i_{2r-1}}\xi_{i_1} \cdots \xi_{i_{2r-1}}, \qquad (11.10)$$

where $x_{i_1 \ldots i_n} \in \mathbb{K}$. Отображение ε, отбрасывающее нечетные образующие, называется числовым отображением МАНИН [1984], DE WITT [1992] (канонической проекцией ЛЕЙТЕС [1983], body map ROGERS [1980], RABIN [1987, 1991]) и оно действует на элементы (11.9)–(11.10) как $\varepsilon(x) = x|_{\xi_i=0} = x_{numb}$, $\varepsilon(\varkappa) = \varkappa|_{\xi_i=0} = 0$. Из (11.9)–(11.10) следует, что, например, уравнения $x^2 = 0$, $\varkappa x = 0$ и $\varkappa\varkappa' = 0$ могут иметь ненулевые нетривиальные решения (делители нуля и нильпотенты), которые могут существенно расширить число решений различных уравнений, в том числе, уравнения Янга-Бакстера. Например, в Λ_4 четные ненулевые нильпотенты $x^2 = 0$ удовлетворяют

$$x_0 = 0, \qquad (11.11)$$
$$x_{12}x_{34} - x_{13}x_{24} + x_{14}x_{23} = 0, \qquad (11.12)$$

и для компонент ненулевых делителей нуля $\varkappa x = 0$ получаем

$$x_0 = 0, \qquad (11.13)$$
$$x_1 x_{23} - x_2 x_{13} + x_3 x_{12} = 0, \qquad (11.14)$$
$$x_1 x_{24} - x_2 x_{14} + x_4 x_{12} = 0, \qquad (11.15)$$
$$x_1 x_{34} - x_3 x_{14} + x_4 x_{13} = 0, \qquad (11.16)$$
$$x_2 x_{34} - x_3 x_{24} + x_4 x_{23} = 0. \qquad (11.17)$$

Для $\varkappa\varkappa' = 0$ мы получаем условия

$$x_i x_j' - x_j x_i' = 0, \, i, j = 1, 2, 3, 4, \qquad (11.18)$$

которые показывают, что такие нечетные объекты (11.10) — нильпотенты второй степени нильпотентности $\varkappa^2 = 0$.

Рассмотрим R-матрицу над четной частью грассмановой алгебры с 4 образующими. В явном виде запишем разложение R (11.1) на числовую и нильпотентную части, и компоненты уравнения Янга-Бакстера R_{ij} представим в таком же виде.

$$R = R_{ij}^{(0)} + R_{ij}^{(12)}\xi_1\xi_2 + R_{ij}^{(13)}\xi_1\xi_3 + R_{ij}^{(14)}\xi_1\xi_4 + R_{ij}^{(23)}\xi_2\xi_3$$
$$+ R_{ij}^{(24)}\xi_2\xi_4 + R_{ij}^{(34)}\xi_3\xi_4 + R_{ij}^{(1234)}\xi_1\xi_2\xi_3\xi_4. \tag{11.19}$$

Подставим в (11.3) и получим систему уравнений для компонент

$$R_{12}^{(0)}R_{13}^{(0)}R_{23}^{(0)} = R_{23}^{(0)}R_{13}^{(0)}R_{12}^{(0)}, \tag{11.20}$$

$$\dots$$

где уравнение (11.20) представляет собой стандартное константное уравнение Янга-Бакстера для матриц над числовым полем, а точками обозначены уравнения для высших компонент. Все возможные решения уравнения (11.20) были получены в Hietarinta [1992, 1993]. В принципе, используя эти решения, можно получить и все соответствующие классы решений на грассмановой алгебре.

В частном случае, когда имеется симметрия

$$R^{(12)} = R^{(13)} = R^{(14)} = R^{(23)} = R^{(24)} = R^{(34)} = R^{(1)}, \tag{11.21}$$

система (11.20) упрощается и приобретает вид

$$R_{12}^{(0)}R_{13}^{(0)}R_{23}^{(0)} = R_{23}^{(0)}R_{13}^{(0)}R_{12}^{(0)}, \tag{11.22}$$

$$R_{12}^{(0)}R_{13}^{(0)}R_{23}^{(1)} + R_{12}^{(0)}R_{13}^{(1)}R_{23}^{(0)} + R_{12}^{(1)}R_{13}^{(0)}R_{23}^{(0)}$$
$$= R_{23}^{(1)}R_{13}^{(0)}R_{12}^{(0)} + R_{23}^{(0)}R_{13}^{(1)}R_{12}^{(0)} + R_{23}^{(0)}R_{13}^{(0)}R_{12}^{(1)}, \tag{11.23}$$

$$2(R_{12}^{(0)}R_{13}^{(1)}R_{23}^{(1)} + R_{12}^{(1)}R_{13}^{(0)}R_{23}^{(1)} + R_{12}^{(1)}R_{13}^{(1)}R_{23}^{(0)})$$
$$+ R_{12}^{(0)}R_{13}^{(0)}R_{23}^{(1234)} + R_{12}^{(0)}R_{13}^{(1234)}R_{23}^{(0)} + R_{12}^{(1234)}R_{13}^{(0)}R_{23}^{(0)}$$
$$= 2(R_{23}^{(1)}R_{13}^{(1)}R_{12}^{(0)} + R_{23}^{(1)}R_{13}^{(0)}R_{12}^{(1)} + R_{23}^{(0)}R_{13}^{(1)}R_{12}^{(1)})$$
$$+ R_{23}^{(1234)}R_{13}^{(0)}R_{12}^{(0)} + R_{23}^{(0)}R_{13}^{(1234)}R_{12}^{(0)} + R_{23}^{(0)}R_{13}^{(0)}R_{12}^{(1234)}. \tag{11.24}$$

Таким образом, можно предположить, что существуют решения, удовлетворяющие данной системе, но с ненулевой нильпотентной частью.

С формальной точки зрения чисто нильпотентные решения (не содержащее числовой части в разложении (11.19) $R_{ij}^{(0)} = 0$) существуют при любом количестве грассмановых образующих.

Для того, чтобы кубическое нильпотентное выражение было отлично от нуля, необходимо по крайней мере 6 образующих грассмановой алгебры. Поэтому для числа образующих меньше 6 чисто нильпотентым решением (при $R^{(0)} = 0$) будет любая матрица, так как уравнения для компонент R-матрицы однородные третьей степени.

Если рассматривать R-матрицу общего вида со всеми ненулевыми элементами, то уравнение Янга-Бакстера сводится к системе из 64 уравнений с 16 неизвестными Hietarinta [1997]. С учетом разложения над грассмановой алгеброй (11.19) количество уравнений и количество переменных существенно увеличивается. Поэтому мы ограничимся рассмотрением только 6-вершинных решений.

11.3. Необратимые решения уравнения Янга-Бакстера

Рассмотрим совокупность уравнений, которые возникают при нахождении матричных решений уравнения Янга-Бакстера над четной частью грассмановой алгебры:

$$ax = 0, \tag{11.25}$$
$$abc = 0, \tag{11.26}$$
$$a^2 = b^2. \tag{11.27}$$

Рассмотрим случай, когда a – обратимо. Тогда умножив на a^{-1} слева уравнение (11.25), получим единственное решение $x = 0$. Аналогичные рассуждения справедливы и для уравнения (11.26). Из (11.27) запишем уравнение на числовые части a и b: $a_0^2 = b_0^2$. Из этого следует, что a и b обратимы или необратимы одновременно. Поэтому решения этого уравнения для каждго значения числовой части могут отличаться только нильпотентной частью. Пусть для некоторого a существует два решения b и $b' = b + \tilde{b}$, где $\tilde{b}$– нильпотент. Тогда $b'^2 = b^2 + 2b\tilde{b} + \tilde{b}^2$. Из этого следует $\tilde{b}\left(2b + \tilde{b}\right) = 0$. Числовая часть выражения в скобках равна $2b_0$, то есть оно обратимо, поэтому $\tilde{b} = 0$, и решения уравнения (11.27) такие $b = \pm a$.

Таким образом, новые решения могут существовать только в классе чисто нильпотентных a. Поэтому далее будем рассматривать только нильпотентные элементы, входящие в уравнения (11.25)–(11.27).

Для уравнения (11.25) ниже будет показано, что для любого a можно построить x. Тогда для уравнения (11.26) можно применить полученный результат заменой в (11.25) a на ab, а x на c. То есть для произвольных ab можно построить c.

Уравнение (11.27) заменой $a = e + f, b = e - f$ сводится к уравнению вида (11.25): $ef = 0$.

В уравнении (11.25) для каждого нильпотентоного a найдем все возможные b. Для решения этого уравнения a удобно представить в виде суммы произведений образующих алгебры Грассмана на обратимый параметр. Для дальнейших вычислений нам будет полезно выписать решения уравнения (11.25) для некоторых частных видов a.

Вид 1: a представляется одним слагаемым

$$a = \xi_{i_1} \ldots \xi_{i_n} \widetilde{a}, \widetilde{a}_0 \neq 0.$$

Так как $\widetilde{a}$ обратимо, то уравнение (11.25) эквивалентно уравнению

$$\xi_{i_1} \ldots \xi_{i_n} x = 0. \tag{11.28}$$

Для решения этого уравнения представим x в виде суммы всех возможных упорядоченных произведений образующих. Тогда в произведении (11.28) останутся слагаемые, в которые не входили ξ_i. А так как произведения образующих, входящих в x упорядоченные, то при каждом произведении образующих в выражении (11.28) будет только одно числовое слагаемое. Поэтому общим решением (11.28) будет

$$x = \sum_{k=1}^{n} \xi_{i_k} \widetilde{x}_k,$$

где $\widetilde{x}_k$— произвольные, возможно обратимые, параметры алгебры Грассмана. То есть необходимо чтобы x содержало хотя бы по одной образующей, входящей в $\xi_{i_1} \ldots \xi_{i_n}$.

Вид 2: a имеет вид

$$a = \xi_{i_1} \ldots \xi_{i_l} a_1 + \xi_{j_1} \ldots \xi_{j_m} a_2, \tag{11.29}$$

причем множества индексов не пересекаются $\{i_1, \ldots, i_l\} \cap \{j_1, \ldots, j_m\} = \emptyset$. Без потери общности можно положить, что $a_2 = 1$. Тогда x удобно представить в виде двух слагаемых

$$x = x_1 + x_2.$$

Первое из них зануляет оба слагаемых $\xi_{i_1} \ldots \xi_{i_l} x_1 = 0$ и $\xi_{j_1} \ldots \xi_{j_m} x_1 = 0$. Тогда пользуясь результатом предудущего случая получаем

$$x_1 = \sum_{p=1}^{l} \sum_{q=1}^{m} \xi_{i_p} \xi_{j_q} x_{pq},$$

где x_{pq}— произвольные элементы.

Вид x_2 будем определять из условия, что оно не зануляет хотя бы одно из слагаемых (11.29), а значит и каждое. Для того чтобы возможна была сумма, так как $\{i_1, \ldots, i_l\} \cap \{j_1, \ldots, j_m\} = \emptyset$ необходимо, чтобы x_2 имело вид

$$x_2 = \xi_{j_1} \ldots \xi_{j_m} x_3 + \xi_{i_1} \ldots \xi_{i_l} x_4, \qquad (11.30)$$

где x_3 и x_4 – произвольные параметры, не содержащие $\xi_{i_1}, \ldots, \xi_{i_l}, \xi_{j_1}, \ldots, \xi_{j_m}$. Тогда уравнение (11.25) эквивалентно уравнению

$$a_1' x_3 + (-1)^{ml} x_4 = 0,$$

где $\xi_{j_1} \ldots \xi_{j_m} a_1' = a_1 \xi_{j_1} \ldots \xi_{j_m}$ и a_1' не содержит слагаемых, содержащих $\xi_{j_1}, \ldots, \xi_{j_m}$. Тогда

$$x_2 = \left(\xi_{j_1} \ldots \xi_{j_m} + \xi_{i_1} \ldots \xi_{i_l} (-1)^{ml+1} a_1' \right) x_3.$$

Вид 3: a представляется в виде суммы двух слагаемых как и в предыдущем случае, за исключением того, что множества индексов пересекается $\{i_1, \ldots, i_l\} \cap \{j_1, \ldots, j_m\} \neq \emptyset$. То есть a можно записать в виде

$$a = \xi_{i_1} \ldots \xi_{i_l} \left(\xi_{j_1} \ldots \xi_{j_m} a_1 + \xi_{k_1} \ldots \xi_{k_n} \right), \qquad (11.31)$$

$\{i_1, \ldots, i_l\} \cap \{j_1, \ldots, j_m\} = \emptyset$, $\{i_1, \ldots, i_l\} \cap \{k_1, \ldots, k_n\} = \emptyset$, $\{j_1, \ldots, j_m\} \cap \{k_1, \ldots, k_n\} = \emptyset$. Тогда параметр x можно представить в ввиде суммы трех слагаемых

$$x = x_1 + x_2 + x_3. \qquad (11.32)$$

Первое слагаемое зануляет $\xi_{i_1} \ldots \xi_{i_l}$, то есть

$$\xi_{i_1} \ldots \xi_{i_l} x_1 = 0.$$

Тогда пользуясь результатом первого случая получим

$$x_1 = \sum_{p=1}^{l} \xi_{i_p} \widetilde{x}_p.$$

Второе слагаемое зануляет одновременно оба слагаемых в скобке (11.31) $\xi_{j_1} \ldots \xi_{j_m} x_2 = 0 \wedge \xi_{k_1} \ldots \xi_{k_n} x_2 = 0$. Тогда по аналогии с предыдущим случаем

$$x_2 = \sum_{p=1}^{m} \sum_{q=1}^{n} \xi_{j_p} \xi_{k_q} x_{pq}$$

11.3. Необратимые решения уравнения Янга-Бакстера

Третье слагаемое (11.32) зануляет сомножитель в скобке, как в предудущем случае. Вид x_3 имеет вид, подобный (11.30)

$$x_3 = \xi_{k_1} \ldots \xi_{k_n} x_4 + \xi_{j_1} \ldots \xi_{j_m} x_5,$$

где x_4 и x_5 не содержат $\xi_{j_1}, \ldots, \xi_{j_m}, \xi_{k_1}, \ldots, \xi_{k_n}$. Тогда уравнение (11.25) эквивалентно уравнению

$$a_1' x_4 + (-1)^{ml} x_5 = 0,$$

где $\xi_{k_1} \ldots \xi_{k_n} a_1' = a_1 \xi_{k_1} \ldots \xi_{k_n}$ и a_1' не содержит слагаемых, содержащих $\xi_{k_1}, \ldots, \xi_{k_n}$. Тогда окончательно

$$x_3 = \left(\xi_{j_1} \ldots \xi_{j_m} + \xi_{i_1} \ldots \xi_{i_l} (-1)^{ml+1} a_1' \right) x_4. \qquad (11.33)$$

Используя полученные результаты можно построить общий вид решения уравнения (11.25) при заданном виде a

$$a = \sum_{k=1}^{n} \alpha_k a_k, \qquad (11.34)$$

где $\alpha_k = \xi_{i_1} \ldots \xi_{i_l}$, $i_1, \ldots, i_l$– упорядочены по возрастанию, a_k– обратимые параметры, не содержащие $\xi_{i_1} \ldots \xi_{i_l}$. Общий ход нахождения решений состоит в следующем: представим x в виде суммы $n+1$ слагаемых, где n– число слагаемых в (11.34)

$$x = \sum_{i=0}^{n} x_i.$$

Каждое x_i зануляет одновременно i слагаемых (11.34), причем эти слагаемые выбираются всевозможные. То есть каждое x_i есть сумма $x_i = \sum_{j=1}^{\binom{n}{i}} x_{ij}$, каждое слагаемое которой зануляет какую-то конкретную выборку C_{ij} из n по i слагаемых (11.34)

$$\forall k \ \in \ C_{ij}, a_k x_{ij} = 0, \qquad (11.35)$$

$$\sum_{k \notin C_j} a_k x_{ij} = 0. \qquad (11.36)$$

Случаи $j = n$ и $j = n - 1$ совпадают, так как если зануляется вся сумма и $n-1$ ее слагаемых, то зануляется и n-ое слагаемое, то есть каждое слагаемое.

Глава 11. КОНСТАНТНЫЕ РЕШЕНИЯ УРАВНЕНИЯ ЯНГА-БАКСТЕРА
С.А. Дуплий, О.И. Котульская, А.С. Садовников

Может быть такая ситуация для какой-то выборки C_{ij}, что будут зануляться некоторые слагаемые в сумме (11.36). Тогда этот случай сведется к случаю с большим i. Поэтому нахождение x необходимо начинать с больших i. Так же такой порядок нахожения x определяется способом нахождения решений для частных видов a.

Таким образом данная схема позволяет получить все возможные решения уравнения (11.25).

Рассмотрим примеры. Найдем конкретные четные нильпотентные решения уравнения (11.25) над грассмановой алгеброй с 2,3,4,5 образующими.

Случай 1: Для элементов вида

$$a = a_{12}\xi_1\xi_2,$$
$$b = b_{12}\xi_1\xi_2,$$

уравнение (11.25) выполняется для $\forall\, a_{12}$, b_{12}, т.к. $\xi_i^2 = 0$. Аналогичная ситуация складывается и для 3 образующих

$$a = a_{12}\xi_1\xi_2 + a_{13}\xi_1\xi_3 + a_{23}\xi_2\xi_3, \tag{11.37}$$
$$b = b_{12}\xi_1\xi_2 + b_{13}\xi_1\xi_3 + b_{23}\xi_2\xi_3, \tag{11.38}$$

все слагаемые будут зануляться.

Случай 2: Для элементов вида

$$\begin{aligned}
a = {} & a_{12}\xi_1\xi_2 + a_{13}\xi_1\xi_3 + a_{14}\xi_1\xi_4 + a_{23}\xi_2\xi_3 \\
& + a_{24}\xi_2\xi_4 + a_{34}\xi_3\xi_4 + a_{1234}\xi_1\xi_2\xi_3\xi_4, \tag{11.39} \\
b = {} & b_{12}\xi_1\xi_2 + b_{13}\xi_1\xi_3 + b_{14}\xi_1\xi_4 + b_{23}\xi_2\xi_3 \\
& + b_{24}\xi_2\xi_4 + b_{34}\xi_3\xi_4 + b_{1234}\xi_1\xi_2\xi_3\xi_4, \tag{11.40}
\end{aligned}$$

уравнение (11.25) сводится к следующему условию для коэффициентов

$$a_{12}b_{34} - a_{13}b_{24} + a_{14}b_{23} + a_{23}b_{14} - a_{24}b_{13} + a_{34}b_{12} = 0, \tag{11.41}$$

а a_{1234}, b_{1234} остаются неопределены. Таким образом решение будет 13-параметрическим. Подобную ситуацию получаем и для 5 образующих

$$\begin{aligned}
a &= a_{12}\xi_1\xi_2 + a_{13}\xi_1\xi_3 + a_{14}\xi_1\xi_4 + a_{15}\xi_1\xi_5 + a_{23}\xi_2\xi_3 \\
&\quad + a_{24}\xi_2\xi_4 + a_{25}\xi_2\xi_5 + a_{34}\xi_3\xi_4 + a_{35}\xi_3\xi_5 \\
&\quad + a_{45}\xi_4\xi_5 + a_{1234}\xi_1\xi_2\xi_3\xi_4 + a_{1235}\xi_1\xi_2\xi_3\xi_5 \\
&\quad + a_{1245}\xi_1\xi_2\xi_4\xi_5 + a_{1345}\xi_1\xi_3\xi_4\xi_5 + a_{2345}\xi_2\xi_3\xi_4\xi_5, \quad (11.42) \\
b &= b_{12}\xi_1\xi_2 + b_{13}\xi_1\xi_3 + b_{14}\xi_1\xi_4 + b_{15}\xi_1\xi_5 + b_{23}\xi_2\xi_3 \\
&\quad + b_{24}\xi_2\xi_4 + b_{25}\xi_2\xi_5 + b_{34}\xi_3\xi_4 + b_{35}\xi_3\xi_5 \\
&\quad + b_{45}\xi_4\xi_5 + b_{1234}\xi_1\xi_2\xi_3\xi_4 + b_{1235}\xi_1\xi_2\xi_3\xi_5 \\
&\quad + b_{1245}\xi_1\xi_2\xi_4\xi_5 + b_{1345}\xi_1\xi_3\xi_4\xi_5 + b_{2345}\xi_2\xi_3\xi_4\xi_5. \quad (11.43)
\end{aligned}$$

В этом случае уравнение (11.25) сводится к системе

$$\begin{aligned}
a_{12}b_{34} - a_{13}b_{24} + a_{14}b_{23} + a_{23}b_{14} - a_{24}b_{13} + a_{34}b_{12} &= 0, \\
a_{12}b_{35} - a_{13}b_{25} + a_{15}b_{23} + a_{23}b_{15} - a_{25}b_{13} + a_{35}b_{12} &= 0, \\
a_{12}b_{45} - a_{14}b_{25} + a_{15}b_{24} + a_{24}b_{15} - a_{25}b_{14} + a_{45}b_{12} &= 0, \\
a_{13}b_{45} - a_{14}b_{35} + a_{15}b_{34} + a_{34}b_{15} - a_{35}b_{14} + a_{45}b_{13} &= 0, \\
a_{23}b_{45} - a_{24}b_{35} + a_{25}b_{34} + a_{34}b_{25} - a_{35}b_{24} + a_{45}b_{23} &= 0,
\end{aligned}$$

коэффициенты a_{1234}, a_{1235}, a_{1245}, a_{1345}, a_{2345}, b_{1234}, b_{1235}, b_{1245}, b_{1345}, b_{2345}-неопределены. Решение будет 25-параметрическим. Так что, в случае 6 образующих появятся уравнения на коэффициенты нового типа.

Понятно, что решение уравнения (11.25) над любой конечномерной грассмановой алгеброй определяется такими же условиями.

Далее рассмотрим непосредственное решение уравнения Янга-Бакстера над грассмановой алгеброй.

11.4. Классификация решений

В соответствии с KASSEL [1995] 6-вершинным решением уравнения Янга-Бакстера называют R-матрицы вида

$$R = \begin{pmatrix} p & \cdot & \cdot & \cdot \\ \cdot & c & d & \cdot \\ \cdot & a & b & \cdot \\ \cdot & \cdot & \cdot & q \end{pmatrix}, \quad (11.44)$$

где a, b, c, d, p, q – четные элементы грассмановой алгебры. Из уравнения Янга-Бакстера (11.3) следует, что R-матрица определена с точностью до константы (масштабная симметрия), так что всегда можно произвести нормировку на элемент, числовая часть которого отлична от нуля. Поскольку заранее (до классификации) неизвестно, какой из элементов в (11.3) имеет ненулевую числовую часть, мы не будем производить нормировку в (11.44).

Из (11.2) и (11.3) следует явный вид матриц R_{12}, R_{13}, R_{23}

$$
R_{12}=\begin{pmatrix} p & \cdot & \cdot & \cdot & \cdot & \cdot & \cdot & \cdot \\ \cdot & p & \cdot & \cdot & \cdot & \cdot & \cdot & \cdot \\ \cdot & \cdot & c & \cdot & d & \cdot & \cdot & \cdot \\ \cdot & \cdot & \cdot & c & \cdot & d & \cdot & \cdot \\ \cdot & \cdot & a & \cdot & b & \cdot & \cdot & \cdot \\ \cdot & \cdot & \cdot & a & \cdot & b & \cdot & \cdot \\ \cdot & \cdot & \cdot & \cdot & \cdot & \cdot & q & \cdot \\ \cdot & \cdot & \cdot & \cdot & \cdot & \cdot & \cdot & q \end{pmatrix}, R_{13}=\begin{pmatrix} p & \cdot & \cdot & \cdot & \cdot & \cdot & \cdot & \cdot \\ \cdot & c & \cdot & \cdot & d & \cdot & \cdot & \cdot \\ \cdot & \cdot & p & \cdot & \cdot & \cdot & \cdot & \cdot \\ \cdot & \cdot & \cdot & c & \cdot & \cdot & d & \cdot \\ \cdot & a & \cdot & \cdot & b & \cdot & \cdot & \cdot \\ \cdot & \cdot & \cdot & \cdot & \cdot & q & \cdot & \cdot \\ \cdot & \cdot & \cdot & a & \cdot & \cdot & b & \cdot \\ \cdot & \cdot & \cdot & \cdot & \cdot & \cdot & \cdot & q \end{pmatrix}, \tag{11.45}
$$

$$
R_{23}=\begin{pmatrix} p & \cdot & \cdot & \cdot & \cdot & \cdot & \cdot & \cdot \\ \cdot & c & d & \cdot & \cdot & \cdot & \cdot & \cdot \\ \cdot & a & b & \cdot & \cdot & \cdot & \cdot & \cdot \\ \cdot & \cdot & \cdot & q & \cdot & \cdot & \cdot & \cdot \\ \cdot & \cdot & \cdot & \cdot & p & \cdot & \cdot & \cdot \\ \cdot & \cdot & \cdot & \cdot & \cdot & c & d & \cdot \\ \cdot & \cdot & \cdot & \cdot & \cdot & a & b & \cdot \\ \cdot & \cdot & \cdot & \cdot & \cdot & \cdot & \cdot & q \end{pmatrix}. \tag{11.46}
$$

Подставим R_{12}, R_{13}, R_{23} в (11.6) и получим систему уравнений (которая существенно переопределена)

$$
\begin{align}
cda &= 0, \tag{11.47}\\
bda &= 0, \tag{11.48}\\
da(d-a) &= 0, \tag{11.49}\\
pd(d-p)+cbd &= 0, \tag{11.50}\\
qd(d-q)+cbd &= 0, \tag{11.51}\\
pa(a-p)+cba &= 0, \tag{11.52}\\
qa(a-q)+cba &= 0. \tag{11.53}
\end{align}
$$

Все параметры представим в виде суммы числовой части и четной нильпотентной $x = x_0 + \tilde{x}$, где $x = a, b, c, d, p, q$. Понятно, что системе уравнений (11.47)–(11.53) должна удовлетворять и числовая часть, так что по ней будем производить классификацию решений.

Из-за уравнения (11.47) $cda = 0$ следует, что решения для числовой части удобно классифицировать по равенству нулю элементов a_0 и d_0.

1) Оба отличны от нуля: $d_0, a_0 \neq 0 \rightarrow b_0 = c_0 = 0, a_0 = d_0, \{p_0, q_0\} = \{0, a_0\}$, где $\{\ \}$ означает множество элементов. Тогда для числовой части R-матрицы получаем 4-вершинное решение

$$
R^{(0)} = \begin{pmatrix} \{0, a_0\} & \cdot & \cdot & \cdot \\ \cdot & \cdot & a_0 & \cdot \\ \cdot & a_0 & \cdot & \cdot \\ \cdot & \cdot & \cdot & \{0, a_0\} \end{pmatrix} \sim \begin{pmatrix} \{0, 1\} & \cdot & \cdot & \cdot \\ \cdot & \cdot & 1 & \cdot \\ \cdot & 1 & \cdot & \cdot \\ \cdot & \cdot & \cdot & \{0, 1\} \end{pmatrix}, \tag{11.54}
$$

где последняя эквивалентность следует из-за нормировки на $a_0 \neq 0$.

2) Один из элементов a_0 и d_0 отличен от нуля:

2a) $a_0 = 0, d_0 \neq 0 \rightarrow \{p_0, q_0\} = \left\{ \dfrac{d_0}{2} \pm \sqrt{\dfrac{d_0^2}{4} + b_0 c_0} \right\}$, тогда для числовой части R-матрицы получаем 5-вершинное решение

$$R^{(0)} = \begin{pmatrix} \left\{ \dfrac{d_0}{2} \pm \sqrt{\dfrac{d_0^2}{4} + b_0 c_0} \right\} & \cdot & \cdot & & \cdot \\ & \cdot & c_0 & d_0 & \cdot \\ & \cdot & \cdot & b_0 & \\ & \cdot & \cdot & \cdot & \left\{ \dfrac{d_0}{2} \pm \sqrt{\dfrac{d_0^2}{4} + b_0 c_0} \right\} \end{pmatrix}. \quad (11.55)$$

2b) Либо $d_0 = 0, a_0 \neq 0 \rightarrow \{p_0, q_0\} = \left\{ \dfrac{a_0}{2} \pm \sqrt{\dfrac{a_0^2}{4} + b_0 c_0} \right\}$, тогда снова получаем 5-вершинное решение

$$R^{(0)} = \begin{pmatrix} \left\{ \dfrac{a_0}{2} \pm \sqrt{\dfrac{a_0^2}{4} + b_0 c_0} \right\} & \cdot & \cdot & & \cdot \\ & \cdot & c_0 & \cdot & \cdot \\ & \cdot & a_0 & b_0 & \cdot \\ & \cdot & \cdot & \cdot & \left\{ \dfrac{a_0}{2} \pm \sqrt{\dfrac{a_0^2}{4} + b_0 c_0} \right\} \end{pmatrix}. \quad (11.56)$$

3) Обе числовые части элементов a и d равны нулю: $a_0 = d_0 = 0 \rightarrow p_0, q_0, b_0, c_0$ – любые, и числовая часть R-матрицы становится диагональной (4-вершинное числовое решение)

$$R^{(0)} = \begin{pmatrix} p_0 & \cdot & \cdot & \cdot \\ \cdot & c_0 & \cdot & \cdot \\ \cdot & \cdot & b_0 & \cdot \\ \cdot & \cdot & \cdot & q_0 \end{pmatrix}. \quad (11.57)$$

Теперь продолжим классификацию с учетом нильпотентных частей. Используя тот факт, что элемент обратим, если его числовая часть отлична от нуля, получаем окончательный ответ для первого случая:

1) $a = d$ – любые четные обратимые: $b = c = 0, \{p, q\} = \{0, a\}$, тогда имеем 2- и 4-вершинные решения

$$R = \begin{pmatrix} \{0,a\} & \cdot & \cdot & \cdot \\ \cdot & \cdot & a & \cdot \\ \cdot & a & \cdot & \cdot \\ \cdot & \cdot & \cdot & \{0,a\} \end{pmatrix} \sim \begin{pmatrix} \{0,1\} & \cdot & \cdot & \cdot \\ \cdot & \cdot & 1 & \cdot \\ \cdot & 1 & \cdot & \cdot \\ \cdot & \cdot & \cdot & \{0,1\} \end{pmatrix}, \quad (11.58)$$

где последняя эквивалентность следует из масштабной симметрии уравнения Янга-Бакстера.

Во втором случае обратимость d приводит к равенству нулю нильпотентного параметра a из уравнения (11.47). Тогда оставшуюся упрощенную систему уравнений (11.50)–(11.53) можно разрешить относительно параметров p и q. Уравнения на эти параметры совпадают

$$p^2 = pd + bc, \quad q^2 = qd + bc. \quad (11.59)$$

Если дискриминант квадратного уравнения имеет ненулевую числовую часть $\dfrac{d_0^2}{4} + b_0 c_0 \neq 0$, то решение можно записать в явном виде.

2) При $a = 0$ имеем:

2a) $\dfrac{d_0^2}{4} + b_0 c_0 \neq 0 \rightarrow \{p, q\} = \dfrac{d}{2} \pm \sqrt{\dfrac{d^2}{4} + bc}$, тогда получаем 5-вершинное решение

$$R = \begin{pmatrix} \dfrac{d}{2} \pm \sqrt{\dfrac{d^2}{4} + bc} & \cdot & \cdot & \cdot \\ \cdot & \cdot & c & d & \cdot \\ \cdot & \cdot & b & \cdot \\ \cdot & \cdot & \dfrac{d}{2} \pm \sqrt{\dfrac{d^2}{4} + bc} \end{pmatrix}. \quad (11.60)$$

Если дискриминант равен нулю $\dfrac{d_0^2}{4} + b_0 c_0 = 0$, то формула (11.60) неприменима, т.к. невозможно найти квадратный корень из нильпотентного выражения. Тогда из (11.47)–(11.53) и (11.59) видно, что равенство нулю числовой части дискриминанта приводит к обратимости параметров b, c, p, q. Положим (используя масштабную симметрию) $d = 1$. Уравнения на оставшиеся нильпотентные части p и q имеют вид

$$\tilde{p}^2 = \tilde{q}^2. \quad (11.61)$$

Тогда получаем:

2b) $\dfrac{d_0^2}{4} + b_0 c_0 = 0 \rightarrow b, c, p, q$ — обратимые и $p_0 = q_0 = \dfrac{d_0}{2}, c = \dfrac{\tilde{p}^2 - \dfrac{1}{4}}{b}$,

$b_0 c_0 = -\frac{1}{4}, p_0 = q_0 = \frac{1}{2}$. Так что, получаем 5-вершинное решение

$$
R = \begin{pmatrix} \frac{1}{2} + \tilde{p} & \cdot & \cdot & \cdot \\ \cdot & \dfrac{\tilde{p}^2 - \dfrac{1}{4}}{b} & 1 & \cdot \\ \cdot & \cdot & b & \cdot \\ \cdot & \cdot & \cdot & \frac{1}{2} + \tilde{q} \end{pmatrix}.
\tag{11.62}
$$

В этом случае имеется множество решений по сравнению с предыдущим случаем из-за нильпотентности. Основное отличие от предыдущего случая (11.60) состоит в том, что параметры p и q сейчас связаны уравнением на нильпотентные части (11.61), что дает большую свободу в выборе их допустимых значений.

3) В третьем случае, когда числовая часть имеет диагональный вид, можно выделить четыре подслучая.

3a) $p_0^2 - b_0 c_0 \neq 0$ или $q_0^2 - b_0 c_0 \neq 0 \rightarrow a = d = 0, p, q, b, c$ — любые, тогда получаем диагональную R-матрицу (4-вершинное решение)

$$
R = \begin{pmatrix} p & \cdot & \cdot & \cdot \\ \cdot & c & \cdot & \cdot \\ \cdot & \cdot & b & \cdot \\ \cdot & \cdot & \cdot & q \end{pmatrix}.
\tag{11.63}
$$

3b) $p_0^2 - b_0 c_0 = 0$ и $q_0^2 - b_0 c_0 = 0$. Положим $p = 1$, тогда $p_0^2 = q_0^2 = b_0 c_0 = 1$,

$$
ad = 0, \tag{11.64}
$$

$$
a\left(a + \frac{\tilde{c}}{c_0} + \frac{\tilde{b}}{b_0} + \frac{\tilde{b}}{b_0}\frac{\tilde{c}}{c_0}\right) = 0, \tag{11.65}
$$

$$
d\left(d + \frac{\tilde{c}}{c_0} + \frac{\tilde{b}}{b_0} + \frac{\tilde{b}}{b_0}\frac{\tilde{c}}{c_0}\right) = 0. \tag{11.66}
$$

Числовая часть параметра q из-за $q_0^2 = 1$ может принимать значения ± 1. Соответственно уравнения для нильпотентной части $\tilde{q}$ — это две различные системы уравнений

$$
q_0 = +1 \rightarrow a\tilde{q} = 0, d\tilde{q} = 0, \tag{11.67}
$$

$$
q_0 = -1 \rightarrow a\left(a - \tilde{q}\right) = 0, d\left(d - \tilde{q}\right) = 0. \tag{11.68}
$$

Уравнения (11.68) удобнее переписать, используя (11.65)–(11.66), в линейном по a и d виде:

$$q_0 = +1 \rightarrow a\tilde{q} = 0, d\tilde{q} = 0, \tag{11.69}$$
$$q_0 = -1 \rightarrow a\left(\tilde{q} - f\right) = 0, d\left(\tilde{q} - f\right) = 0, \tag{11.70}$$

где $f = -\dfrac{\tilde{b}}{b_0} - \dfrac{\tilde{c}}{c_0} - \dfrac{\tilde{b}}{b_0}\dfrac{\tilde{c}}{c_0}$.

3c) $p_0^2 - b_0 c_0 = 0$ и $q_0^2 - b_0 c_0 = 0 \rightarrow p_0 = q_0 = b_0 = 0, c_0 \neq 0 \rightarrow c = 1$ и уравнения приобретают вид

$$ad = 0, \tag{11.71}$$
$$a\left(p^2 - pa - b\right) = 0, \tag{11.72}$$
$$d\left(p^2 - pd - b\right) = 0, \tag{11.73}$$
$$a\left(q^2 - qa - b\right) = 0, \tag{11.74}$$
$$d\left(q^2 - qd - b\right) = 0; \tag{11.75}$$

3d) Все числовые части равны нулю

$$p_0 = q_0 = b_0 = c_0 = a_0 = d_0 = 0 \tag{11.76}$$

.

Из уравнений (11.64)–(11.66) и (11.71)–(11.75) следует, что только в случаях 3b) и 3c) можно ожидать полных 6-вершинных решений, которые отсутствуют в классификации Hietarinta [1997, 1993].

Рассмотрим теперь конкретный вид решений при числе образующих грассмановой алгебры, равном 2, 3, и 4.

11.5. Решения над грассмановой алгеброй с двумя образующими

Разложение каждого элемента R-матрицы (11.44) по 2 грассмановым образующим представим в виде

$$c = c_0 + c_{12}\xi_1\xi_2, \quad b = b_0 + b_{12}\xi_1\xi_2, \quad d = d_0 + d_{12}\xi_1\xi_2, \tag{11.77}$$
$$p = p_0 + p_{12}\xi_1\xi_2, \quad q = q_0 + q_{12}\xi_1\xi_2, \quad a = a_0 + a_{12}\xi_1\xi_2. \tag{11.78}$$

Подставим эти разложения в систему (11.47)–(11.53) и получим систему

$$c_0 d_0 a_0 = 0, \quad b_0 d_0 a_0 = 0, \quad d_0 a_0 (d_0 - a_0) = 0, \tag{11.79}$$

$$p_0 d_0 (d_0 - p_0) + c_0 b_0 d_0 = 0, \quad q_0 d_0 (d_0 - q_0) + c_0 b_0 d_0 = 0, \tag{11.80}$$

$$p_0 a_0 (a_0 - p_0) + c_0 b_0 a_0 = 0, \tag{11.81}$$

$$q_0 a_0 (a_0 - q_0) + c_0 b_0 a_0 = 0, \quad c_0 d_0 a_{12} + c_0 a_0 d_{12} + d_0 a_0 c_{12} = 0, \tag{11.82}$$

$$b_0 d_0 a_{12} + b_0 a_0 d_{12} + d_0 a_0 b_{12} = 0, \tag{11.83}$$

$$d_0 a_0 (d_{12} - a_{12}) + d_0 (d_0 - a_0) a_{12} + a_0 (d_0 - a_0) d_{12} = 0, \tag{11.84}$$

$$p_0 d_0 (d_{12} - p_{12}) + p_0 (d_0 - p_0) d_{12} + d_0 (d_0 - p_0) p_{12}$$
$$+ c_0 b_0 d_{12} + c_0 d_0 b_{12} + b_0 d_0 c_{12} = 0, \tag{11.85}$$

$$q_0 d_0 (d_{12} - q_{12}) + q_0 (d_0 - q_0) d_{12} + d_0 (d_0 - q_0) q_{12}$$
$$+ c_0 b_0 d_{12} + c_0 d_0 b_{12} + b_0 d_0 c_{12} = 0, \tag{11.86}$$

$$p_0 a_0 (a_{12} - p_{12}) + p_0 (a_0 - p_0) a_{12} + a_0 (a_0 - p_0) p_{12}$$
$$+ c_0 b_0 a_{12} + c_0 a_0 b_{12} + b_0 a_0 c_{12} = 0, \tag{11.87}$$

$$q_0 a_0 (a_{12} - q_{12}) + q_0 (a_0 - q_0) a_{12} + a_0 (a_0 - q_0) q_{12}$$
$$+ c_0 b_0 a_{12} + c_0 a_0 b_{12} + b_0 a_0 c_{12} = 0. \tag{11.88}$$

Уравнения (11.79) будем рассматривать как ключевые. Будем искать решение для всех ненулевых элементов c, b, d, p, q, a, т.е. числовая и нильпотентная части одновременно не обращаются в нуль, что существенно сужает классы решений.

Случай I: $d_0 = 0$. Система (11.79)–(11.88) приобретает следующий вид:

$$d_0 = 0, \quad p_0 a_0 (a_0 - p_0) + c_0 b_0 a_0 = 0, \quad q_0 a_0 (a_0 - q_0) + c_0 b_0 a_0 = 0, \tag{11.89}$$

$$a_0^2 d_{12} = 0, \tag{11.90}$$

$$c_0 a_0 d_{12} = 0, \quad b_0 a_0 d_{12} = 0, \tag{11.91}$$

$$p_0^2 d_{12} - c_0 b_0 d_{12} = 0, \quad q_0^2 d_{12} - c_0 b_0 d_{12} = 0, \tag{11.92}$$

$$p_0 a_0 (a_{12} - p_{12}) + p_0 (a_0 - p_0) a_{12} + a_0 (a_0 - p_0) p_{12}$$
$$+ c_0 b_0 a_{12} + c_0 a_0 b_{12} + b_0 a_0 c_{12} = 0, \tag{11.93}$$

$$q_0 a_0 (a_{12} - q_{12}) + q_0 (a_0 - q_0) a_{12} + a_0 (a_0 - q_0) q_{12}$$
$$+ c_0 b_0 a_{12} + c_0 a_0 b_{12} + b_0 a_0 c_{12} = 0. \tag{11.94}$$

Из уравнения (11.90) следует, что $a_0 = 0$, тогда

$$d_0 = 0, \quad a_0 = 0, \tag{11.95}$$

$$p_0^2 d_{12} - c_0 b_0 d_{12} = 0, \quad q_0^2 d_{12} - c_0 b_0 d_{12} = 0, \tag{11.96}$$

$$p_0^2 a_{12} - c_0 b_0 a_{12} = 0, \quad q_0^2 a_{12} - c_0 b_0 a_{12} = 0. \tag{11.97}$$

Глава 11. Константные решения уравнения Янга-Бакстера
С.А. Дуплий, О.И. Котульская, А.С. Садовников

Из уравнений (11.96)–(11.97) следует, что $p_0^2 = q_0^2 = c_0 b_0$ (из-за предположения о том, что никакие из 6 элементов не равны 0). Введем параметры $p_0 = q_0 = t, c_0 = r \neq 0$, тогда $b_0 = \dfrac{t^2}{r}$, т.к. нильпотентные части не определяются из уранений (11.95)–(11.97), введем еще 6 параметров $c_{12} = v, b_{12} = w, d_{12} = y, p_{12} = l, q_{12} = m, a_{12} = n$. Окончательное решение будет 8-параметрическим

$$c = r + v\xi_1\xi_2, \quad b = \frac{t^2}{r} + w\xi_1\xi_2, \quad d = y\xi_1\xi_2, \tag{11.98}$$

$$p = t + l\xi_1\xi_2, \quad q = t + m\xi_1\xi_2, \quad a = n\xi_1\xi_2. \tag{11.99}$$

Выпишем результирующую 6-вершинную R-матрицу

$$R = \begin{pmatrix} t + l\xi_1\xi_2 & 0 & 0 & 0 \\ 0 & r + v\xi_1\xi_2 & y\xi_1\xi_2 & 0 \\ 0 & n\xi_1\xi_2 & \dfrac{t^2}{r} + w\xi_1\xi_2 & 0 \\ 0 & 0 & 0 & t + m\xi_1\xi_2 \end{pmatrix}$$

$$= \begin{pmatrix} t & 0 & 0 & 0 \\ 0 & r & 0 & 0 \\ 0 & 0 & \dfrac{t^2}{r} & 0 \\ 0 & 0 & 0 & t \end{pmatrix} + \begin{pmatrix} l & 0 & 0 & 0 \\ 0 & v & y & 0 \\ 0 & n & w & 0 \\ 0 & 0 & 0 & m \end{pmatrix} \xi_1\xi_2. \tag{11.100}$$

По классификации предыдущего раздела такое решение относится к случаю 3b). Очевидно, что, если бы мы рассматривали R-матрицу над числовым полем, то это решение являлось бы 4-вершинным, а не 6 (см. HIETARINTA [1997]). При $t = 0$ мы получаем экзотическую 6-вершинную R-матрицу, в которой только 1 элемент обратим, что в нашей классификации соответствуют случаю 3c).

Случай II: $a_0 = 0$. Система (11.79)–(11.88) сводится к следующей:

$$a_0 = 0, \tag{11.101}$$

$$p_0 d_0 (d_0 - p_0) + c_0 b_0 d_0 = 0, \quad q_0 d_0 (d_0 - q_0) + c_0 b_0 d_0 = 0, \tag{11.102}$$

$$c_0 d_0 a_{12} = 0, \quad b_0 d_0 a_{12} = 0, \tag{11.103}$$

$$d_0^2 a_{12} = 0, \tag{11.104}$$

$$p_0 d_0 (d_{12} - p_{12}) + p_0 (d_0 - p_0) d_{12} + d_0 (d_0 - p_0) p_{12}$$
$$+ c_0 b_0 d_{12} + c_0 d_0 b_{12} + b_0 d_0 c_{12} = 0, \tag{11.105}$$

$$q_0 d_0 (d_{12} - q_{12}) + q_0 (d_0 - q_0) d_{12} + d_0 (d_0 - q_0) q_{12}$$
$$+ c_0 b_0 d_{12} + c_0 d_0 b_{12} + b_0 d_0 c_{12} = 0, \tag{11.106}$$

$$p_0^2 a_{12} - c_0 b_0 a_{12} = 0, \quad q_0^2 a_{12} - c_0 b_0 a_{12} = 0. \tag{11.107}$$

Из (11.104) следует, что $d_0 = 0$, тогда система сводится к системе (11.95)–(11.97) и решение совпадает со Случаем I.

Случай III: $c_0 = b_0 = 0, d_0 = a_0$. Тогда система (11.79)–(11.88) приобретает вид

$$c_0 = 0, \quad b_0 = 0, \quad d_0 = a_0, \tag{11.108}$$

$$p_0 d_0 (d_0 - p_0) = 0, \quad q_0 d_0 (d_0 - q_0) = 0,$$

$$d_0 a_0 c_{12} = 0, \quad d_0 a_0 b_{12} = 0, \tag{11.109}$$

$$d_0 a_0 (d_{12} - a_{12}) = 0,$$

$$p_0 d_0 (d_{12} - p_{12}) + p_0 (d_0 - p_0) d_{12} + d_0 (d_0 - p_0) p_{12} = 0,$$

$$q_0 d_0 (d_{12} - q_{12}) + q_0 (d_0 - q_0) d_{12} + d_0 (d_0 - q_0) q_{12} = 0.$$

Из уравнений (11.109) видно, что $a_0 = b_0 = c_0 = d_0 = 0$, тогда остаются неопределенными коэффициенты $p_0, q_0, a_{12}, b_{12}, c_{12}, d_{12}, p_{12}, q_{12}$. Решение также будет 8-параметрическим $p_0 = t$, $q_0 = r$, $a_{12} = l$, $b_{12} = m$, $c_{12} = n$, $d_{12} = k$, $p_{12} = w$, $q_{12} = s$ и может быть представлено в виде

$$
R = \begin{pmatrix} t + w\xi_1\xi_2 & 0 & 0 & 0 \\ 0 & n\xi_1\xi_2 & k\xi_1\xi_2 & 0 \\ 0 & l\xi_1\xi_2 & m\xi_1\xi_2 & 0 \\ 0 & 0 & 0 & r + s\xi_1\xi_2 \end{pmatrix}
$$

$$
= \begin{pmatrix} t & 0 & 0 & 0 \\ 0 & 0 & 0 & 0 \\ 0 & 0 & 0 & 0 \\ 0 & 0 & 0 & r \end{pmatrix} + \begin{pmatrix} w & 0 & 0 & 0 \\ 0 & n & k & 0 \\ 0 & l & m & 0 \\ 0 & 0 & 0 & s \end{pmatrix} \xi_1\xi_2. \tag{11.110}
$$

Это решение представляет собой 6-вершинную R-матрицу с 2 обратимыми элементами, которое не подпадает под стандартную классификацию HIETARINTA [1993, 1992].

11.6.   Решения с тремя образующими

Запишем разложение каждого элемента R-матрицы (11.44) по 3 грассмановым образующим

$$c = c_0 + c_{12}\xi_1\xi_2 + c_{13}\xi_1\xi_3 + c_{23}\xi_2\xi_3, \tag{11.111}$$

$$b = b_0 + b_{12}\xi_1\xi_2 + b_{13}\xi_1\xi_3 + b_{23}\xi_2\xi_3, \tag{11.112}$$

$$d = d_0 + d_{12}\xi_1\xi_2 + d_{13}\xi_1\xi_3 + d_{23}\xi_2\xi_3, \tag{11.113}$$

$$p = p_0 + p_{12}\xi_1\xi_2 + p_{13}\xi_1\xi_3 + p_{23}\xi_2\xi_3, \tag{11.114}$$

$$q = q_0 + q_{12}\xi_1\xi_2 + q_{13}\xi_1\xi_3 + q_{23}\xi_2\xi_3, \tag{11.115}$$

$$a = a_0 + a_{12}\xi_1\xi_2 + a_{13}\xi_1\xi_3 + a_{23}\xi_2\xi_3. \tag{11.116}$$

Подставим (11.111)–(11.116) в систему (11.47)–(11.53) и получим уравнения на компоненты

$$c_0 d_0 a_0 = 0, \quad b_0 d_0 a_0 = 0, \quad d_0 a_0 (d_0 - a_0) = 0, \tag{11.117}$$

$$
\begin{array}{lll}
p_0 d_0 (d_0 - p_0) + c_0 b_0 d_0 & = & 0, \; q_0 d_0 (d_0 - q_0) + c_0 b_0 d_0 = 0, \tag{11.118} \\
p_0 a_0 (a_0 - p_0) + c_0 b_0 a_0 & = & 0, \; q_0 a_0 (a_0 - q_0) + c_0 b_0 a_0 = 0, \tag{11.119} \\
c_0 d_0 a_{12} + c_0 a_0 d_{12} + d_0 a_0 c_{12} & = & 0, \; c_0 d_0 a_{13} + c_0 a_0 d_{13} + d_0 a_0 c_{13} = 0, \tag{11.120} \\
c_0 d_0 a_{23} + c_0 a_0 d_{23} + d_0 a_0 c_{23} & = & 0, \; b_0 d_0 a_{12} + b_0 a_0 d_{12} + d_0 a_0 b_{12} = 0, \tag{11.121} \\
b_0 d_0 a_{13} + b_0 a_0 d_{13} + d_0 a_0 b_{13} & = & 0, \; b_0 d_0 a_{23} + b_0 a_0 d_{23} + d_0 a_0 b_{23} = 0, \tag{11.122}
\end{array}
$$

$$
\begin{array}{lll}
d_0 a_0 (d_{12} - a_{12}) + d_0 (d_0 - a_0) a_{12} + a_0 (d_0 - a_0) d_{12} & = & 0, \tag{11.123} \\
d_0 a_0 (d_{13} - a_{13}) + d_0 (d_0 - a_0) a_{13} + a_0 (d_0 - a_0) d_{13} & = & 0, \tag{11.124} \\
d_0 a_0 (d_{23} - a_{23}) + d_0 (d_0 - a_0) a_{23} + a_0 (d_0 - a_0) d_{23} & = & 0, \tag{11.125}
\end{array}
$$

$$
\begin{array}{l}
p_0 d_0 (d_{12} - p_{12}) + p_0 (d_0 - p_0) d_{12} + d_0 (d_0 - p_0) p_{12} + c_0 b_0 d_{12} + c_0 d_0 b_{12} + b_0 d_0 c_{12} = 0, \tag{11.126} \\
p_0 d_0 (d_{13} - p_{13}) + p_0 (d_0 - p_0) d_{13} + d_0 (d_0 - p_0) p_{13} + c_0 b_0 d_{13} + c_0 d_0 b_{13} + b_0 d_0 c_{13} = 0, \tag{11.127} \\
p_0 d_0 (d_{23} - p_{23}) + p_0 (d_0 - p_0) d_{23} + d_0 (d_0 - p_0) p_{23} + c_0 b_0 d_{23} + c_0 d_0 b_{23} + b_0 d_0 c_{23} = 0, \tag{11.128} \\
q_0 d_0 (d_{12} - q_{12}) + q_0 (d_0 - q_0) d_{12} + d_0 (d_0 - q_0) q_{12} + c_0 b_0 d_{12} + c_0 d_0 b_{12} + b_0 d_0 c_{12} = 0, \tag{11.129} \\
q_0 d_0 (d_{13} - q_{13}) + q_0 (d_0 - q_0) d_{13} + d_0 (d_0 - q_0) q_{13} + c_0 b_0 d_{13} + c_0 d_0 b_{13} + b_0 d_0 c_{13} = 0, \tag{11.130} \\
q_0 d_0 (d_{23} - q_{23}) + q_0 (d_0 - q_0) d_{23} + d_0 (d_0 - q_0) q_{23} + c_0 b_0 d_{23} + c_0 d_0 b_{23} + b_0 d_0 c_{23} = 0, \tag{11.131} \\
p_0 a_0 (a_{12} - p_{12}) + p_0 (a_0 - p_0) a_{12} + a_0 (a_0 - p_0) p_{12} + c_0 b_0 a_{12} + c_0 a_0 b_{12} + b_0 a_0 c_{12} = 0, \tag{11.132} \\
p_0 a_0 (a_{13} - p_{13}) + p_0 (a_0 - p_0) a_{13} + a_0 (a_0 - p_0) p_{13} + c_0 b_0 a_{13} + c_0 a_0 b_{13} + b_0 a_0 c_{13} = 0, \tag{11.133} \\
p_0 a_0 (a_{23} - p_{23}) + p_0 (a_0 - p_0) a_{23} + a_0 (a_0 - p_0) p_{23} + c_0 b_0 a_{23} + c_0 a_0 b_{23} + b_0 a_0 c_{23} = 0, \tag{11.134} \\
q_0 a_0 (a_{12} - q_{12}) + q_0 (a_0 - q_0) a_{12} + a_0 (a_0 - q_0) q_{12} + c_0 b_0 a_{12} + c_0 a_0 b_{12} + b_0 a_0 c_{12} = 0, \tag{11.135} \\
q_0 a_0 (a_{13} - q_{13}) + q_0 (a_0 - q_0) a_{13} + a_0 (a_0 - q_0) q_{13} + c_0 b_0 a_{13} + c_0 a_0 b_{13} + b_0 a_0 c_{13} = 0, \tag{11.136} \\
q_0 a_0 (a_{23} - q_{23}) + q_0 (a_0 - q_0) a_{23} + a_0 (a_0 - q_0) q_{23} + c_0 b_0 a_{23} + c_0 a_0 b_{23} + b_0 a_0 c_{23} = 0. \tag{11.137}
\end{array}
$$

В симметричном случае, когда компоненты при двух грассмановых образующих равны у всех элементов $a_{12} = a_{13} = a_{23}$ и т.д., система упрощается и сводится к случаю двух образующих, поскольку индекс нильпотентности нечисловой части в обоих случаях равен 2.

Как и для двух грассмановых образующих, уравнения (11.117) будут определяющими, и выделим три случая.

Случай I: $d_0 = 0$, тогда система приобретает вид

$$
\begin{array}{rl}
d_0 & = 0, \\
p_0 a_0 (a_0 - p_0) + c_0 b_0 a_0 & = 0, \; q_0 a_0 (a_0 - q_0) + c_0 b_0 a_0 = 0, \\
c_0 a_0 d_{12} & = 0, \; c_0 a_0 d_{13} = 0, \; c_0 a_0 d_{23} = 0, \\
b_0 a_0 d_{12} & = 0, \; b_0 a_0 d_{13} = 0, \; b_0 a_0 d_{23} = 0,
\end{array}
$$

$$a_0^2 d_{12} = 0, \quad a_0^2 d_{13} = 0, \quad a_0^2 d_{23} = 0, \tag{11.138}$$

$$p_0^2 d_{12} - c_0 b_0 d_{12} = 0, \quad p_0^2 d_{13} - c_0 b_0 d_{13} = 0, \tag{11.139}$$

$$p_0^2 d_{23} - c_0 b_0 d_{23} = 0, \quad q_0^2 d_{12} - c_0 b_0 d_{12} = 0, \tag{11.140}$$

$$q_0^2 d_{13} - c_0 b_0 d_{13} = 0, \quad q_0^2 d_{23} - c_0 b_0 d_{23} = 0, \tag{11.141}$$

$$p_0 a_0(a_{12} - p_{12}) + p_0(a_0 - p_0)a_{12} + a_0(a_0 - p_0)p_{12} + c_0 b_0 a_{12} + c_0 a_0 b_{12} + b_0 a_0 c_{12} = 0, \quad (11.142)$$
$$p_0 a_0(a_{13} - p_{13}) + p_0(a_0 - p_0)a_{13} + a_0(a_0 - p_0)p_{13} + c_0 b_0 a_{13} + c_0 a_0 b_{13} + b_0 a_0 c_{13} = 0, \quad (11.143)$$
$$p_0 a_0(a_{23} - p_{23}) + p_0(a_0 - p_0)a_{23} + a_0(a_0 - p_0)p_{23} + c_0 b_0 a_{23} + c_0 a_0 b_{23} + b_0 a_0 c_{23} = 0, \quad (11.144)$$
$$q_0 a_0(a_{12} - q_{12}) + q_0(a_0 - q_0)a_{12} + a_0(a_0 - q_0)q_{12} + c_0 b_0 a_{12} + c_0 a_0 b_{12} + b_0 a_0 c_{12} = 0, \quad (11.145)$$
$$q_0 a_0(a_{13} - q_{13}) + q_0(a_0 - q_0)a_{13} + a_0(a_0 - q_0)q_{13} + c_0 b_0 a_{13} + c_0 a_0 b_{13} + b_0 a_0 c_{13} = 0, \quad (11.146)$$
$$q_0 a_0(a_{23} - q_{23}) + q_0(a_0 - q_0)a_{23} + a_0(a_0 - q_0)q_{23} + c_0 b_0 a_{23} + c_0 a_0 b_{23} + b_0 a_0 c_{23} = 0. \quad (11.147)$$

Из уравнений (11.138) следует, что $a_0 = 0$, т.к. мы предполагаем, что R-матрица содержит 6 ненулевых элементов. Тогда система уравнений принимает вид

$$d_0 = 0, \quad a_0 = 0, \quad (11.148)$$
$$p_0^2 d_{12} - c_0 b_0 d_{12} = 0, \quad p_0^2 d_{13} - c_0 b_0 d_{13} = 0, \quad p_0^2 d_{23} - c_0 b_0 d_{23} = 0, \quad (11.149)$$
$$q_0^2 d_{12} - c_0 b_0 d_{12} = 0, \quad q_0^2 d_{13} - c_0 b_0 d_{13} = 0, \quad q_0^2 d_{23} - c_0 b_0 d_{23} = 0, \quad (11.150)$$
$$p_0^2 a_{12} - c_0 b_0 a_{12} = 0, \quad p_0^2 a_{13} - c_0 b_0 a_{13} = 0, \quad p_0^2 a_{23} - c_0 b_0 a_{23} = 0, \quad (11.151)$$
$$q_0^2 a_{12} - c_0 b_0 a_{12} = 0, \quad q_0^2 a_{13} - c_0 b_0 a_{13} = 0, \quad q_0^2 a_{23} - c_0 b_0 a_{23} = 0. \quad (11.152)$$

Поскольку d_{12}, d_{13}, d_{23} одновременно не могут быть равны 0 (мы предполагаем, что никакой из 6 элементов R-матрицы не обращается в нуль, в том числе и полный элемент $d \neq 0$), то из уравнение (11.149) - (11.150) следует, что $p_0^2 = q_0^2 = c_0 b_0$. Введем параметры $p_0 = q_0 = t, c_0 = r$, тогда $b_0 = \dfrac{t^2}{r}$, а остаются неопределенными компоненты $d_{12}, d_{13}, d_{23}, a_{12}, a_{13}, a_{23}, c_{12}, c_{13}, c_{23}, b_{12}, b_{13}, b_{23}, p_{12}, p_{13}, p_{23}, q_{12}, q_{13}, q_{23}$, т.е. решение будет 20-параметрическим.

По аналогии с разложением по 2 грассмановым образующим Случай II совпадет со Случаем I, а Случай III получаем из Случая I, положив $c_0 = b_0 = 0$.

11.7. Некоторые решения с четырьмя образующими

Ранее была получена классификация всех решений, и случаи 1), 2а), 3а) не требуют дальнейшего исследования, т.к. решения выписаны в явном виде (11.58), (11.60), (11.62), (11.63) для любого количества образующих грассмановой алгебры. Оставшиеся случаи 2b), 3b), 3c), 3d) содержат нильпотентные уравнения. В общем случае, для нильпотентных уравнений невозможно выписать конкретные выражения для их решений. Поэтому эти случаи требуют дальнейшего анализа.

Поскольку любые выражения третьей степени над грассмановой алгеброй с четырьмя образующими равны нулю, уравнения (11.47)–(11.53) упрощаются следующим образом. Случай 2b) содержит уравнение второй степени, поэтому оно остается без изменений

$$\tilde{p}^2 = \tilde{q}^2. \tag{11.153}$$

Для случая 3b) система уравнений (11.67)–(11.68) также остается неизменной, но изменяется выражение для $f = -\dfrac{\tilde{b}}{b_0} - \dfrac{\tilde{c}}{c_0}$.

В случае 3c) уравнения (11.71)–(11.75) квадратичны и поэтому не изменяются

$$ab = 0, \quad db = 0, \quad ad = 0. \tag{11.154}$$

В последнем случае 3d) все параметры p, q, a, b, c, d могут быть произвольными четными нильпотентными.

Для решения этих систем запишем все параметры в компонентном виде

$$x = \sum_{\substack{i,j=1 \\ i<j}}^{4} x_{ij}\xi_i\xi_j + x_{1234}\xi_1\xi_2\xi_3\xi_4, \tag{11.155}$$

где $x = a, b, c, d, p, q$. Координата x_{1234} может быть произвольной, т.к. $\xi_1\xi_2\xi_3\xi_4$ аннулирует любой нильпотент. Тогда в компонентах уравнения будут иметь вид

Случай 2b)

$$p_{12}p_{34} + p_{14}p_{23} - p_{13}p_{24} = q_{12}q_{34} + q_{14}q_{23} - q_{13}q_{24}. \tag{11.156}$$

Решением может быть, например, при $p_{12} \neq 0$

$$p_{34} = \frac{1}{p_{12}}\left(-p_{14}p_{23} + p_{13}p_{24} + q_{12}q_{34} + q_{14}q_{23} - q_{13}q_{24}\right). \tag{11.157}$$

Случай 3b)

$$q_{12}a_{34} - q_{13}a_{24} + q_{14}a_{23} + q_{23}a_{14} - q_{24}a_{13} + q_{34}a_{12} = 0, \tag{11.158}$$

$$q_{12}d_{34} - q_{13}d_{24} + q_{14}d_{23} + q_{23}d_{14} - q_{24}d_{13} + q_{34}d_{12} = 0, \tag{11.159}$$

$$\left(2\left(a_{12}q'_{13} - a_{13}q'_{12}\right) + \left(q_{12}f_{13} - q_{13}f_{12}\right)\right)a_{24} - \left(2\left(a_{12}q'_{14} - a_{14}q'_{12}\right) + \left(q_{12}f_{14} - q_{14}f_{12}\right)\right)a_{23}$$
$$- \left(2a_{12}q'_{23} + \left(q_{12}f_{23} - q_{23}f_{12}\right)\right)a_{14} + \left(2a_{12}q'_{24} + \left(q_{12}f_{24} - q_{24}f_{12}\right)\right)a_{13} - \left(2a_{12}q'_{34} + \left(q_{12}f_{34} - q_{34}f_{12}\right)\right)a_{12} = 0, \tag{11.160}$$

$$\left(2\left(d_{12}q'_{13} - d_{13}q'_{12}\right) + \left(q_{12}f_{13} - q_{13}f_{12}\right)\right)d_{24} - \left(2\left(d_{12}q'_{14} - d_{14}q'_{12}\right) + \left(q_{12}f_{14} - q_{14}f_{12}\right)\right)d_{23}$$
$$- \left(2d_{12}q'_{23} + \left(q_{12}f_{23} - q_{23}f_{12}\right)\right)d_{14} + \left(2d_{12}q'_{24} + \left(q_{12}f_{24} - q_{24}f_{12}\right)\right)d_{13} - \left(2d_{12}q'_{34} + \left(q_{12}f_{34} - q_{34}f_{12}\right)\right)d_{12} = 0, \tag{11.161}$$

$$\left(a_{12}q'_{13} - a_{13}q'_{12}\right)d_{24} - \left(a_{12}q'_{14} - a_{14}q'_{12}\right)d_{23} - \left(a_{12}q'_{23} - a_{23}q'_{12}\right)d_{14}$$
$$+ \left(a_{12}q'_{24} - a_{24}q'_{12}\right)d_{13} + \left(-2a_{12}q'_{34} + \left(a_{13}q'_{24} + a_{24}q'_{13}\right) - \left(a_{14}q'_{23} + a_{23}q'_{14}\right)\right)d_{12} = 0, \tag{11.162}$$

где $q' = \tilde{q}$ в случае "+"и $q' = \tilde{q} - f$ в случае "−".

Случай 3c)

$$-b_{12}a_{34} + b_{13}a_{24} - b_{14}a_{23} - b_{23}a_{14} + b_{24}a_{13} - b_{34}a_{12} = 0, \quad (11.163)$$
$$-b_{12}d_{34} + b_{13}d_{24} - b_{14}d_{23} - b_{23}d_{14} + b_{24}d_{13} - b_{34}d_{12} = 0, \quad (11.164)$$
$$(a_{12}b_{13} - a_{13}b_{12})\, d_{24} - (a_{12}b_{14} - a_{14}b_{12})\, d_{23}$$
$$- (a_{12}b_{23} - a_{23}b_{12})\, d_{14} + (a_{12}b_{24} - a_{24}b_{12})\, d_{13}$$
$$+ (-2a_{12}b_{34} + (a_{13}b_{24} + a_{24}b_{13}) - (a_{14}b_{23} + a_{23}b_{14}))\, d_{12} = 0. \quad (11.165)$$

Эту систему уравнений можно разрешить, например, если $b_{12} \neq 0$ и $(a_{12}b_{13} - a_{13}b_{12}) \neq 0$. Тогда можно выразить a_{34}, d_{34}, d_{24} через остальные. Окончательные выражения в силу их громоздкости не приводятся.

Только в случаях 3b), 3c), 3d) существуют 6-вершинные решения, в отличие от решений над числовым полем, в которых возможны только 5-вершинные решения HIETARINTA [1992, 1993].

11.8. Регулярные решения уравнения Янга-Бакстера

В работе ДУПЛИЙ AND САДОВНИКОВ [2002] были найдены теоретико-множественные (DRINFELD [1992], см. также ETINGOF ET AL. [1999], LU ET AL. [2000], ETINGOF ET AL. [1997], GU [1997].) регулярные (по фон Нойману) решения уравнения Янга-Бакстера. Представляет интерес рассмотрение подобных решений и для 6-вершинной R-матрицы. Напомним, что матрица R является регулярной (по фон Нойману), если существует матрица $\bar{R}$ такая, что $R\bar{R}R = R, \bar{R}R\bar{R} = \bar{R}$ PENROSE [1955], RAO AND MITRA [1971], КЛИФФОРД AND ПРЕСТОН [1972]. Подобные R-матрицы возникают при исследовании слабых алгебр Хопфа DUPLIJ AND LI [2001a], LI AND DUPLIJ [2002], DUPLIJ AND LI [2001b]. Свойства регулярных суперматриц рассматривались в ДУПЛИЙ [2000], DUPLIJ [2003], ДУПЛИЙ AND КОТУЛЬСКАЯ [2002].

Для 6-вершинной R-матрицы мы будем использовать вместо "обратимости" (условие унитарности в ETINGOF ET AL. [1999, 1997])

$$R^{21}R = RR^{21} = id \quad (11.166)$$

регулярность в виде

$$R\bar{R}^{21}R = R, \quad (11.167)$$
$$\bar{R}^{21}R\bar{R}^{21} = \bar{R}^{21}, \quad (11.168)$$

где

$$\bar{R}^{21} = \begin{pmatrix} p & \cdot & \cdot & \cdot \\ \cdot & b & a & \cdot \\ \cdot & d & c & \cdot \\ \cdot & \cdot & \cdot & q \end{pmatrix}. \qquad (11.169)$$

Отметим, что неунитарные (с нарушением (11.166)) теоретико-множественные решения уравнения Янга-Бакстера рассматривались в Soloviev [2002], Lu et al. [2000].

Подстановка (11.169) в (11.167)–(11.168) дает ограничения, накладываемые условием регулярности на элементы 6-вершинной R-матрицы (11.44)

$$p^3 = p, q^3 = q, \qquad (11.170)$$
$$(ab + bd)\,d + \left(a^2 + cb\right)b = b, \qquad (11.171)$$
$$(ab + bd)\,c + \left(a^2 + cb\right)a = a, \qquad (11.172)$$
$$\left(cb + d^2\right)d + (ca + dc)\,b = d, \qquad (11.173)$$
$$\left(cb + d^2\right)c + (ca + dc)\,a = c. \qquad (11.174)$$

Анализ показывает, что регулярные небратимые решения (в смысле $R^{21}R \neq id$) могут быть в случаях: 1) при $a = \pm 1$, p и q одновременно не равны a; и 2) при $d = \pm 1$, $a = 0$, $bc = 0$, $p = \{0, \pm 1\}$, $q = \{0, \pm 1\}$. Например, для частного случая из 1 имеем

$$R = \begin{pmatrix} a & 0 & 0 & 0 \\ 0 & 0 & a & 0 \\ 0 & a & 0 & 0 \\ 0 & 0 & 0 & 0 \end{pmatrix}, \bar{R}^{21} = \begin{pmatrix} a & 0 & 0 & 0 \\ 0 & 0 & a & 0 \\ 0 & a & 0 & 0 \\ 0 & 0 & 0 & 0 \end{pmatrix}, R\bar{R}^{21} = \begin{pmatrix} 0 & 0 & 0 & 0 \\ 0 & a^2 & 0 & 0 \\ 0 & 0 & a^2 & 0 \\ 0 & 0 & 0 & 0 \end{pmatrix} \neq id,$$
$$(11.175)$$

но регулярность (11.167)–(11.168) выполняется. В частном случае из 2а) получаем

$$R = \begin{pmatrix} 1 & 0 & 0 & 0 \\ 0 & c & 1 & 0 \\ 0 & 0 & b & 0 \\ 0 & 0 & 0 & 1 \end{pmatrix}, \bar{R}^{21} = \begin{pmatrix} 1 & 0 & 0 & 0 \\ 0 & b & 0 & 0 \\ 0 & 1 & c & 0 \\ 0 & 0 & 0 & 1 \end{pmatrix}, R\bar{R}^{21} = \begin{pmatrix} 1 & 0 & 0 & 0 \\ 0 & 1 & c & 0 \\ 0 & b & 0 & 0 \\ 0 & 0 & 0 & 1 \end{pmatrix} \neq id,$$
$$(11.176)$$

и также — регулярность (11.167)–(11.168) выполняется.

Таком образом, здесь получена классификация новых решений константного 6-вершинного уравнения Янга-Бакстера. Приведены примеры для случаев 2, 3, 4 образующих алгебры Грассмана.

Глава 12

КВАНТОВАЯ ИНФОРМАЦИЯ, КУБИТЫ И КВАНТОВЫЕ АЛГОРИТМЫ
С. А. Дуплий, В. В. Калашников, Е. А. Маслов

12.1. Введение

Теоретические представления о первичности квантового характера взаимодействий структурных элементов вычислительных систем естественным образом привели к созданию теории квантовой информации GALINDO AND MARTIN-DELGADO [2002] как симбиозу классической теории информации, теории вычислений и нерелятивистской квантовой механики ХОЛЕВО [2002] и построению модели универсального вычислительного устройства — квантового компьютера ДОЙЧ [1999], WILLIAMS AND CLEARWATER [1998]. Анализ квантово-инфомационных и соответствующих им классических построений показал наличие зависимости от набора базовых (определяющих) математических аксиом свойств вычислительной системы — таких, как вычислительная сложность, классы алгоритмов, размерность представления задачи и, как следствие, наличие в квантовом базисе эффективных процедур решений многих практических задач (см. например, ШОР [1999], SHOR [1994]). Основное преимущество квантовых каналов связи по сравнению с классическими заключается в их качественно более высоком уровне защиты: совершенный квантовый канал (без шума) имеет, в принципе, абсолютную защиту, поскольку любая попытка вмешательства в систему сразу же обнаруживается — квантовый канал связи можно разрушить, но невозможно вскрыть ШОР [1999], ДОЙЧ [1999].

Идея квантовых вычислений была высказана Ричардом Фейнманом в 1982 FEYNMAN [1982], который обсуждал два вопроса: 1) существует ли какие-нибудь физические ограничения на функционирование компьютера, накладывающие запреты на реализуемость алгоритмов; 2) если построить квантовое вычислительное устройство, будут ли его возможности превосходить возможности обычных вычислительных устройств?

Также, Фейнман предположил, что квантовый компьютер может быть полезен для моделирования самих квантовых систем FEYNMAN [1982]. В 1980 г. Беннефф BENIOFF [1980] показал, что обратимая унитарная эволюция в состоянии реализовать машину Тьюринга TURING [1937], так что вычислительная мощность квантового компьютера не меньше, чем у классического. Но Беннефф не выяснял, являются ли квантовые устройства более мощными, чем классические, а сам термин "квантовый компьютер" он не употреблял. Затем в 1985 г. Дойч DEUTSCH [1985] создал формальную теорию квантовых вычислений КИТАЕВ ET AL. [1999], он определил квантовую машину Тьюринга и квантовую цепь, а также некоторые свойства этих систем (см. также СТИН [2000], SHOR [1994]).

12.2. Кубиты и их обобщения

В классических вычислительных системах минимальной единицей информации является бит ЦЫМБАЛ [1992], т.е. структура, имеющая 2 состояния (обозначаемые обычно 0 и 1), образущих одномерное дискретное пространство. Такая вычислительная система, состоящая из одного бита, может выполнять всего 4 вида преобразований: тождественное (*id*), отрицание (not), вычисление константы 0 (*set*0) и вычисление константы 1 (*set*1).

Минимальной единицей информации, которой оперирует квантовый компьютер, является так называемый *кубит* DEUTSCH [1985]— квант, имеющий два детерминированных состояния $|0\rangle$ и $|1\rangle$. Квантовая природа кубита заключается в принципе суперпозиции, согласно которому кубит находится одновременно сразу в обоих своих базовых состояниях.

Например, "частицу со спином $1/2$" можно рассматривать, как кубит, являющийся суперпозицией двух состояний, когда спин частицы направлен вверх и когда он направлен вниз, соответственно. Квантовый компьютер можно трактовать как множество, состоящее из n кубитов, для которого практически определены следующие операции BENIOFF [1980], ХОЛЕВО [2002], КИТАЕВ ET AL. [1999]:

1. Каждый кубит можно приготовить в некотором известном состоянии $|0\rangle$.

2. Каждый кубит может быть измерен в базисе $\{|0\rangle, |1\rangle\}$.

3. Универсальный квантовый гейт (или набор гейтов) можно применить к любому подмножеству, состоящему из фиксированного числа кубитов.

4. Состояние кубитов изменяется только посредством вышеуказанных преобразований СТИН [2000].

Для минимальной реализации любого квантового алгоритма необходимо иметь всего лишь двукубитный квантовый компьютер, устройство ввода-вывода и хранилище квантовой информации Дойч [1999]. Тогда можно производить "конструктивные" операции с кубитами только "внутри" него, а также обмениваться информацией с внешней "памятью". Все, что требуется от "памяти" — это "ничего не делать" с кубитами, а хранить квантовую информацию.

Для двух состояний $|0\rangle$ и $|1\rangle$ кубит записывается в виде

$$|\psi\rangle = a|0\rangle + b|1\rangle, \qquad |a|^2 + |b|^2 = 1. \tag{12.1}$$

В матричных обозначениях Дирака

$$|0\rangle = \begin{pmatrix} 1 \\ 0 \end{pmatrix}, \quad |1\rangle = \begin{pmatrix} 0 \\ 1 \end{pmatrix} \tag{12.2}$$

для кубита (12.1) имеем $|\psi\rangle = \begin{pmatrix} a \\ b \end{pmatrix}$.

Таким образом, векторы состояний $|0\rangle$ и $|1\rangle$ образуют двумерное пространство, морфизмы которого задают матричное представление квантовых аналогов классических базисных функций DEUTSCH [1985]. Тождественное преобразование представляется единичной матрицей, представление функции отрицания *not* имеет вид

$$not = \begin{pmatrix} 0 & 1 \\ 1 & 0 \end{pmatrix} \tag{12.3}$$

и совпадает с матрицей Паули σ_x, а функции *set0* и *set1* равны

$$set0 = \begin{pmatrix} 1 & 1 \\ 0 & 0 \end{pmatrix}, set1 = \begin{pmatrix} 0 & 0 \\ 1 & 1 \end{pmatrix}. \tag{12.4}$$

Отметим, что для квантового случая можно построить неограниченное число преобразований, не имеющих классических аналогов СТИН [2000], ХОЛЕВО [2002].

Конкретную реализацию вычислительного преобразования принято называть вентилем (гейтом) ХОРОВИЦ AND ХИЛЛ [1986]. В классическом случае единственным однобитным гейтом является только базисное преобразование *not*. Среди квантовых однокубитных преобразований, не имеющих классических аналогов, выделяются следующие:

1) H-гейт Адамара

$$H \equiv \frac{1}{\sqrt{2}} \begin{pmatrix} 1 & 1 \\ 1 & -1 \end{pmatrix}, \tag{12.5}$$

2) S-фазовый гейт

$$S \equiv \begin{pmatrix} 1 & 0 \\ 0 & i \end{pmatrix}, \qquad (12.6)$$

3) $\pi/8$-гейт

$$T \equiv \begin{pmatrix} 1 & 0 \\ 0 & e^{i\pi/4} \end{pmatrix}, \qquad (12.7)$$

для которых существуют простые физические интерпретации GALINDO AND MARTIN-DELGADO [2002].

Оператор плотности, отвечающий кубиту (12.1) имеет следующий вид HRUBY [2004]

$$\hat{\rho} = |\psi\rangle\langle\psi| = |a|^2|0\rangle\langle 0| + ab^*|0\rangle\langle 1| + a^*b|1\rangle\langle 0| + |b|^2|1\rangle\langle 1|, \qquad (12.8)$$

что соответствует матрице плотности

$$\rho = \begin{pmatrix} |a|^2 & ab^* \\ a^*b & |b|^2 \end{pmatrix}. \qquad (12.9)$$

Это позволяет найти квантовый аналог энтропии фон Ноймана для кубита HRUBY [2004]

$$S_Q(\hat{\rho}) = -Tr_\Psi\left[\hat{\rho}\log_2\hat{\rho}\right], \qquad (12.10)$$

(след берется по всем степеням свободы, ассоциированным с квантовым состоянием Ψ) которая сводится к классической формуле Шеннона для энтропии, если $\hat{\rho}$ есть смешанное состояние, составленное из ортогональных квантовых состояний. Для кубита $S_Q(|\psi\rangle) = 1$.

По аналогии с дираковским сопряжением двухкомпонентных спиноров антикубит определяется как

$$\langle\bar{\psi}| = \langle\psi^+|\gamma^0 = \langle\psi^+|(i\sigma_y)$$
$$= (a^*, b^*)\begin{pmatrix} 0 & 1 \\ -1 & 0 \end{pmatrix} = (-b^*, a^*) = a^*\langle 1| - b^*\langle 0|, \qquad (12.11)$$

где σ_y — матрица Паули. Соответствующая матрица плотности для антикубита имеет вид

$$\bar{\rho} = \begin{pmatrix} |a|^2 & -ab^* \\ -a^*b & |b|^2 \end{pmatrix}, \qquad (12.12)$$

и для антикубита $S_Q(\langle\bar{\psi}|) = -1$ HRUBY [2004].

Аналогичным образом можно описать трехуровневые квантовые системы — кутриты БОГДАНОВ ET AL. [2003]. Примером конкретной реализации кутрита является трехуровневая система, основанная на поляризационных состояниях бифотонов (суперпозиция двухфотонного состояния и вакуума), которая представляется как БОГДАНОВ ET AL. [2003]

$$|\psi\rangle = a|2,0\rangle + b|1,1\rangle + c|0,2\rangle, \quad |a|^2 + |b|^2 + |c|^2 = 1. \qquad (12.13)$$

В работе WU AND LIDAR [2002] кубиты трактовались как "парафермионы" в пространстве Фока, т.е. гибридные фермион-бозонные частицы с "промежуточной" статистикой, которые могут быть составными MARCINEK [1996].

Перспективным также является построение кубитной теории поля DEUTSCH [2004], в рамках которой наблюдаемые не коммутируют в разделенных пространственно-временных областях, и это не приводит к противоречиям.

В суперсимметричной кубитной теории поля HRUBY [2004] для описания кубитов применяется формализм суперсимметричной квантовой механики WITTEN [1981], COOPER AND FREEDMAN [1983], причем оператор суперзаряда Q трактуется как "корень квадратный" из *not*. В рамках этой модели вводятся антикоммутирующие кубиты, и кубит-антикубитные пары трактуются как аналог фермионного конденсата, который в свою очередь интерпретируется как информационный вакуум HRUBY [2004].

12.3. Сцепленные состояния и R-матрица

Конечный упорядоченный набор n кубитов (изолированных или взаимодействующих) называют n-разрядным квантовым регистром, причем число его базисных состояний (упорядоченных строк из нулей и единиц, например $|00\rangle, |01\rangle, |10\rangle, |11\rangle$) равно 2^n, что совпадает с общим числом состояний классического регистра КИТАЕВ ET AL. [1999].

Произвольный вектор состояния n-разрядного квантового регистра в общем случае есть

$$|\psi\rangle = \sum_{i=0}^{2^n-1} a_i |i\rangle, \tag{12.14}$$

где $|i\rangle$ — двоичная запись базисного состояния.

Если два кубита находятся в определенных состояниях $|\psi_1\rangle$ и $|\psi_2\rangle$, то состояние 2-разрядного регистра будет определяться их тензорным произведением

$$|\psi_{12}\rangle = |\psi_1\rangle \otimes |\psi_2\rangle. \tag{12.15}$$

Состояния двух кубитов, которые не описываются таким тензорным произведением (12.15), называются сплетенными (entangled) KAUFFMAN AND LOMONACO [2004]. Именно такие состояния WERNER [1989] ответственны за специфичность квантовых вычислительных систем CLEVE ET AL. [1998].

В общем случае состояние двух кубитов определяется формулой

$$|\psi_{12}\rangle = A|00\rangle + B|01\rangle + C|10\rangle + D|11\rangle. \tag{12.16}$$

Из определения (12.1) и отождествления $|ij\rangle \equiv |i\rangle \otimes |j\rangle$ следует, что условием невыполнения (12.15) является неравенство

$$AD - BC \neq 0, \tag{12.17}$$

которое поэтому и является условием того, что состояние $|\psi_{12}\rangle$ сплетенное WERNER [1989]. Каждое несплетенное состояние может быть преобразовано в сплетенное с помощью квантового гейта, который является универсальным (теорема Брулинских BRYLINSKI AND BRYLINSKI [1994]) так, что сумма вероятностей всех состояний сохраняется.

В общем случае двукубитный квантовый гейт представляет собой унитарную матрицу, которая удовлетворяет квантовому уравнению Янга-Бакстера ZHANG ET AL. [2005], то есть R-матрицу LAMBE AND RADFORD [1997] специального вида. Классификация таких R-матриц была проведена в DYE [2003].

В качестве примера приведем 4-вершинную R-матрицу, которая действует на тензорное произведение двух кубитов $|\psi\rangle = \dfrac{1}{\sqrt{2}}|0\rangle + \dfrac{1}{\sqrt{2}}|1\rangle$ формулой $R(|\psi\rangle \otimes |\psi\rangle)$, сцепливает их при выполнении (12.17) и имеет вид (12.16)

$$R = 2 \begin{pmatrix} A & 0 & 0 & 0 \\ 0 & 0 & B & 0 \\ 0 & C & 0 & 0 \\ 0 & 0 & 0 & D \end{pmatrix}. \tag{12.18}$$

12.4. Квантовые алгоритмы

В отличие от случая обычной формальной логики, операции над кубитами носят квантовый, вероятностный характер, что обусловливает некоторые особенности таких операций DEUTSCH [1985], BENIOFF [1980]. В общем случае, выделяют три класса квантовых алгоритмов CLEVE ET AL. [1998]: 1) алгоритмы, основанные на квантовых версиях преобразования Фурье; 2) алгоритмы квантового поиска; 3) алгоритмы моделирования квантовых систем. Во всех случаях квантовый алгоритм решает задачу более эффективно, чем классический.

Фундаментальным свойством квантовых вычислений является квантовый параллелизм, позволяющий вычислять функцию $f(x)$ для некоторых значений x одновременно.

Рассмотрим вычисление функции от битовой переменной $f(x)$: $\{0,1\} \to \{0,1\}$. На квантовом компьютере введем двукубитовое состояние $|x, y\rangle$, где x и y можно трактовать как регистры (данных и мишени). Тогда с помощью последовательности гейтов, представляемое унитарным преобразованием U, состояние $|x, y >$ можно преобразовать таким образом $|x, y\rangle \to |x, y \oplus f(x)\rangle$. Если $y = 0$, то состояние второго кубита совпадает со значением вычисляемой функции, и получаем $|x, 0\rangle \to |x, f(x)\rangle$. Таким образом, в результате квантового вычисления мы имеем информацию о значении функции в двух точках одновременно, что и называется термином "квантовый параллелизм" Холево [2002]. В отличие от параллельных вычислений на классических компьютерах, где технически создается несколько цепей, производящих вычисления, в квантовом компьютере вычисления проводятся в одной цепи, но на суперпозиции состояний Китаев ет аl. [1999], Williams and Clearwater [1998].

Рассмотрим классическую задачу Дойча Deutsch [1985] и ее решение при помощи модели квантового компьютера Williams and Clearwater [1998]. Пусть $f : \{0, 1\} \to \{0, 1\}$ — однозначная функция над битом информации. Очевидно, таких функций можно задать всего четыре — две "константы" $f_{00}(x) = 0$ и $f_{11}(x) = 1$ и две "балансирующие" функции

$$f_{01}(x) = \begin{cases} 0, \ x = 1 \\ 1, \ x = 0 \end{cases}, \qquad f_{10}(x) = \begin{cases} 1, \ x = 1 \\ 0, \ x = 0 \end{cases}. \qquad (12.19)$$

Задача состоит в том, чтобы определить, является ли $f(x)$ константой или балансирующей. В случае классического компьютера необходимо вычислить выражение $f(0) \oplus f(1)$, где символом $\oplus$ обозначено сложение по модулю 2), для чего необходимо дважды вычислить функцию $f(x)$, однако квантовый компьютер может дать ответ на этот вопрос и за одно вычисление. Построим оператор U_f следующим образом

$$|x\rangle |y\rangle \xrightarrow{U_f} |x\rangle |y \oplus f(x)\rangle. \qquad (12.20)$$

Легко видеть, что для получения значения функции $f(x)$ при помощи этого оператора его необходимо применить к комбинации $|x\rangle|0\rangle$, так как $0 \oplus a = a$ для любого значения a . Рассмотрим результат применения U_f к $|x\rangle$ и суперпозиции $\dfrac{|0\rangle - |1\rangle}{\sqrt{2}}$ в виде

$$|x\rangle \frac{|0\rangle - |1\rangle}{\sqrt{2}} \xrightarrow{U_f} \begin{cases} |x\rangle \dfrac{|0\rangle - |1\rangle}{\sqrt{2}}, x = 0, \\ |x\rangle \dfrac{|1\rangle - |0\rangle}{\sqrt{2}}, x = 1. \end{cases} \qquad (12.21)$$

Построим результат применения U_f к комбинации суперпозиции $\dfrac{|0\rangle - |1\rangle}{\sqrt{2}}$ и суперпозиции $\dfrac{|0\rangle + |1\rangle}{\sqrt{2}}$

$$\frac{|0\rangle + |1\rangle}{\sqrt{2}} \frac{|0\rangle - |1\rangle}{\sqrt{2}} \xrightarrow{U_f} (-1)^{f(0)} \left(\frac{|0\rangle + (-1)^{f(0)\oplus f(1)}|1\rangle}{\sqrt{2}} \right) \frac{|0\rangle - |1\rangle}{\sqrt{2}}.$$
(12.22)

Искомый результат, $f(0) \oplus f(1)$, может быть измерен физическими методами. Так что, при помощи квантового компьютера ответ можно получить *однократным* применением оператора U_f .

Таким образом, квантовые вычисления позволяют получать информацию о значении функции в нескольких точках одновременно — в результате многие классические алгоритмы при применении их на квантовом компьютере могут быть значительно упрощены.

Один из наиболее важных алгоритмов в теории квантовых вычислений — алгоритм нахождения периода функции. Рассмотрим функцию $f(x)$ с периодом $r : f(x + r) = f(x)$. Зададим некое значение x , при котором легко вычислить $f(x)$, и выберем каким-либо образом целое N такое, чтобы $N/2 < r < N$. Организуем систему из $2n$ кубитов, где $n = [\log_2 N]$ и $[x]$ — операция "округления вверх", собранных в два "регистра" по n кубитов — x и y . Исходное состояние системы есть

$$\frac{1}{\sqrt{\omega}} \sum_{x=0}^{\omega-1} |x\rangle |0\rangle,$$
(12.23)

здесь $\omega = 2^n$. Применим к этой системе оператор U_f и получим

$$\frac{1}{\sqrt{\omega}} \sum_{x=0}^{\omega-1} |x\rangle |f(x)\rangle.$$
(12.24)

Как уже упоминалось, данная операция вычисляет за один шаг значения $f(x)$ в $\omega = 2^n$ точках. Квантовые законы определяют невозможность доступа к каждому из этих значений по отдельности, поэтому просто перебрать полученные значения невозможно — каждое измерение регистра y по вычислительному базису даст некое значение $f(x) = u$. То есть регистр y "переброшен" в состояние $|u\rangle$, и общее состояние системы таково

$$\frac{1}{\sqrt{M}} \sum_{j=0}^{M-1} |d_u + jr\rangle |u\rangle.$$
(12.25)

В этом выражении $d_u + jr$ — это все значения x , для которых $f(x) = u$. Другими словами, периодичность $f(x)$ означает, что регистр

x представлен в виде суперпозиции M состояний (где $M \simeq \omega/r$) при значениях x, взятых с периодом r. Для определения периодичности x применим преобразование Фурье

$$U_{\mathrm{FJ}}|x\rangle = \frac{1}{\sqrt{\omega}} \sum_{k=0}^{\omega-1} e^{i2\pi kx/\omega}|k\rangle. \qquad (12.26)$$

Надобность в регистре y отпала, так что в выражении для состояния системы его можно опустить. Итак,

$$U_{\mathrm{FJ}}\frac{1}{\sqrt{\omega/r}} \sum_{j=0}^{\omega/r-1} |d_u + jr\rangle = \frac{1}{\sqrt{r}} \sum_{k} \tilde{f}(k)|k\rangle, \qquad (12.27)$$

где $\left|\tilde{f}(k)\right| = \begin{cases} 1, \text{ если } k \text{ кратно } \omega/r, \\ 0, \text{ в остальных случаях.} \end{cases}$

Измерение регистра x после проведенных преобразований дает значение, кратное ω/r, а именно $x = \lambda\omega/r$, где λ — неизвестное целое. Если λ и r не имеют общих множителей, то для вычисления r достаточно дробь x/ω привести к несократимой и взять ее знаменатель. В противном случае все шаги алгоритма необходимо повторить. В EKERT AND JOZSA [1996] показано, что вероятность решения поставленной задачи после не более, чем $\log_2 r$ повторений, сколь угодно близка к 1.

Важность этого алгоритма для решения практических задач видна на примере построенного на нем метода факторизации целого числа — алгоритма Шора SHOR [1994]. Задача факторизации считается сложной для классического компьютера, поэтому многие схемы криптографии с открытым ключом построены на практической невозможности решения этой задачи для большого исходного числа. Однако применяя рассмотренный квантовый алгоритм определения периода функции к $f(x) = a^x \bmod N$, где N — число, которое требуется факторизовать, а a — произвольное целое $a < N$, можно получить некий период этой функции r. Из элементарной теории чисел известно, что r — четное число, а величина $a^{r/2} \pm 1$ будет иметь общий множитель с N, который, будучи вычислен, например, классическим алгоритмом Евклида, будет нетривиальным делителем N. Используя какой-нибудь эффективный метод вычисления $f(x)$, например, последовательные возведения в квадрат (по модулю N) и разложение $f(x)$ в сумму полученных значений, можно эффективно решать на квантовом компьютере неразрешимую для классических компьютеров задачу SHOR [1994].

Среди ехталгоритмов квантовых вычислений следует отметить квантовый алгоритм Гровера — алгоритм поиска по неотсортированной базе данных GROVER [1997]. В случае классического компьютера такой поиск занимает в среднем $N/2$ шагов, а алгоритм Гровера, использующий свойство квантового параллелизма, за $\sqrt{N}$ шагов. Отметим, что алгоритм Гровера является оптимальным в том смысле, что ни один квантовый алгоритм не может работать быстрее, чем $O\left(\sqrt{N}\right)$ BENIOFF [1980].

Глава 13

Квантовая линейная полугруппа
С.А. Дуплий, А.С. Садовников

13.1. Введение

Теория квантовых групп появилась при исследовании квантового метода обратной задачи FADDEEV ET AL. [1990] и в настоящее время представляет собой достаточно развитое направление CHARI AND PRESSLEY [1996], KASSEL [1995], SHNIDER AND STERNBERG [1993] с широкими применениями в различных областях физики и математики таких, например, как точно-решаемые модели статистической физики и квантовое уравнение Янга-Бакстера LAMBE AND RADFORD [1997], БУХШТАБЕР [1998], классификация рациональных конформных теорий поля, теория узлов и группы кос, некоммутативная дифференциальная геометрия WORONOWICZ [1989], MADORE [1995], алгебры Хопфа и универсальные обертывающие алгебры DRINFELD [1987].

Квантовые группы являются обобщениями групп в следующем смысле MAJID [1995]. Если трактовать группу как замкнутый набор обратимых преобразований, то в квантовой группе не все преобразования имеют обратное. Вместо этого вводится более "слабая структура" — квантовый антипод, который соответствует нелокальному линеаризованному обратному. Кроме того, представления квантовых групп, как и обычных групп, имеют тензорное произведение, на котором, однако, действует не симметрическая группа, а группы кос, т.е. вместо симметрии тензорного произведения представлений возникает более "слабая" структура — квазисимметрия MAJID [1995].

Несмотря на то, что обычно квантовые группы отождествляют с соответствующими алгебрами Хопфа, не все типы алгебр Хопфа возникают в таком контексте, например, возникающие в комбинаторике пертурбативных перенормировок квантовой теории поля и локальных теоремах об индексе в некоммутативной геометрии.

Глава 13. КВАНТОВАЯ ЛИНЕЙНАЯ ПОЛУГРУППА

С.А. Дуплий, А.С. Садовников

Теория квантовых групп связала воедино все смыслы основного параметра q, который обозначал четыре разных объекта: 1) количество элементов конечного поля; 2) формальный параметр q-рядов; 3) величину $e^{2\pi i \tau}$ в теории модулярных форм; 4) формальный параметр квантования, обычно связанный с деформациями соответствующих алгебр ДЕМИДОВ [1998]. При этом, области значений параметра q отличаются в различных трактовках: от $q = \pm 1$ до $q \in \mathbb{C} \setminus \{0\}$. Следовательно важным является поиски новых подходов с возможными расширенными значениями q.

Квантовая группа может рассматриваться как "группа автоморфизмов" квантового линейного пространства MANIN [1989, 1991], SCHIRMACHER ET AL. [1991]. При этом "группу автоморфизмов"называют квантовой линейной группой, которая обладает свойствами универсальной кодействующей. В хорошо известном примере квантовой плоскости MANIN [1991] изучались универсальные кодействующие квантовой группы для $q = \pm 1$, $q = 1^{\frac{1}{n}}$, $q \in \mathbb{C} \setminus \{0\}$.

При рассмотрении квантовой линейной супергруппы ZHANG AND GOULD [1991], CHANG ET AL. [1992], DUPLIJ AND SADOVNIKOV [2003] в теории естественно возникают нильпотенты и делители нуля. Поэтому логичным является допущение о возможном расширении области значений параметра q. Таким образом, изучение аналога квантовой плоскости с необратимым параметром квантования q может привести к новым типам квантовых (полу)групп и нетривиальным биалгебрам.

Основная задача данной главы — построение аналога квантовой линейной группы с необратимым параметром q, которую мы называем квантовой полугруппой. Ранее рассматривались обобщения алгебр Хопфа ABE [1980], SWEEDLER [1969] в некоторых направлениях: построение face-алгебр HAYASHI [1991, 1999], слабые алгебры Хопфа DUPLIJ AND LI [2001a], LI AND DUPLIJ [2002], DUPLIJ AND LI [2001b], ослабление требования биективности антипода NICHOLS AND TAFT [1982], GREEN ET AL. [1980], BÖHM ET AL. [1999], BÖHM AND SZLACHÁNYI [1996] и квантовые группоиды NIKSHYCH AND VAINERMAN [2000].

Здесь мы применяем подход Манина MANIN [1989, 1991] к построению квантовой плоскости с необратимым параметром деформации q, находится также биалгебра, построеная из принципа универсального кодействия MANIN [1989]. Таким образом, делается попытка нахождения новой алгебраической структуры, которая могла бы сыграть свою роль во многих областях применения квантовых групп.

13.2. Стандартное квантование $M(2)$

Рассмотрим построение квантовой плоскости в категорном подходе MANIN [1991]. Определим категорию квантовых пространств как категорию, двойственную категории пар $\mathcal{A} = (\mathcal{A}, \mathcal{A}_1)$ где $\mathcal{A}$ – k-алгебра, $\mathcal{A}_1 \subset \mathcal{A}$ конечномерное подпространство, порождающее $\mathcal{A}$. Морфизм $(\mathcal{A}, \mathcal{A}_1) \longrightarrow (\mathcal{B}, \mathcal{B}_1)$ является морфизмом k-алгебр $f : \mathcal{A} \longrightarrow \mathcal{B}$ таким, что $f(\mathcal{A}_1) \subseteq \mathcal{B}_1$. Тогда алгебру $\mathcal{A}$ будем называть алгеброй координатных функций на квантовой плоскости, а подпространство $\mathcal{A}_1$— пространство коммутационных соотношений представленных ядром канонического отображения $T(\mathcal{A}_1) \longrightarrow \mathcal{A}$, где $T(\mathcal{A}_1)$ — тензорная алгебра подпространства $\mathcal{A}_1$.

Действием квантовой группы, представленной алгеброй Хопфа H "функций на квантовой группе" KOGORODSKI AND SOIBELMAN [1998], на квантовой плоскости $(\mathcal{A}, \mathcal{A}_1)$ назовем структуру H-комодуля на $\mathcal{A}$ такое, что отображение кодействия $\delta : \mathcal{A} \longrightarrow H \otimes \mathcal{A}$ является морфизмом алгебр и $\delta(\mathcal{A}_1) \subseteq H \otimes \mathcal{A}_1$. Для любой квантовой плоскости $\mathcal{A} = (\mathcal{A}, \mathcal{A}_1)$, существует универсальная кодействующая квантовой группы G на $\mathcal{A}$, представленная кодействием $\delta : \mathcal{A} \longrightarrow G \otimes \mathcal{A}$ таким, что для любого кодействия $\delta' : \mathcal{A} \longrightarrow H \otimes \mathcal{A}$ с $\delta'(\mathcal{A}_1) \subseteq H \otimes \mathcal{A}_1$, существует морфизм алгебр Хопфа $\gamma : H \longrightarrow G$ такой что $\delta = (\gamma \otimes id) \circ \delta'$. Квантовую группу G кодействующую на квантовой плоскоси $\mathcal{A}$ и обладающую свойством универсальности называют квантовой линейной группой $GL(\mathcal{A})$.

Соотношения коммутативности квадратичны и следовательно классическая плоскость — квадратичная алгебра. Поэтому прямое обобщение коммутативности приводит также к квадратичным алгебрам, которые хорошо изучены MANIN [1989, 1991], Демидов [1998].

Стандартное квантование $M(2)$ строится как универсальная кодействующая над квантовыми плоскостями MANIN [1991]

$$A(x,y) = k(x,y)/(xy - qyx), \qquad (13.1)$$
$$B(\xi,\eta) = k(\xi,\eta)/(\xi\eta - q^{-1}\eta\xi),$$

где кодействие определяется стандартным образом с образующими T_j^i, $i, j = 1, 2$ алгебры $M(2)$

$$\delta(x) \rightarrow T \otimes x, \; \delta^*(\xi) \rightarrow T^* \otimes \xi, \qquad (13.2)$$
$$\delta(x^i) = \sum T_j^i \otimes x^j, \; \delta^*(\xi_i) = \sum T_i^j \otimes \xi_j.$$

Именно при определении кодействия алгебры на две квантовые плоскости получается, что при $q = 1$ имеем $M(A, B) \cong k(\mathrm{Mat}(n))$. То есть

$M_q\left(2\right) \cong k\left(a, b, c, d\right) / \left(I \bullet I^{\perp}\right)$, где I и $I^{\perp}$ — идеалы порожденные соответственно квадратичными соотношениями универсальной кодействующей на A и B.

В FADDEEV ET AL. [1990] был предложен метод квантования алгебры $M\left(2\right)$ исходя из общих конструкций квантового дубля. В конкретной реализации этого подхода порождающие соотношения

$$ac = qca, ab = qba, cd = qdc, bd = qdb, ad - da = (q - q^{-1})bc, bc = cb \tag{13.3}$$

алгебраической структуры, возможно записать используя R-матрицу: $R(T \otimes T) = (T \otimes T)R$ или $RT_1T_2 = T_2T_1R$, где индекс при T означает номер индекса в R при свертке: $R_{kl}^{ij}T_m^kT_n^l = T_l^jT_k^iR_{mn}^{kl}$. Матрица R имеет хорошо известный вид SCHIRMACHER ET AL. [1991], MAJID [1995], KASSEL [1995]

$$R_{kl}^{ij} = \begin{pmatrix} q & 0 & 0 & 0 \\ 0 & 1 & 0 & 0 \\ 0 & q - q^{-1} & 1 & 0 \\ 0 & 0 & 0 & q \end{pmatrix} \tag{13.4}$$

и удовлетворяет квантовому уравнению Янга-Бакстера

$$R_{12}R_{13}R_{23} = R_{23}R_{13}R_{12}. \tag{13.5}$$

Более общим подходом есть R-матричные алгебры ДЕМИДОВ [1998], в которых алгебраическая структура определяется также, а структуру биалгебры определяют стандартным образом: коумножение $\Delta\left(T_j^i\right) = \sum T_k^i \otimes T_j^k$, $\Delta\left(1\right) = 1 \otimes 1$ и коединица $\epsilon\left(T_j^i\right) = \delta_j^i$. Коумножение и коединица тривиальны на определяющем соотношениях.

Имеется следующий способ построить серию комодулей над биалгеброй M_R ДЕМИДОВ [1998]. Для многочлена $f\left(t\right) \in k[t]$ положим $A_f = k\left\langle x_1, x_2\right\rangle / \left(f\left(R\right)x \otimes x\right)$, а кодействие $\delta_f : A_f \longrightarrow M_R \otimes A_f$ определим стандартым образом формулой $\delta_f\left(x\right) = T \otimes x$. Тогда

$$\delta\left(f\left(R\right)x \otimes x\right) = f\left(R\right)T \otimes T \otimes x \otimes x$$
$$= \left(f\left(R\right)T \otimes T - T \otimes Tf\left(R\right)\right) \otimes x \otimes x + T \otimes T \otimes \left(f\left(R\right)x \otimes x\right) = 0 \tag{13.6}$$

Однако запас таких комодулей невелик: комодуль A_f нетривиален, если f является делителем минимального многочлена матрицы R.

В стандартном случае квантовые плоскости определяются соотношениями $(R - q)x \otimes x = 0$, $\left(R - q^{-1}\right)\xi \otimes \xi = 0$ ДЕМИДОВ [1998].

Центр алгебры $M_q\left(2\right)$ порождается единицей и элементом $\det_q(T) = \sum(-q)^{l(\sigma)}T_{\sigma_1}^1 T_{\sigma_2}^2$, для которого $\Delta\left(\det_q(T)\right) = \det_q(T) \otimes \det_q(T)$.

13.3. Квантовый дубль

Пусть H – алгебра Хопфа, H^* — двойственное пространство к H, канонически наделенное структурой алгебры Хопфа, а H^0 – алгебра Хопфа H^* с противоположным коумножением. Как показано в DRINFELD [1987] с алгеброй H канонически ассоциируется алгебра Хопфа $\mathcal{D}(H)$, определяемая следующим образом:

1) как коалгебра $\mathcal{D}(H) = H \otimes H^0$;

2) алгебры H и H^0 вложены как подалгебры Хопфа;

3) Для любого $a \in \mathcal{D}(H)$ справедливо равенство

$$\mathcal{R}\Delta(a) = (\sigma \circ \Delta)(a)\mathcal{R}, \tag{13.7}$$

где Δ–коумножение в $\mathcal{D}(H)$, σ– оператор перестановки в $\mathcal{D}(H) \otimes \mathcal{D}(H) : \sigma(a \otimes b) = b \otimes a, a, b \in \mathcal{D}(H)$, а $\mathcal{R}$– образ канонического элемента в $H \otimes H^0$ при вложении $H \otimes H^0 \hookrightarrow \mathcal{D}(H) \otimes \mathcal{D}(H)$. Пусть $\{e_s\}_{s \in J}$—линейный базис алгебры H, $\{e^s\}_{s \in J}$ – базис в H^*, двойственный к $\{e_s\}_{s \in J}$, а $\hat{e}_s$ и $\hat{e}^s$–образы элементов e_s и e^s при вложении $H, H^0 \hookrightarrow \mathcal{D}(H)$. В этих обозначениях

$$\mathcal{R} = \sum_{s \in J} \hat{e}_s \otimes \hat{e}^s. \tag{13.8}$$

Это условие характеризует операцию произведения для вложеных в $\mathcal{D}(H)$ подалгебр Хопфа H и H^0. Тогда алгебра Хопфа $\mathcal{D}(H)$ называется *квантовым дублем* алгебры H.

Из определения квантового дубля непосредственно следует, что DRINFELD [1987]

$$(\Delta \otimes id)(\mathcal{R}) = \mathcal{R}_{13}\mathcal{R}_{23}, (id \otimes \Delta)(\mathcal{R}) = \mathcal{R}_{13}\mathcal{R}_{12}, \tag{13.9}$$

$$(S \otimes id)(\mathcal{R}) = (id \otimes S^{-1})(\mathcal{R}) = \mathcal{R}^{-1}, \tag{13.10}$$

где S– антипод в алгебре $\mathcal{D}(H)$, а

$$\mathcal{R}_{13} = \sum_{s \in J} \hat{e}_s \otimes 1 \otimes \hat{e}^s, \mathcal{R}_{23} \tag{13.11}$$

$$= \sum_{s \in J} 1 \otimes \hat{e}_s \otimes \hat{e}^s, \mathcal{R}_{12} = \sum_{s \in J} \hat{e}_s \otimes \hat{e}^s \otimes 1, \tag{13.12}$$

$$\mathcal{R}_{13}, \mathcal{R}_{23}, \mathcal{R}_{12} \in \mathcal{D}(H) \otimes \mathcal{D}(H) \otimes \mathcal{D}(H).$$

Из условий (13.9) следует, что $\mathcal{R}$ удовлетворяет уравнению Янга-Бакстера

$$\mathcal{R}_{12}\mathcal{R}_{13}\mathcal{R}_{23} = \mathcal{R}_{23}\mathcal{R}_{13}\mathcal{R}_{12}, \mathcal{R} \in \mathcal{D}(H) \otimes \mathcal{D}(H). \tag{13.13}$$

Пусть $\mathcal{D}(H)^*$ двойственное пространство к $\mathcal{D}(H)$, наделенное структурой алгебры Хопфа с коумножением Δ^* и антиподом S^*, и $\{f_t^s\}_{s,t \in J}$ — линейный базис в $\mathcal{D}(H)^*$, двойственный базису $\{\hat{e}_s \hat{e}^t\}_{s,t \in J}$ в $\mathcal{D}(H)$. Для элемента $\mathcal{F} = \sum_{s,t \in J} \hat{e}_s \hat{e}^t \otimes f_t^s \in \mathcal{D}(H) \otimes \mathcal{D}(H)^*$ справедливы соотношения

$$
\begin{aligned}
(\Delta \otimes id)\,\mathcal{F} &= \mathcal{F}_{13}\mathcal{F}_{23} \in \mathcal{D}(H) \otimes \mathcal{D}(H) \otimes \mathcal{D}(H)^*, \\
(id \otimes \Delta^*)\,\mathcal{F} &= \mathcal{F}_{12}\mathcal{F}_{13} \in \mathcal{D}(H) \otimes \mathcal{D}(H)^* \otimes \mathcal{D}(H)^*, \\
(S \otimes id)\,\mathcal{F} &= (id \otimes S^*)\,\mathcal{F}, \\
\mathcal{R}_{12}\mathcal{F}_{13}\mathcal{F}_{23} &= \mathcal{F}_{23}\mathcal{F}_{13}\mathcal{R}_{12}.
\end{aligned}
\tag{13.14}
$$

Пусть F — ассоциативная алгебра с базисом $f_t^s, s,t \in I$ и соотношениями

$$
\mathcal{R}_{12}\tilde{\mathcal{F}}_{13}\tilde{\mathcal{F}}_{23} = \tilde{\mathcal{F}}_{23}\tilde{\mathcal{F}}_{13}\mathcal{R}_{12},
\tag{13.15}
$$

где $\tilde{\mathcal{F}} = \sum_{s,t \in J} \hat{e}_s \hat{e}^t \otimes f_t^s \in \mathcal{D}(H) \otimes F$. Тогда формулы

$$
\begin{aligned}
(id \otimes \Delta_F)\,\tilde{\mathcal{F}} &= \tilde{\mathcal{F}}_{12}\tilde{\mathcal{F}}_{13} \in \mathcal{D}(H) \otimes \mathcal{F} \otimes \mathcal{F}, \tag{13.16} \\
(id \otimes S_F)\,\tilde{\mathcal{F}} &= (S \otimes id)\,\tilde{\mathcal{F}} \tag{13.17}
\end{aligned}
$$

задают на F структуру алгебры Хопфа с коумножением Δ_F и антиподом S_F. Соответствие $f_t^s \longrightarrow \tilde{f}_t^s$ устанавливает изоморфизм алгебр Хопфа $\mathcal{D}(H)^*$ и F.

Как видно из определения квантового дубля, такие понятия, как квазикоммутативность, квазитреугольность естественны. Формулы (13.15) и (13.16) реализуют в общей ситуации определение коумножения и RTT уравнения .

13.4. Необратимый параметр квантования

Для построения квантовой плоскости с необратимым параметром квантования квадратичных соотношений:

$$
\begin{aligned}
xy &= qyx, \tag{13.18} \\
\tilde{q}xy &= yx,
\end{aligned}
$$

порождающих идеал недостаточно, так как подстановкой одного соотношения из (13.18) в другое получаются выражения $xy = q\tilde{q}xy$, $yx = \tilde{q}qyx$, из которых вместе с регулярностью q и $\tilde{q}$

$$
\begin{aligned}
q\tilde{q}q &= q, \tag{13.19} \\
\tilde{q}q\tilde{q} &= \tilde{q},
\end{aligned}
$$

видно, что $q\tilde{q}$ и $\tilde{q}q$ есть нейтральные элементы для $\{x^i y^j,\, ij \neq 0\}$ в свободном модуле, порожденном свободными образующими x и y, так что $q, \tilde{q} \in Q$ — порождают регулярную ассоциативную алгебру. Необратимость будет проявляться только на степенях элементов либо x, либо y, что не несет ничего особенно нового. Поэтому нетривиальным обобщением, совместимым с квадратичным, является кубическое такого вида

$$
\begin{aligned}
x(xy - q_1 yx) &= 0, \\
(yx - \tilde{q}_1 xy)x &= 0, \\
(xy - q_2 yx)y &= 0, \\
y(yx - \tilde{q}_2 xy) &= 0,
\end{aligned}
\tag{13.20}
$$

вместе с условием регулярности для q и $\tilde{q}$:

$$
q_i \tilde{q}_i q_i = q_i, \quad \tilde{q}_i q_i \tilde{q}_i = \tilde{q}_i, \; i = 1, 2.
\tag{13.21}
$$

Тогда *квантовой плоскостью с необратимым параметром квантования* назовем $A(x, y) = Q(x, y)/I$, где I — идеал, порожденный соотношениями (13.20).

Соотношения для параметров квантования можно получить, используя (13.20) двумя различными способами для $x^2 y^2$ и $y^2 x^2$

$$
\begin{aligned}
q_1 xyxy &= q_2 xyxy, \\
\tilde{q}_1 yxyx &= \tilde{q}_2 yxyx.
\end{aligned}
\tag{13.22}
$$

Домножая в (13.20) первые два на x соответственно справа и слева, а вторые две на y соответственно слева и справа, и подставляя одно в другое, получим соотношения на идемпотенты $q_i \tilde{q}_i$ и $\tilde{q}_i q_i$:

$$
\begin{aligned}
xxyx &= q_1 \tilde{q}_1 xxyx, \\
xyxx &= \tilde{q}_1 q_1 xyxx, \\
yyxy &= \tilde{q}_2 q_2 yyxy, \\
yxyy &= q_2 \tilde{q}_2 yxyy.
\end{aligned}
\tag{13.23}
$$

В отличие от классической квантовой плоскости, здесь условия на идемпотенты появляются для однородных элементов четвертой степени.

При $q = 1$ алгебра A естественно градуирована и каждая компонента градуировки степени выше второй коммутативна. В классическом случае вся алгебра коммутативна. В этом проявляется некий предел некоммутативности алгебры: при квантовании коммутативность ослабляется и в конце концов "исчезает" в членах однородности два. Таким образом, универсальная кодействующая такой алгебры уже не будет классической даже при $q = 1$.

13.5. Универсальная кодействующая $M_{q,\tilde{q}}(2)$

Следуя подходу Манина MANIN [1991], введем универсальную кодействующую для построенного выше комодуля

$$\delta(x) \rightarrow T \otimes x,\ \delta^*(\xi) \rightarrow T^* \otimes \xi, \tag{13.24}$$
$$\delta(x^i) = \sum T^i_j \otimes x^j,\ \delta^*(\xi_i) = \sum T^j_i \otimes \xi_j,$$

для биалгебры H с коумножением

$$\Delta T \rightarrow T \otimes T, \tag{13.25}$$
$$\Delta(T^i_j) \rightarrow \sum T^i_k \otimes T^k_j.$$

Алгебра H строится факторизацией свободной алгебры над Q с образующими $[T^i_j] = \begin{pmatrix} a & b \\ c & d \end{pmatrix}$ по двустороннему идеалу, порожденному соотношениями:

$$
\begin{aligned}
acc - q_1 aca &= 0, caa - \tilde{q}_1 aca = 0, \\
acc - q_2 cac &= 0, cca - \tilde{q}_2 cac = 0,
\end{aligned}
\tag{13.26}
$$

$$
\begin{aligned}
q_1 aad + \tilde{q}_1 bac + abc - q_1^2 acb - q_1\tilde{q}_1 bca - q_1 ada &= 0, \\
q_1 cab + \tilde{q}_1 daa + cba - \tilde{q}_1^2 bca - \tilde{q}_1 q_1 acb - \tilde{q}_1 ada &= 0, \\
q_1 acd + \tilde{q}_1 bcc + adc - q_2 q_1 cad - q_2\tilde{q}_1 dac - q_2 cbc &= 0, \\
q_1 ccb + \tilde{q}_1 dca + cda - \tilde{q}_2 q_1 cad - \tilde{q}_2\tilde{q}_1 dac - \tilde{q}_2 cbc &= 0,
\end{aligned}
$$

$$
\begin{aligned}
q_2 abd + \tilde{q}_2 bbc + bad - q_1 q_2 adb - q_1\tilde{q}_2 bda - q_1 bcb &= 0, \\
q_2 cbb + \tilde{q}_2 dba + dab - \tilde{q}_1 q_2 adb - \tilde{q}_1\tilde{q}_2 bda - \tilde{q}_1 bcb &= 0, \\
q_2 add + \tilde{q}_2 bdc + bcd - q_2^2 cbd - q_2\tilde{q}_2 dbc - q_2 dad &= 0, \\
q_2 cdb + \tilde{q}_2 dda + dcb - \tilde{q}_2 q_2 cbd - \tilde{q}_2\tilde{q}_2 dbc - \tilde{q}_2 dad &= 0,
\end{aligned}
$$

$$
\begin{aligned}
bbd - q_1 bdb &= 0, dbb - \tilde{q}_1 bdb = 0, \\
bdd - q_2 dbd &= 0, ddb - \tilde{q}_2 dbd = 0,
\end{aligned}
$$

$$
\begin{aligned}
aab - p_1 aba &= 0, baa - \tilde{p}_1 aba = 0, \\
aab - p_2 bab &= 0, bba - \tilde{p}_2 bab = 0,
\end{aligned}
$$

$$
\begin{aligned}
p_1 aad + \tilde{p}_1 cab + acb - p_1^2 abc - p_1 \tilde{p}_2 cba - p_1 ada &= 0, \\
p_1 bac + \tilde{p}_1 daa + bca - \tilde{p}_1^2 cba - \tilde{p}_1 p_1 abc - \tilde{p}_1 ada &= 0, \\
p_1 abd + \tilde{p}_1 cbb + adb - p_2 p_1 bad - p_2 \tilde{p}_1 dab - p_2 bcb &= 0, \\
p_1 bbc + \tilde{p}_1 dba + bda - \tilde{p}_2 p_1 bad - \tilde{p}_2 \tilde{p}_1 dab - \tilde{p}_2 bcb &= 0,
\end{aligned}
$$

$$
\begin{aligned}
p_2 acd + \tilde{p}_2 ccb + cad - p_1 p_2 adc - p_1 \tilde{p}_2 cda - p_1 cbc &= 0, \\
p_2 bcc + \tilde{p}_2 dca + dac - \tilde{p}_1 p_2 adc - \tilde{p}_1 \tilde{p}_2 cda - \tilde{p}_1 cbc &= 0, \\
p_2 add + \tilde{p}_2 cdb + cbd - p_2^2 bcd - p_2 \tilde{p}_2 dcb - p_2 dad &= 0, \\
p_2 bdc + \tilde{p}_2 dda + dbc - \tilde{p}_2 p_2 bcd - \tilde{p}_2^2 dcb - \tilde{p}_2 dad &= 0,
\end{aligned}
$$

$$
\begin{aligned}
ccd - p_1 cdc &= 0, dcc - \tilde{p}_1 cdc = 0, \\
cdd - p_2 dcd &= 0, ddc - \tilde{p}_2 dcd = 0,
\end{aligned}
$$

получаемым из условия сохранения соотношений (13.20).

13.6. R-точки алгебры $M_{q,\tilde{q}}(2)$

Подобно процедуре, описанной в Kassel [1995], R-точкой алгебры $M_{q,\tilde{q}}(2)$ назовем четверку (A, B, C, D) из алгебры R, удовлетворяющей уравнениям (13.26). Непосредственно из определения $M_{q,\tilde{q}}(2)$ следует, что R-точки $M_{q,\tilde{q}}(2)$ находятся во взаимно однозначном соответствии в элементами множества $\mathrm{Hom}_{Alg}(M_{q,\tilde{q}}(2), R)$ гомоморфизмов из алгебры $M_{q,\tilde{q}}(2)$ в R.

Четверка $\begin{pmatrix} A & B \\ C & D \end{pmatrix}$ элементов алгебры R является R-точкой алгебры $M_{q,\tilde{q}}(2)$, тогда и только тогда, когда следующие пары $(X^{'}, Y^{'})$ и $(X^{''}, Y^{''})$ являются $R^{'}$-точками квантовой плоскости, где $X^{'}, Y^{'}, X^{''}, Y^{''}$ определяются матричными равенствами

$$
\begin{aligned}
\begin{pmatrix} X' \\ Y' \end{pmatrix} &= \begin{pmatrix} A & B \\ C & D \end{pmatrix} \begin{pmatrix} X \\ Y \end{pmatrix}, \\
\begin{pmatrix} X'' \\ Y'' \end{pmatrix} &= \begin{pmatrix} A & C \\ B & D \end{pmatrix} \begin{pmatrix} X \\ Y \end{pmatrix},
\end{aligned}
\tag{13.27}
$$

где $R^{'}$ – тензорное произведение алгебр $R' = R \otimes Q_{q,\tilde{q}}[X, Y] = R\{X, Y\}/J_{q,\tilde{q}}$, $J_{q,\tilde{q}}$ — идеал, порожденный соотношениями (13.20).

Пусть $m = \begin{pmatrix} A & B \\ C & D \end{pmatrix}$ и $m' = \begin{pmatrix} A' & B' \\ C' & D' \end{pmatrix}$ — две R-точки алгебры $M_{q,\tilde{q}}(2)$ такие, что элементы A, B, C, D коммутируют с элементами A', B', C', D'. Тогда элемент, определенный произведением матриц $mm' = \begin{pmatrix} A'' & B'' \\ C'' & D'' \end{pmatrix} = \begin{pmatrix} A' & B' \\ C' & D' \end{pmatrix} \begin{pmatrix} A & B \\ C & D \end{pmatrix}$ является R-точкой алгебры $M_{q,\tilde{q}}(2)$. Действительно, по определению элементы $X, Y \in R'$ коммутируют с остальными переменными A, A' и т.д. Из предыдущего утверждения следует, что пары (X', Y') и (X'', Y'') являются R'-точками квантовой плоскости. Далее, по предположению элементы $A', B', C', D' \in R'$ коммутируют с X'и Y', а элементы A, B, C, D — с X'' и Y''. Второй раз применяя предыдущее утверждение, получаем, что

$$\begin{pmatrix} A' & B' \\ C' & D' \end{pmatrix} \begin{pmatrix} X' \\ Y' \end{pmatrix} = \begin{pmatrix} A'' & B'' \\ C'' & D'' \end{pmatrix} \begin{pmatrix} X \\ Y \end{pmatrix},$$

$$\begin{pmatrix} A & C \\ B & D \end{pmatrix} \begin{pmatrix} X'' \\ Y'' \end{pmatrix} = \begin{pmatrix} A'' & C'' \\ B'' & D'' \end{pmatrix} \begin{pmatrix} X \\ Y \end{pmatrix}$$

есть R'-точки квантовой плоскости. Отсюда mm' – R-точка Алгебры $M_{q,\tilde{q}}(2)$.

13.7. Порождающие соотношения $M_{q,\tilde{q}}(2)$

Уравнения (13.26) можно переписать в матричном виде:

$$\mathrm{id} \cdot \begin{pmatrix} aac \\ caa \end{pmatrix} - \begin{pmatrix} q_1 \\ \tilde{q}_1 \end{pmatrix} aca = 0, \mathrm{id} \cdot \begin{pmatrix} acc \\ cca \end{pmatrix} - \begin{pmatrix} q_2 \\ \tilde{q}_2 \end{pmatrix} cac = 0, \qquad (13.28)$$

$$\mathrm{id} \cdot \begin{pmatrix} ccd \\ dcc \end{pmatrix} - \begin{pmatrix} p_1 \\ \tilde{p}_1 \end{pmatrix} dcd = 0, \mathrm{id} \cdot \begin{pmatrix} cdd \\ ddc \end{pmatrix} - \begin{pmatrix} p_2 \\ \tilde{p}_2 \end{pmatrix} cdc = 0,$$

$$\mathrm{id} \cdot \begin{pmatrix} aab \\ baa \end{pmatrix} - \begin{pmatrix} p_1 \\ \tilde{p}_1 \end{pmatrix} aba = 0, \mathrm{id} \cdot \begin{pmatrix} abb \\ bba \end{pmatrix} - \begin{pmatrix} p_2 \\ \tilde{p}_2 \end{pmatrix} bab = 0,$$

$$\mathrm{id} \cdot \begin{pmatrix} bbd \\ dbb \end{pmatrix} - \begin{pmatrix} q_1 \\ \tilde{q}_1 \end{pmatrix} bdb = 0, \mathrm{id} \cdot \begin{pmatrix} bdd \\ ddb \end{pmatrix} - \begin{pmatrix} q_2 \\ \tilde{q}_2 \end{pmatrix} dbd = 0,$$

$$A(1,1) \begin{pmatrix} abc \\ acb \\ cba \\ bca \end{pmatrix} - B(1,1) \begin{pmatrix} aad \\ daa \\ bac \\ cab \end{pmatrix} = Q(1,1)ada,$$

$$A(1,2) \begin{pmatrix} bad \\ adb \\ dab \\ bda \end{pmatrix} - B(1,2) \begin{pmatrix} abd \\ dba \\ bbc \\ cbb \end{pmatrix} = Q(1,2)bcb,$$

$$A(2,1)\begin{pmatrix} adc \\ cad \\ cda \\ dac \end{pmatrix} - B(2,1)\begin{pmatrix} acd \\ dca \\ bcc \\ ccb \end{pmatrix} = Q(2,1)cbc,$$

$$A(2,2)\begin{pmatrix} bcd \\ cbd \\ dcb \\ dbc \end{pmatrix} - B(2,2)\begin{pmatrix} add \\ dda \\ bdc \\ cdb \end{pmatrix} = Q(2,2)dad,$$

где $\mathrm{id}_2 = \begin{pmatrix} 1 & 0 \\ 0 & 1 \end{pmatrix}$, и

$$A(i,j) = \begin{pmatrix} 1 & -q_i q_j & 0 & -q_i \tilde{q}_j \\ -p_j p_i & 1 & -p_j \tilde{p}_i & 0 \\ 0 & -\tilde{q}_i q_j & 1 & -\tilde{q}_i \tilde{q}_j \\ -\tilde{p}_j p_i & 0 & -\tilde{p}_j \tilde{p}_i & 1 \end{pmatrix},$$

$$B(i,j) = \begin{pmatrix} -q_j & 0 & -\tilde{q}_j & 0 \\ -p_i & 0 & 0 & -\tilde{p}_i \\ 0 & -\tilde{q}_j & 0 & -q_j \\ 0 & -\tilde{p}_i & -p_i & 0 \end{pmatrix}, \; Q(i,j) = \begin{pmatrix} q_i \\ p_j \\ \tilde{q}_i \\ \tilde{p}_j \end{pmatrix}.$$

Первые четыре уравнения (13.28) аналогичны стандартным $ab = qba, ac = qca, bd = qdb, cd = qdc$, а четыре последних уравнениям $ad - da = (q - q^{-1})bc$, $bc = cb$. Следует заметить, что последние два уравнения в подходе Манина и RTT конструкции отличаются, если q — необратимо: из условия сохранения соотношений квантовой плоскости — $q(ad - da) + bc - q^2 cb = 0$, $q(ad - da) + cb - q^2 bc = 0$.

Отметим, что блоки вида

$$\begin{pmatrix} q_i q_j & q_i \tilde{q}_j \\ \tilde{q}_i q_j & \tilde{q}_i \tilde{q}_j \end{pmatrix} = \begin{pmatrix} q_i & 0 \\ 0 & \tilde{q}_i \end{pmatrix}\begin{pmatrix} 1 & 1 \\ 1 & 1 \end{pmatrix}\begin{pmatrix} q_j & 0 \\ 0 & \tilde{q}_j \end{pmatrix}$$

необратимы, даже при обратимых q_i и q_j.

Рассмотрим случай, когда q_1, q_2, p_1 и p_2 обратимы и равны между собой. Тогда матрицы последних четырех уравнений (13.28) будут иметь вид

$$A(i,j) \;=\; A = \begin{pmatrix} 1 & -q^2 & 0 & -1 \\ -q^2 & 1 & -1 & 0 \\ 0 & -1 & 1 & -q^{-2} \\ -1 & 0 & -q^{-2} & 1 \end{pmatrix}, \qquad (13.29)$$

$$B(i,j) \;=\; B = \begin{pmatrix} -q & 0 & -q^{-1} & 0 \\ -q & 0 & 0 & -q^{-1} \\ 0 & -q^{-1} & 0 & -q \\ 0 & -q^{-1} & -q & 0 \end{pmatrix},$$

$$Q(i,j) \;=\; Q = \begin{pmatrix} q \\ q \\ q^{-1} \\ q^{-1} \end{pmatrix}.$$

Собственные числа A и B равны соответственно: $1, 1, 1+\left(q^2+q^{-2}\right), 1-\left(q^2+q^{-2}\right)$ и $0, q, -\left(q+q^{-1}\right), -q+q^{-1}$, а B необратимо в отличие от A

$$A^{-1} = \frac{1}{q^4+1+q^{-4}} \begin{pmatrix} q^{-4} & -q^2 & -\left(q^{-2}+q^2\right) & -1 \\ -q^2 & q^{-4} & -1 & -\left(q^{-2}+q^2\right) \\ -\left(q^{-2}+q^2\right) & -1 & q^4 & -q^{-2} \\ -1 & -\left(q^{-2}+q^2\right) & -q^{-2} & q^4 \end{pmatrix}. \qquad (13.30)$$

Система уравнений (13.28) запишется в матричном виде

$$A^{-1}B = \frac{q^2+1+q^{-2}}{q^4+1+q^{-4}} \begin{pmatrix} -q^{-1}+q & q^{-1} & \left(-q^{-1}+q\right)q^{-2} & q \\ -q^{-1}+q & q^{-1} & q & \left(-q^{-1}+q\right)q^{-2} \\ q & q^{-1}-q & q^{-1} & \left(q^{-1}-q\right)q^2 \\ q & q^{-1}-q & \left(q^{-1}-q\right)q^2 & q^{-1} \end{pmatrix}, \qquad (13.31)$$

$$A^{-1}Q = -\frac{q^2+1+q^{-2}}{q^4+1+q^{-4}}Q.$$

Полученная алгебра естественно градуированна. Базис компоненты однородности 3 составляет: aaa, aad, aba, abd, aca, acd, ada, add, bab, bac, bbb, bbc, bcb, bcc, bdb, bdc, cab, cac, cbb, cbc, ccb, ccc, cdb, cdc, daa, dad, dba, dbd, dca, dcd, dda, ddd, или в более компактной записи

$$\{T_j^i T_l^k T_n^m | i,j,k,l,m,n = 1,2, i+j = m+n \bmod 2\}.$$

Обозначим $\mathcal{Z}_{mn}^{ij} = R_{kl}^{ij} T_m^k T_n^l - T_l^j T_k^i R_{mn}^{kl}$, сделаем замену $\tilde{q}_1 \longleftrightarrow \tilde{q}_2$ и опустим формально выражения $\tilde{q}_i q_i$ и $q_i \tilde{q}_i$, считая их равными единице. Такое действие можно предпринять для нахождения общего вида уравнений (13.28) по аналогии с подходом Манина и RTT уравнением. Тогда уравнения (13.26) можно записать в виде

$$T_1^1 \mathcal{Z}_{11}^{12} = 0, T_1^2 \mathcal{Z}_{11}^{21} = 0, T_1^1 \mathcal{Z}_{21}^{11} = 0, T_2^1 \mathcal{Z}_{12}^{11} = 0, \qquad (13.32)$$
$$T_2^1 \mathcal{Z}_{22}^{12} = 0, T_2^2 \mathcal{Z}_{22}^{21} = 0, T_1^2 \mathcal{Z}_{21}^{22} = 0, T_2^2 \mathcal{Z}_{12}^{22} = 0,$$
$$T_1^1 \mathcal{Z}_{12}^{12} q_1 + T_1^1 \mathcal{Z}_{21}^{12} + T_2^1 \mathcal{Z}_{11}^{12} \tilde{q}_2 = 0,$$
$$T_1^2 \mathcal{Z}_{12}^{21} q_1 + T_1^2 \mathcal{Z}_{21}^{21} + T_2^2 \mathcal{Z}_{11}^{21} \tilde{q}_2 = 0,$$
$$T_2^1 \mathcal{Z}_{21}^{12} \tilde{q}_1 + T_2^1 \mathcal{Z}_{12}^{12} + T_1^1 \mathcal{Z}_{22}^{12} q_2 = 0,$$
$$T_2^2 \mathcal{Z}_{21}^{21} \tilde{q}_1 + T_2^2 \mathcal{Z}_{12}^{21} + T_1^2 \mathcal{Z}_{22}^{21} q_2 = 0,$$
$$T_1^1 \mathcal{Z}_{21}^{21} p_1 + T_1^1 \mathcal{Z}_{21}^{12} + T_1^2 \mathcal{Z}_{21}^{11} \tilde{p}_2 = 0,$$
$$T_2^1 \mathcal{Z}_{12}^{21} p_1 + T_2^1 \mathcal{Z}_{12}^{12} + T_2^2 \mathcal{Z}_{12}^{11} \tilde{p}_2 = 0,$$
$$T_1^2 \mathcal{Z}_{21}^{12} \tilde{p}_1 + T_1^2 \mathcal{Z}_{21}^{21} + T_1^1 \mathcal{Z}_{21}^{22} p_2 = 0,$$
$$T_2^2 \mathcal{Z}_{12}^{12} \tilde{p}_1 + T_2^2 \mathcal{Z}_{12}^{21} + T_2^1 \mathcal{Z}_{12}^{22} p_2 = 0,$$
$$\mathcal{Z}_{11}^{21} T_1^1 = 0, \mathcal{Z}_{11}^{12} T_1^2 = 0, \mathcal{Z}_{22}^{21} T_2^1 = 0, \mathcal{Z}_{22}^{12} T_2^2 = 0,$$
$$\mathcal{Z}_{12}^{11} T_1^1 = 0, \mathcal{Z}_{21}^{11} T_2^1 = 0, \mathcal{Z}_{12}^{22} T_1^2 = 0, \mathcal{Z}_{21}^{22} T_2^2 = 0,$$
$$\mathcal{Z}_{11}^{21} T_2^1 q_1 + \mathcal{Z}_{12}^{21} T_1^1 + \mathcal{Z}_{21}^{21} T_1^1 \tilde{q}_2 = 0,$$
$$\mathcal{Z}_{11}^{12} T_2^2 q_1 + \mathcal{Z}_{12}^{12} T_1^2 + \mathcal{Z}_{21}^{12} T_1^2 \tilde{q}_2 = 0,$$
$$\mathcal{Z}_{22}^{21} T_1^1 \tilde{q}_1 + \mathcal{Z}_{21}^{21} T_2^1 + \mathcal{Z}_{12}^{21} T_2^1 q_2 = 0,$$
$$\mathcal{Z}_{22}^{12} T_1^2 \tilde{q}_1 + \mathcal{Z}_{21}^{12} T_2^2 + \mathcal{Z}_{12}^{12} T_2^2 q_2 = 0,$$
$$\mathcal{Z}_{12}^{11} T_1^2 p_1 + \mathcal{Z}_{12}^{21} T_1^1 + \mathcal{Z}_{12}^{12} T_1^1 \tilde{p}_2 = 0,$$
$$\mathcal{Z}_{21}^{11} T_2^2 p_1 + \mathcal{Z}_{21}^{21} T_2^1 + \mathcal{Z}_{21}^{12} T_2^1 \tilde{p}_2 = 0,$$
$$\mathcal{Z}_{12}^{22} T_1^1 \tilde{p}_1 + \mathcal{Z}_{12}^{12} T_1^2 + \mathcal{Z}_{12}^{21} T_1^2 p_2 = 0,$$
$$\mathcal{Z}_{21}^{22} T_2^1 \tilde{p}_1 + \mathcal{Z}_{21}^{12} T_2^2 + \mathcal{Z}_{21}^{21} T_2^2 p_2 = 0,$$

что можно представить в виде

$$T \odot \mathcal{Z} = 0, \qquad (13.33)$$
$$\mathcal{Z} \odot T = 0,$$

где $\odot$ и $\odot$ – абстрактные операции, определенные в (13.32).

Полученные соотношения однородны, поэтому полученная биалгебра естественно градуирована Z, в которой образующие имеют степень однородности единица.

Такая запись аналогична RTT в смысле множества антисимметричных перестановок групп соответственно S_3 и S_2. То есть, множеству антисимметричных перестановок соответствует множество уравнений: в классическом случае нечетная перестановка всего одна, в случае S_3 – таких три, две из который алгебраически независимы. Поэтому уравнений два - по числу независимых перестановок.

Глава 13. КВАНТОВАЯ ЛИНЕЙНАЯ ПОЛУГРУППА
С.А. Дуплий, А.С. Садовников

Уравнение RTT возникает из общей ситуации квантового дубля, описанной в DRINFELD [1987], то есть FRT-конструкции FADDEEV ET AL. [1990]. В нашем же случае построение подобной теории приводит к необходимости обобщения общих алгебраических понятий таких, как дуальность, которая широко применяется в категорном подходе, а также тензорного произведения.

Глава 14

Обобщенные алгебры Хопфа и R-матрицы
С.А. Дуплий, С. Д. Синельщиков

14.1. Введение

В конце семидесятых годов изучение точно решаемых задач статистической механики и квантовой теории поля привело Л. Фаддеева и его сотрудников к созданию квантового метода обратной задачи рассеяния Sklyanin and Faddeev [1978], Sklyanin et al. [1979], Takhtadzhyan and Faddeev [1979]. Ими было введено квантовое уравнение Янга-Бакстера и показано, что его решениям отвечают серии точно решаемых задач математической физики.

В 1984 году В. Дринфельд ввел квантовые аналоги универсальных обертывающих алгебр, и важным событием стал его доклад о квантовых группах на семинаре И. Гельфанда. В 1985 году к тем же квантовым аналогам универсальных обертывающих алгебр пришел М. Джимбо. Большую роль в становлении теории квантовых групп сыграли статьи Drinfeld [1985], Jimbo [1985] и обзоры Drinfeld [1986], Jimbo [1986], Faddeev et al. [1989].

Другой путь к теории квантовых групп был найден С. Вороновичем Woronowicz [1980, 1987]. В дальнейшем его подход использовался при построении теории компактных квантовых групп Woronowicz [1991], Dijkhuizen and Koornwinder [1994], Daele [1995]. Отметим также примеры алгебр Хопфа с антиподом конечного порядка больше двух, построенные в 1971 Тафтом Taft [1971] и Рэдфордом Radford [1971].

В последующие годы были найдены приложения теории квантовых групп в малоразмерной топологии и в теории категорий, а также в конформной квантовой теории поля Turaev [1994], Kassel and Turaev [1995], Joyal and Street [1993], Lyubashenko [1995], Alvares-Gaumé et al. [1989], Pasquier and Saleur [1990].

Глава 14. Обобщенные алгебры Хопфа и R-матрицы
С.А. Дуплий, С. Д. Синельщиков

В частности, язык алгебр Хопфа ABE [1980], SWEEDLER [1969] является важным средством изучения объектов, связанных с некоммутативными пространствами CONNES [1994], MADORE [1995] и суперпространствами DE BOER ET AL. [2003], GRACIA-BONDIA ET AL. [2001], SEIBERG AND WITTEN [1999], которые возникают посредством квантования соответствующих коммутативных объектов WESS AND BAGGER [1983], GATES ET AL. [1983]. Важной характеристикой суперсимметричных алгебраических структур является то, что соответствующие алгебры обычно содержат идемпотенты и другие делители нуля БЕРЕЗИН [1983], RABIN [1995], ДУПЛИЙ [2000], ДУПЛИЙ AND КОТУЛЬСКАЯ [2002]. Поэтому целесообразным представляется введение идемпотентов в некоторые квантовые алгебры, с последующим изучением полученных объектов и связанных с ними разложений Пирса PIERCE [1982]. Целью настоящей работы является построение новых квантовых алгебр Хопфа, содержащих идемпотенты, исследование их свойств и соответствующих R-матриц.

14.2. Алгебры Хопфа и $U_q(\mathfrak{sl}_2)$

Здесь мы вводим новые квантовые алгебры, допускающие вложение $U_q(\mathfrak{sl}_2)$ DRINFELD [1989], JANTZEN [1996]. После добавления некоторых дополнительных соотношений мы получаем две представляющие интерес алгебры, содержащие идемпотенты и регулярные по фон Нейману образующие картановского типа. Одна из этих алгебр имеет разложение Пирса, сводящееся к прямой сумме двух идеалов, и может рассматриваться как "расширение" алгебры с регулярным по фон Нейману антиподом, рассмотренной в DUPLIJ AND LI [2001b], LI AND DUPLIJ [2002], в то время как другая алгебра оказывается алгеброй Хопфа в смысле стандартного определения ABE [1980]. Мы выделяем некоторые частные случаи, в которых R-матрицы имеют достаточно простой вид. В этом контексте строятся как обратимые, так и регулярные по фон Нейману R-матрицы, причем в последнем случае R-матрицы подчинены разложению Пирса.

Введем обозначения и напомним вкратце и основные факты об алгебрах Хопфа ABE [1980], CHARI AND PRESSLEY [1996]. Мы будем под алгеброй $U^{(alg)}$ над $\mathbb{C}$ понимать четверку $(\mathbb{C}, A, \mu, \eta)$, где A – векторное пространство, $\mu : A \otimes A \to A$ – умножение (также обозначаемое $\mu(a \otimes b) = a \cdot b$), $\eta : \mathbb{C} \to A$ – единица, так что $1 \overset{def}{=} \eta(1)$, $1 \in A$, $1 \in \mathbb{C}$. Умножение предполагается ассоциативным $\mu \circ (\mu \otimes \mathrm{id}) = \mu \circ (\mathrm{id} \otimes \mu)$, при этом единица η характеризуется свойством $\mu \circ (\eta \otimes \mathrm{id}) = \mu \circ (\mathrm{id} \otimes \eta) = \mathrm{id}$. Морфизм алгебр – это линейное отображение $\psi : U_1^{(alg)} \to U_2^{(alg)}$, для которого $\psi \circ \mu_1 = \mu_2 \circ (\psi \otimes \psi)$ и $\psi \circ \eta_1 = \eta_2$. Коалгебра $U^{(coalg)}$ – это четверка $(\mathbb{C}, C, \Delta, \epsilon)$, где C – векторное пространство, $\Delta : C \to C \otimes C$ – коумножение $\Delta(A) = \sum_i \left(A^i_{(1)} \otimes A^i_{(2)} \right)$ в обозначениях Свидлера SWEEDLER [1969], $\epsilon : C \to \mathbb{C}$ – коединица. Эти линейные отображения удовлетворяют следующим условиям: коассоциативность $(\Delta \otimes \mathrm{id}) \circ \Delta = (\mathrm{id} \otimes \Delta) \circ \Delta$ и свойство коединицы: $(\epsilon \otimes \mathrm{id}) \circ \Delta = (\mathrm{id} \otimes \epsilon) \circ \Delta = \mathrm{id}$. Морфизм коалгебр – это линейное отображение $\varphi : U_1^{(coalg)} \to U_2^{(coalg)}$ такое, что $(\varphi \otimes \varphi) \circ \Delta_1 = \Delta_2 \circ \varphi$ and $\epsilon_1 = \epsilon_2 \circ \varphi$. Биалгебра $U^{(bialg)}$ – это шестерка $(\mathbb{C}, B, \mu, \eta, \Delta, \epsilon)$, алгебра и коалгебра одновременно, причем выполнены следующие условия согласования

$$\Delta \circ \mu = (\mu \otimes \mu) \circ (\mathrm{id} \otimes \tau \otimes \mathrm{id}) \circ (\Delta \otimes \Delta),$$
$$\Delta(1) = 1 \otimes 1, \quad \epsilon \circ \mu = \mu_{\mathbb{C}} \circ (\epsilon \otimes \epsilon), \quad \epsilon(1) = 1, \tag{14.1}$$

здесь τ – перестановка тензорных сомножителей, $\mu_{\mathbb{C}}$ – умножение в основном поле. Алгебра Хопфа $U^{(Hopf)}$ – это биалгебра, снабженная антиподом S, антиморфизмом алгебр, удовлетворяющим условию

$$(S \otimes \mathrm{id}) \circ \Delta = (\mathrm{id} \otimes S) \circ \Delta = \eta \circ \epsilon. \tag{14.2}$$

Пусть $q \in \mathbb{C}$ и $q \neq \pm 1, 0$. Начнем с определения квантовой универсальной обертывающей алгебры $U_q(\mathfrak{sl}_2)$ DRINFELD [1987]. Это ассоциативная алгебра с единицей $U_q^{(alg)}(\mathfrak{sl}_2)$, которая определяется образующими Шевалле k, k^{-1}, e, f и соотношениями

$$k^{-1}k = 1, \quad kk^{-1} = 1, \quad ke = q^2 ek, \quad kf = q^{-2} fk, \quad ef - fe = \frac{k - k^{-1}}{q - q^{-1}}. \tag{14.3}$$

Стандартная структура алгебры Хопфа на $U_q^{(Hopf)}(\mathfrak{sl}_2)$ задается формулами

$$\Delta_0(k) = k \otimes k \tag{14.4}$$

$$\Delta_0(e) = 1 \otimes e + e \otimes k, \qquad \Delta_0(f) = f \otimes 1 + k^{-1} \otimes f, \tag{14.5}$$

$$\mathrm{S}_0(k) = k^{-1}, \qquad \mathrm{S}_0(e) = -ek^{-1}, \qquad \mathrm{S}_0(f) = -kf, \tag{14.6}$$

$$\varepsilon_0(k) = 1, \qquad \varepsilon_0(e) = \varepsilon_0(f) = 0. \tag{14.7}$$

Алгебра $U_q^{(alg)}(\mathfrak{sl}_2)$ является областью целостности, т.е. не имеет делителей нуля и, в частности, идемпотентов DE CONCINI AND KAC [1990], JOSEPH AND LETZTER [1992]. Базис векторного пространства $U_q(\mathfrak{sl}_2)$ образуют мономы $k^s e^m f^n$, где $m, n \geq 0$ JANTZEN [1996]. Обозначим $\mathcal{H}_0(1, k, k^{-1})$ картановскую подалгебру алгебры $U_q(\mathfrak{sl}_2)$.

14.3. Картановская подалгебра и ее разложение Пирса

Мы рассмотрим разложение Пирса для подходящего подходящего расширения алгебры $U_q(\mathfrak{sl}_2)$. Хорошо известно, что существует взаимно однозначное соответствие между центральными разложениями единицы в сумму идемпотентов и разложениями модуля в прямую сумму PIERCE [1982]. Поэтому начнем с видоизменения картановской подалгебры в $U_q(\mathfrak{sl}_2)$ с целью реализации свойства регулярности фон Неймана NASHED [1976], RAO AND MITRA [1971], CAMPBELL AND MEYER [1979].

Введем образующие $K, \overline{K}$, удовлетворяющие соотношениям

$$K\overline{K}K = K, \qquad \overline{K}K\overline{K} = \overline{K}, \qquad (14.8)$$

которые называют свойством регулярности фон Неймана NASHED [1976]. При условии коммутативности

$$K\overline{K} = \overline{K}K \qquad (14.9)$$

имеется идемпотент $P \overset{def}{=} K\overline{K} = \overline{K}K$, для которого

$$PK = KP = K, \qquad (14.10)$$

$$P^2 = P. \qquad (14.11)$$

Коммутативная алгебра, порожденная K, $\overline{K}$ (мы обозначаем ее $\mathcal{H}(K,\overline{K})$) не содержит единицы, поскольку, в отличие от $U_q(\mathfrak{sl}_2)$, ее соотношения не предусматривают единицу явно, как в (14.3). Отметим, что $\mathcal{H}(K,\overline{K})$ рассматривалась в качестве подалгебры типа картановской в аналоге квантовой обертывающей алгебры $U_q^v = \mathfrak{vsl}_q(2)$ с регулярным по фон Нейману антиподом, введенной в работе Дуплия и Ли DUPLIJ AND LI [2001b], LI AND DUPLIJ [2002]. Соответствующая подалгебра с единицей, получаемая внешним присоединением единичного элемента $\mathcal{H}(1,K,\overline{K}) \overset{def}{=} \mathcal{H}(K,\overline{K}) \oplus \mathbb{C}1$, также рассмотрена в DUPLIJ AND LI [2001b], LI AND DUPLIJ [2002] как подалгебра алгебры $U_q^w = \mathfrak{wsl}_q(2)$.

Заметим, что $\mathcal{H}(1,K,\overline{K})$ содержит еще один идемпотент $(1-P)^2 = (1-P)$. Поэтому рассмотрим еще один экземпляр этой же алгебры (обозначим его $\mathcal{H}(L,\overline{L})$) с образующими L и $\overline{L}$, подчиненными соотношениям, подобным тем, которым удовлетворяют $K, \overline{K}$ (см. выше (14.8)):

$$L\overline{L}L = L, \qquad \overline{L}L\overline{L} = \overline{L}. \qquad (14.12)$$

При условии коммутативности

$$L\overline{L} = \overline{L}L \qquad (14.13)$$

идемпотент $Q \overset{def}{=} L\overline{L} = \overline{L}L$ удовлетворяет соотношениям

$$QL = LQ = L, \tag{14.14}$$
$$Q^2 = Q. \tag{14.15}$$

При отсутствии дополнительных соотношений между K, $\overline{K}$ и L, $\overline{L}$, алгебры без единицы $\mathcal{H}(K, \overline{K})$ и $\mathcal{H}(L, \overline{L})$ могут образовывать лишь свободное произведение. Мы же сливаем алгебры с единицей $\mathcal{H}(1, K, \overline{K})$ и $\mathcal{H}(1, L, \overline{L})$ таким образом, что их единицы совмещаются, и добавляем еще одно соотношение, представляющее собой разложение единицы в сумму идемпотентов,

$$P + Q = 1 \tag{14.16}$$

и тем самым получаем разложение Пирса PIERCE [1982] возникающей таким образом алгебры $\mathcal{H}(1, K, \overline{K}, L, \overline{L})$. Она сводится к прямой сумме, поскольку $QP = PQ = 0$. Как видно из (14.10), (14.14) и (14.16),

$$KL = \overline{L}K = LK = K\overline{L} = \overline{K}L = L\overline{K} = 0. \tag{14.17}$$

Введение новых (по сравнению с DUPLIJ AND LI [2001b], LI AND DUPLIJ [2002]) необратимых образующих L, $\overline{L}$ оправдывается тем, что при всех $a, b \in R \backslash \{0\}$ элемент $aK + bL$ обратим, причем обратный элемент имеет вид $a^{-1}\overline{K} + b^{-1}\overline{L}$. Действительно, непосредственное вычисление с использованием (14.16) и (14.17) дает

$$(aK + bL)(a^{-1}\overline{K} + b^{-1}\overline{L}) = K\overline{K} + L\overline{L} = P + Q = 1. \tag{14.18}$$

Это позволяет рассмотреть двухпараметрическое семейство морфизмов картановских подалгебр

$$\Phi_{\mathcal{H}}^{(a,b)} \;:\; \mathcal{H}_0(1, k, k^{-1}) \to \mathcal{H}(1, K, \overline{K}, L, \overline{L}), \tag{14.19}$$
$$k \;\mapsto\; aK + bL, \tag{14.20}$$
$$k^{-1} \;\mapsto\; a^{-1}\overline{K} + b^{-1}\overline{L}. \tag{14.21}$$

Важное замечание состоит в том, что отображение $\Phi_{\mathcal{H}}^{(a,b)}$ является вложением, т.е. $\ker \Phi_{\mathcal{H}}^{(a,b)} = 0$. Чтобы увидеть это, воспользуемся (14.19) и определим гомоморфизм $\bar{\Phi}_{\mathcal{H}}^{(a,b)}$ свободной алгебры $\bar{\mathcal{H}}_0(1, k, k^{-1})$, порожденной образующими 1, k, k^{-1}, в свободную алгебру $\bar{\mathcal{H}}(1, K, \overline{K}, L, \overline{L})$ с образующими 1, K, $\overline{K}$, L, $\overline{L}$. Покажем, что $\bar{\Phi}_{\mathcal{H}}^{(a,b)}$ – вложение. Действительно, в противном случае $\bar{\Phi}_{\mathcal{H}}^{(a,b)}$ переводило бы в нуль некоторый ненулевой элемент из $\bar{\mathcal{H}}_0(1, k, k^{-1})$. Этот элемент можно рассматривать как "некоммутативный полином" от трех переменных 1, k, k^{-1}.

Поскольку линейная замена переменных (14.19) невырождена, мы получаем нетривиальный полином от 1, K, $\overline{K}$, L, $\overline{L}$, который не может быть нулем в свободной алгебре $\overline{\mathcal{H}}(1, K, \overline{K}, L, \overline{L})$. Остается заметить, что отображение $\Phi_{\mathcal{H}}^{(a,b)}$ устанавливает взаимно-однозначное соответствие между соотношениями в алгебре $\mathcal{H}_0(1, k, k^{-1})$ и соотношениями, индуцируемыми на образе $\Phi_{\mathcal{H}}^{(a,b)}$, откуда следует наше утверждение для морфизма $\Phi_{\mathcal{H}}^{(a,b)}$ между фактор-алгебрами $\mathcal{H}_0(1, k, k^{-1})$ и $\mathcal{H}(1, K, \overline{K}, L, \overline{L})$.

14.4. Алгебры $U_{K,L,norm}^{(alg)}$ и $U_{K,L,twist}^{(alg)}$

Теперь мы можем добавить две новых образующих E и F, а также дополнительные соотношения

$$(aK + bL)E = q^2 E(aK + bL), \tag{14.22}$$

$$(a^{-1}\overline{K} + b^{-1}\overline{L})E = q^{-2} E(a^{-1}\overline{K} + b^{-1}\overline{L}), \tag{14.23}$$

$$(aK + bL)F = q^{-2} F(aK + bL), \tag{14.24}$$

$$(a^{-1}\overline{K} + b^{-1}\overline{L})F = q^2 F(a^{-1}\overline{K} + b^{-1}\overline{L}), \tag{14.25}$$

$$EF - FE = \frac{(aK + bL) - (a^{-1}\overline{K} + b^{-1}\overline{L})}{q - q^{-1}} \tag{14.26}$$

которые, наряду с (14.8)–(14.9) и (14.12)–(14.13), определяют алгебру, обозначаемую нами $U_{aK+bL}^{(alg)22}$. Здесь индексы 22 означают число образующих в левой (соответственно, в правой) части соотношений между образующими картановского типа (K, L) и образующими E, F. Эта алгебра соответствует алгебре $U_q^w = \mathfrak{w}\mathfrak{sl}_q(2)$, введенной в Duplij and Li [2001b], Li and Duplij [2002]. Точнее говоря, существует гомоморфизм алгебр $\mathfrak{w}\mathfrak{sl}_q(2) \to U_{aK+bL}^{(alg)22}$, который в обозначениях работы Duplij and Li [2001b] задается следующим образом:

$$K_w \mapsto aK + bL, \tag{14.27}$$

$$\overline{K}_w \mapsto a^{-1}\overline{K} + b^{-1}\overline{L}, \tag{14.28}$$

$$E_w \mapsto E, \qquad F_w \mapsto F. \tag{14.29}$$

Как видно из обратимости элемента $aK + bL$, наряду с (14.22) – (14.26), образ этого гомоморфизма изоморфен $U_q(\mathfrak{sl}_2)$ Duplij and Li [2001b].

Теперь предъявим аналог алгебры $U_q^v = \mathfrak{v}\mathfrak{sl}_q(2)$ из работы Duplij and Li [2001b]. Таковым представляется алгебра с теми же образующими, что и алгебра $U_{aK+bL}^{(alg)22}$ и определяющими соотношениями (дополняющими (14.8) – (14.9) и (14.12) – (14.13))

$$(aK + bL)E(a^{-1}\overline{K} + b^{-1}\overline{L}) = q^2 E, \tag{14.30}$$

$$(a^{-1}\overline{K} + b^{-1}\overline{L})E(aK + bL) = q^{-2}E, \tag{14.31}$$

$$(aK + bL)F(a^{-1}\overline{K} + b^{-1}\overline{L}) = q^{-2}F, \tag{14.32}$$

$$(a^{-1}\overline{K} + b^{-1}\overline{L})F(aK + bL) = q^2 F, \tag{14.33}$$

$$EF - FE = \frac{(aK + bL) - (a^{-1}\overline{K} + b^{-1}\overline{L})}{q - q^{-1}}. \tag{14.34}$$

Эту алгебру мы обозначим $U_{aK+bL}^{(alg)31}$. Она соответствует алгебре $U_q^v = \mathfrak{vsl}_q(2)$ из работы DUPLIJ AND LI [2001b] в том смысле, что существует гомоморфизм алгебр $\mathfrak{vsl}_q(2) \to U_{aK+bL}^{(alg)31}$. Как и выше, этот гомоморфизм в обозначениях работы DUPLIJ AND LI [2001b] задается на образующих формулами (14.29) при условии замены в них индексов w индексами v. Аналогичным образом, как и выше можно заметить, что образ этого гомоморфизма изоморфен алгебре $U_q(\mathfrak{sl}_2)$ (см. [DUPLIJ AND LI, 2001b, Предложение 1]).

Рассмотрим продолжение $\Phi^{(a,b)}$ морфизма $\Phi_{\mathcal{H}}^{(a,b)}$ до морфизма алгебры $U_q(\mathfrak{sl}_2)$ со значениями в $U_{aK+bL}^{(alg)22}$ и в $U_{aK+bL}^{(alg)31}$:

$$\Phi^{(a,b)} : \begin{cases} k \to aK + bL, & k^{-1} \to a^{-1}\overline{K} + b^{-1}\overline{L}, \\ e \to E, & f \to F. \end{cases} \tag{14.35}$$

Отметим, что алгебры $U_{aK+bL}^{(alg)22}$ и $U_{aK+bL}^{(alg)31}$ изоморфны алгебрам $U_{K+L}^{(alg)22} \overset{def}{=} U_{aK+bL}^{(alg)22}\big|_{a=1,b=1}$ и $U_{K+L}^{(alg)31} \overset{def}{=} U_{aK+bL}^{(alg)31}\big|_{a=1,b=1}$, соответственно. Требуемый изоморфизм $\Psi : U_{K+L}^{(alg)22,31} \to U_{aK+bL}^{(alg)22,31}$ имеет вид $K \mapsto aK$, $L \mapsto bL, \overline{K} \mapsto a^{-1}\overline{K}, \overline{L} \mapsto b^{-1}\overline{L}, E \mapsto E, F \mapsto F$. Поэтому в дальнейшем мы не рассматриваем параметры a и b (полагая их равными единице).

В алгебрах $U_{K+L}^{(alg)22}$ и $U_{K+L}^{(alg)31}$ идемпотенты P и Q не являются центральными. Поэтому необходимо "развалить" соотношения (14.22) – (14.26) и (14.30) – (14.34) таким образом, что либо P и Q становятся центральными

$$PE = EP, \qquad\qquad QE = EQ, \tag{14.36}$$

$$PF = FP, \qquad\qquad QF = FQ, \tag{14.37}$$

либо удовлетворяют условию "сплетения"

$$PE = EQ, \qquad\qquad QE = EP, \tag{14.38}$$

$$PF = FQ, \qquad\qquad QF = FP. \tag{14.39}$$

Точнее говоря, мы добавим указанные выше соотношения к общему списку соотношений, получив тем самым факторалгебры алгебр $U_{K+L}^{(alg)22}$ и $U_{K+L}^{(alg)31}$. Ниже приводятся списки соотношений для "расщепленных" 22-алгебр. Определяющие соотношения для алгебр $U_{K,L,norm}^{(alg)22}$ имеют вид

$$K\overline{K}K = K, \qquad \overline{K}K\overline{K} = \overline{K}, \qquad K\overline{K} = \overline{K}K,$$
$$L\overline{L}L = L, \qquad \overline{L}L\overline{L} = \overline{L}, \qquad L\overline{L} = \overline{L}L,$$
$$KE = q^2EK, \quad \overline{K}E = q^{-2}E\overline{K}, \quad LE = q^2EL, \quad \overline{L}E = q^{-2}E\overline{L}, \quad (14.40)$$
$$KF = q^{-2}FK, \quad \overline{K}F = q^2F\overline{K}, \quad LF = q^{-2}FL, \quad \overline{L}F = q^2F\overline{L},$$

$$EF - FE = \frac{(K+L) - (\overline{K}+\overline{L})}{q - q^{-1}}.$$

Еще одна "расщепленная" 22-алгебра $U_{K,L,twist}^{(alg)22}$ задается так

$$K\overline{K}K = K, \qquad \overline{K}K\overline{K} = \overline{K}, \qquad K\overline{K} = \overline{K}K,$$
$$L\overline{L}L = L, \qquad \overline{L}L\overline{L} = \overline{L}, \qquad L\overline{L} = \overline{L}L,$$
$$KE = q^2EL, \quad \overline{K}E = q^{-2}E\overline{L}, \quad LE = q^2EK, \quad \overline{L}E = q^{-2}E\overline{K}, \quad (14.41)$$
$$KF = q^{-2}FL, \quad \overline{K}F = q^2F\overline{L}, \quad LF = q^{-2}FK, \quad \overline{L}F = q^2F\overline{K},$$

$$EF - FE = \frac{(K+L) - (\overline{K}+\overline{L})}{q - q^{-1}}.$$

Аналогичным образом описываются "расщепленные" 31-алгебры. Определяющие соотношения для алгебры $U_{K,L,norm}^{(alg)31}$ имеют вид

$$K\overline{K}K = K, \qquad \overline{K}K\overline{K} = \overline{K}, \qquad K\overline{K} = \overline{K}K = P,$$
$$L\overline{L}L = L, \qquad \overline{L}L\overline{L} = \overline{L}, \qquad L\overline{L} = \overline{L}L = Q,$$
$$KE\overline{K} = q^2EP, \quad \overline{K}EK = q^{-2}EP, \quad LE\overline{L} = q^2EQ, \quad \overline{L}EL = q^{-2}EQ,$$
$$KF\overline{K} = q^{-2}FP, \quad \overline{K}FK = q^2FP, \quad LF\overline{L} = q^{-2}FQ, \quad \overline{L}FL = q^2FQ,$$

$$P(EF - FE) = \frac{K - \overline{K}}{q - q^{-1}}, \qquad\qquad Q(EF - FE) = \frac{L - \overline{L}}{q - q^{-1}},$$

а для алгебры $U_{K,L,twist}^{(alg)31}$ —

$$K\overline{K}K = K, \qquad \overline{K}K\overline{K} = \overline{K}, \qquad K\overline{K} = \overline{K}K = P,$$
$$L\overline{L}L = L, \qquad \overline{L}L\overline{L} = \overline{L}, \qquad L\overline{L} = \overline{L}L = Q,$$
$$KE\overline{L} = q^2EQ, \quad \overline{K}EL = q^{-2}EQ, \quad LE\overline{K} = q^2EP, \quad \overline{L}EK = q^{-2}EP,$$
$$KF\overline{L} = q^{-2}FQ, \quad \overline{K}FL = q^2FQ, \quad LF\overline{K} = q^{-2}FP, \quad \overline{L}FK = q^2FP,$$

14.4. Алгебры $U^{(alg)}_{K,L,norm}$ и $U^{(alg)}_{K,L,twist}$

$$P(EF - FE) = \frac{K - \overline{K}}{q - q^{-1}}, \qquad Q(EF - FE) = \frac{L - \overline{L}}{q - q^{-1}}.$$

Новые соотношения эквивалентны соотношениям для алгебр $U^{(alg)22}_{K+L}$ и $U^{(alg)31}_{K+L}$ вместе с "расщепляющими" соотношениями (14.36) – (14.39). Процедура вывода новых соотношений в большинстве случаев сводится к умножению на идемпотенты P и Q с последующим использованием (14.17). Наоборот, пусть даны новые соотношения. Для проверки центральности идемпотента P в случае алгебры $U^{(alg)31}_{K,L,norm}$ воспользуемся (14.17)

$$PE = K\overline{K}E(P + Q) = K(\overline{K}EK)\overline{K} + K\overline{K}(EL\overline{L})$$
$$= K(q^{-2}EK\overline{K})\overline{K} + K\overline{K}(q^{-2}LE\overline{L}) = q^{-2}KE\overline{K} + 0 = EK\overline{K} = EP.$$

Разумеется, подобные соображения применимы также и при осуществлении остальных проверок.

Покажем, что для "расщепленных" алгебр имеют место следующие изоморфизмы: $U^{(alg)22}_{K,L,norm} \cong U^{(alg)31}_{K,L,norm}$, и $U^{(alg)22}_{K,L,twist} \cong U^{(alg)31}_{K,L,twist}$. В самом деле, в каждом из случаев (нормальном и сплетенном), соответствующие идеалы соотношений в каждой из пар алгебр, объявленных изоморфными, совпадают. Например, умножая справа соотношение $KE = q^2EK$ в $U^{(alg)22}_{K,L,norm}$ на $\overline{K}$, получаем соотношение $KE\overline{K} = q^2EP$ в алгебре $U^{(alg)31}_{K,L,norm}$. Наоборот, стартуя с соотношения $KE\overline{K} = q^2EP$ в $U^{(alg)31}_{K,L,norm}$, имеем $KE = K(PE) = K(EP) = (KE\overline{K})K = (q^2EP)K = q^2EK$, что дает соотношение в $U^{(alg)22}_{K,L,norm}$. Умножая соотношения между E и F в алгебрах $U^{(alg)22}_{K,L,norm}$, $U^{(alg)22}_{K,L,twist}$ на P и на Q, получаем соотношения между E и F в алгебрах $U^{(alg)31}_{K,L,norm}$, $U^{(alg)31}_{K,L,twist}$. Наоборот, суммируя соотношения между E и F в $U^{(alg)31}_{K,L,norm}$ и используя (14.16), получаем соотношение между E и F в алгебре $U^{(alg)22}_{K,L,norm}$. Подобные соображения позволяют установить также и второй изоморфизм. Поэтому в дальнейшем мы будем рассматривать лишь алгебры $U^{(alg)22}_{K,L,norm}$, $U^{(alg)22}_{K,L,twist}$, опуская при этом 22 в верхнем индексе.

Продолжим морфизм $\Phi_\mathcal{H}$ до морфизма со значениями в "расщепленных" алгебрах $U^{(alg)}_{K,L,norm}$ и $U^{(alg)}_{K,L,twist}$ следующим образом:

$$\Phi : \begin{cases} k \mapsto K + L, \quad k^{-1} \mapsto \overline{K} + \overline{L}, \\ e \mapsto E, \qquad\quad\; f \mapsto F. \end{cases} \tag{14.42}$$

К построенному продолжению применимы те же соображения, что и к исходному морфизму $\Phi_\mathcal{H}$, которые показывают, что отображение Φ, определенное выше на образующих, допускает продолжение до корректно определенного морфизма алгебр из $U_q(\mathfrak{sl}_2)$ в каждую из алгебр $U_{K,L,norm}^{(alg)}$, $U_{K,L,twist}^{(alg)}$. Такое продолжение является вложением. В качестве тривиального следствия заметим, что каждая из алгебр $U_{K,L,norm}^{(alg)}$ и $U_{K,L,twist}^{(alg)}$ содержит $U_q(\mathfrak{sl}_2)$ в качестве подалгебры.

Разложение Пирса алгебры $U_{K,L,norm}^{(alg)}$ имеет вид

$$U_{K,L,norm}^{(alg)} = P U_{K,L,norm}^{(alg)} P + Q U_{K,L,norm}^{(alg)} Q, \qquad (14.43)$$

т.е. сводится к разложению в прямую сумму двух идеалов. Таким образом, $U_{K,L,norm}^{(alg)}$ является прямой суммой двух подалгебр, каждая из которых изоморфна $U_q(\mathfrak{sl}_2)$. Указанный изоморфизм задается следующим образом

$$
\begin{aligned}
&K \mapsto k \oplus 0, \overline{K} \mapsto k^{-1} \oplus 0, \\
&PE \mapsto e \oplus 0, PF \mapsto f \oplus 0, \\
&L \mapsto 0 \oplus k, \overline{L} \mapsto 0 \oplus k^{-1}, \\
&QE \mapsto 0 \oplus e, QF \mapsto 0 \oplus f, \qquad (14.44)
\end{aligned}
$$

следовательно, $P \mapsto 1 \oplus 0$, $Q \longmapsto 0 \oplus 1$. Этот морфизм распадается в прямую сумму двух морфизмов, причем каждый из последних, очевидно, является изоморфизмом.

В "сплетенном" случае разложение Пирса

$$U_{K,L,twist}^{(alg)} = P U_{K,L,twist}^{(alg)} P + P U_{K,L,twist}^{(alg)} Q + Q U_{K,L,twist}^{(alg)} P + Q U_{K,L,twist}^{(alg)} Q$$
$$(14.45)$$

нетривиально (все члены ненулевые), так что (14.45) не является прямой суммой идеалов.

14.5. Базисы Пуанкаре-Биркгофа-Витта

Базис Пуанкаре-Биркгофа-Витта алгебры $U_{K,L,norm}^{(alg)}$ образован мономами

$$
\begin{aligned}
&\left[\left\{ P K^i E^j F^k \right\}_{i,j,k \geq 0} \cup \left\{ \overline{K}^i E^j F^k \right\}_{i>0,j,k \geq 0} \right] \\
&\cup \left[\left\{ Q L^i E^j F^k \right\}_{i,j,k \geq 0} \cup \left\{ \overline{L}^i E^j F^k \right\}_{i>0,j,k \geq 0} \right], \qquad (14.46)
\end{aligned}
$$

что следует из разложения Пирса для $U_{K,L,norm}^{(alg)}$ и Jantzen [1996].

В "сплетенном" случае $U_{K,L,twist}^{(alg)}$ имеется разложение в прямую сумму 4 векторных подпространств (14.45). Ниже приведен базис Пуанкаре-Биркгофа-Витта алгебры $U_{K,L,twist}^{(alg)}$, который подчинен этому разложению и образован мономами

$$
\begin{aligned}
& \left[\left\{ PK^i E^j F^k \right\}_{\substack{i,j,k \geq 0 \\ j+k=even}} \cup \left\{ \overline{K}^i E^j F^k \right\}_{\substack{i>0,j,k \geq 0 \\ j+k=even}} \right] \\
& \cup \left[\left\{ PK^i E^j F^k \right\}_{\substack{i,j,k \geq 0 \\ j+k=odd}} \cup \left\{ \overline{K}^i E^j F^k \right\}_{\substack{i>0,j,k \geq 0 \\ j+k=odd}} \right] \\
& \cup \left[\left\{ QL^i E^j F^k \right\}_{\substack{i,j,k \geq 0 \\ j+k=odd}} \cup \left\{ \overline{L}^i E^j F^k \right\}_{\substack{i>0,j,k \geq 0 \\ j+k=odd}} \right] \\
& \cup \left[\left\{ QL^i E^j F^k \right\}_{\substack{i,j,k \geq 0 \\ j+k=even}} \cup \left\{ \overline{L}^i E^j F^k \right\}_{\substack{i>0,j,k \geq 0 \\ j+k=even}} \right] .
\end{aligned}
\tag{14.47}
$$

Рассмотрим классический предел алгебр $U_{K,L,norm}^{(alg)}$ и $U_{K,L,twist}^{(alg)}$ при $q \to 1$. Как следствие вышеизложенного, можем сделать вывод, что классический предел для алгебр $U_{K,L,norm}^{(alg)}$ представляет собой прямую сумму двух экземпляров классических пределов для $U_q(\mathfrak{sl}_2)$ в смысле KASSEL [1995].

14.6. Биалгебры и регулярные антиподы

Обратимся теперь к построению биалгебр, соответствующих алгебрам $U_{K,L,norm}^{(alg)}$ и $U_{K,L,twist}^{(alg)}$.

Прежде всего для построения структуры биалгебры на U_{K+L} нужна коединица ε. Поскольку P и Q являются идемпотентами, то

$$\varepsilon(P)(\varepsilon(P) - 1) = 0$$

и

$$\varepsilon(Q)(\varepsilon(Q) - 1) = 0$$

, откуда следует, что либо $\varepsilon(P) = 1$, $\varepsilon(Q) = 0$, либо $\varepsilon(P) = 0$, $\varepsilon(Q) = 1$.

Мы предполагаем первую из двух возможностей. Тогда из $L = QL$ следует, что $\varepsilon(L) = \varepsilon(QL) = 0$.

Используем вложение Ф, определенное в (14.19), и стандартные соотношения (14.4), (14.5), (14.7) для перенесения коумножения и коединицы на образ Ф (14.35) следующим образом

$$\Delta(K+L) = (K+L) \otimes (K+L), \qquad (14.48)$$

$$\Delta(\overline{K}+\overline{L}) = (\overline{K}+\overline{L}) \otimes (\overline{K}+\overline{L}), \qquad (14.49)$$

$$\Delta(E) = 1 \otimes E + E \otimes (K+L), \qquad (14.50)$$

$$\Delta(F) = F \otimes 1 + (\overline{K}+\overline{L}) \otimes F, \qquad (14.51)$$

$$\varepsilon(E) = \varepsilon(F) = 0, \qquad (14.52)$$

$$\varepsilon(K+L) = 1, \qquad (14.53)$$

$$\varepsilon(\overline{K}+\overline{L}) = 1. \qquad (14.54)$$

Для построения коумножения на алгебрах $U^{(alg)}_{K,L,norm}$ и $U^{(alg)}_{K,L,twist}$ используем сначала (14.48) – (14.54) для переноса коумножения Δ на $\Phi\left(U^{(alg)}_q(\mathfrak{sl}_2)\right)$ с $U^{(alg)}_q(\mathfrak{sl}_2)$), а затем продолжим его на алгебры $U^{(alg)}_{K,L,norm}$ и $U^{(alg)}_{K,L,twist}$ следующим образом. В случае $U^{(coalg)}_{K,L,norm}$ получаем

$$\begin{aligned}
&\Delta(K) = K \otimes K, &&\Delta(\overline{K}) = \overline{K} \otimes \overline{K}, \\
&\Delta(L) = L \otimes L + L \otimes K + K \otimes L, \\
&\Delta(\overline{L}) = \overline{L} \otimes \overline{L} + \overline{L} \otimes \overline{K} + \overline{K} \otimes \overline{L}, \\
&\Delta(E) = 1 \otimes E + E \otimes (K+L), \\
&\Delta(F) = F \otimes 1 + (\overline{K}+\overline{L}) \otimes F, \\
&\varepsilon(E) = \varepsilon(F) = \varepsilon(L) = \varepsilon(\overline{L}) = 0, &&\varepsilon(K) = \varepsilon(\overline{K}) = 1,
\end{aligned} \qquad (14.55)$$

а в случае $U^{(coalg)}_{K,L,twist}$

$$\begin{aligned}
&\Delta(K) = K \otimes K + L \otimes L, &&\Delta(\overline{K}) = \overline{K} \otimes \overline{K} + \overline{L} \otimes \overline{L}, \\
&\Delta(L) = L \otimes K + K \otimes L, &&\Delta(\overline{L}) = \overline{L} \otimes \overline{K} + \overline{K} \otimes \overline{L} \\
&\Delta(E) = 1 \otimes E + E \otimes (K+L), \\
&\Delta(F) = F \otimes 1 + (\overline{K}+\overline{L}) \otimes F, \\
&\varepsilon(E) = \varepsilon(F) = \varepsilon(L) = \varepsilon(\overline{L}) = 0, &&\varepsilon(K) = \varepsilon(\overline{K}) = 1.
\end{aligned}$$

Операция свертки на полученных таким образом биалгебрах $U^{(bialg)}_{K,L,norm}$ и $U^{(bialg)}_{K,L,twist}$ определяется стандартно

$$(A \star B) \equiv \mu(A \otimes B)\Delta, \qquad (14.56)$$

где A, B – линейные эндоморфизмы соответствующих векторных пространств.

14.6. Биалгебры и регулярные антиподы

Сначала рассмотрим биалгебру $U_{K,L,norm}^{(bialg)}$ с точки зрения возможности построения на ней структуры алгебры Хопфа. Отметим, что на биалгебре $U_{K,L,norm}^{(bialg)}$ не существует антипода S, удовлетворяющего стандартной аксиоме алгебры Хопфа

$$\mathrm{S} \star \mathrm{id} = \mathrm{id} \star \mathrm{S} = \eta \circ \varepsilon. \qquad (14.57)$$

Действительно, если бы такой антипод существовал, то, ввиду $\varepsilon(P) = 1$ и $\Delta(P) = P \otimes P$, мы получили бы

$$(\mathrm{S} \star \mathrm{id})(P) = \mathrm{S}(P)P = (\mathrm{id} \star \mathrm{S})(P) = P\mathrm{S}(P) = 1 \cdot \varepsilon(P) = 1, \quad (14.58)$$

что невозможно, поскольку P необратим.

Рассмотрим антиморфизм T на $U_{K,L,norm}^{(bialg)}$, определенный следующим образом

$$\mathrm{T}(K) = \overline{K}, \qquad \mathrm{T}(\overline{K}) = K, \qquad \mathrm{T}(L) = \overline{L}, \qquad \mathrm{T}(\overline{L}) = L, \quad (14.59)$$

$$\mathrm{T}(E) = -E(\overline{K} + \overline{L}), \qquad \mathrm{T}(F) = -(K + L)F. \qquad (14.60)$$

Заметим, что на образующих $U_{K,L,norm}^{(bialg)}$

$$(\mathrm{T} \star \mathrm{id})(K) = (\mathrm{id} \star \mathrm{T})(K) = (\mathrm{T} \star \mathrm{id})(\overline{K}) = (\mathrm{id} \star \mathrm{T})(\overline{K}) = P, \quad (14.61)$$

$$(\mathrm{T} \star \mathrm{id})(L) = (\mathrm{id} \star \mathrm{T})(L) = (\mathrm{T} \star \mathrm{id})(\overline{L}) = (\mathrm{id} \star \mathrm{T})(\overline{L}) = Q, \quad (14.62)$$

$$(\mathrm{T} \star \mathrm{id})(E) = (\mathrm{id} \star \mathrm{T})(E) = (\mathrm{T} \star \mathrm{id})(F) = (\mathrm{id} \star \mathrm{T})(F) = 0. \quad (14.63)$$

Для T основное свойство антипода заменяется следующим свойством регулярности, а именно: антиморфизм T на $U_{K,L,norm}^{(bialg)}$ является регулярным по фон Нейману DUPLIJ AND LI [2001a]

$$\mathrm{id} \star \mathrm{T} \star \mathrm{id} = \mathrm{id}, \qquad \mathrm{T} \star \mathrm{id} \star \mathrm{T} = \mathrm{T}. \qquad (14.64)$$

Для проверки этого свойства заметим, что свертка линейных отображений является линейным отображением, так что достаточно проверить (14.64) отдельно на каждом из прямых слагаемых $PU_{K,L,norm}^{(bialg)}$ и $QU_{K,L,norm}^{(bialg)}$, связанных с центральными идемпотентами P и Q, соответственно. Начнем с $PU_{K,L,norm}^{(bialg)}$, являющегося подбиалгеброй. Обозначим через $\varphi_P : PU_{K,L,norm}^{(bialg)} \to U_q(\mathfrak{sl}_2)$ изоморфизм (14.44). Ранее он рассматривался как изоморфизм алгебр (и потому он сплетает умножения, $\varphi_P \circ \mu \circ \left(\varphi_P^{-1} \otimes \varphi_P^{-1}\right) = \mu_0 = \mu_{U_q(\mathfrak{sl}_2)}$), но теперь, как видно из (14.55) и $\Delta(P) = P \otimes P$, морфизм φ_P сплетает также коумножение (14.4) – (14.5) на $U_q(\mathfrak{sl}_2)$ и ограничение коумножения Δ биалгебры $U_{K,L,norm}^{(bialg)}$ на

$PU_{K,L,norm}^{(bialg)}$, то есть $(\varphi_P \otimes \varphi_P) \circ \Delta \circ \varphi_P^{-1} = \Delta_0$. Отсюда следует, что для двух линейных эндоморфизмов векторного пространства $U_{K,L,norm}^{(bialg)}$, оставляющих подпространство $PU_{K,L,norm}^{(bialg)}$ инвариантным, φ_P переводит их свертку (ограниченную на $PU_{K,L,norm}^{(bialg)}$) в свертку перенесенных отображений на $U_q(\mathfrak{sl}_2)$. Проверка показывает, что и id, и T оставляют $PU_{K,L,norm}^{(bialg)}$ инвариантным, и дальнейший анализ демонстрирует, что тем же свойством обладают id $\star$ T и T $\star$ id, а именно,

$$(\mathrm{id} \star \mathrm{T})(PX) = (\mathrm{T} \star \mathrm{id})(PX) = \varepsilon_0(\varphi_P(PX))P$$

для любого $X \in U_{K,L,norm}^{(bialg)}$. Это означает, что φ_P устанавливает эквивалентность соотношений (14.64) на $PU_{K,L,norm}^{(bialg)}$ и условием регулярности фон Неймана для отображения T, перенесенного посредством φ_P на $U_q(\mathfrak{sl}_2)$. Легко проверяется, что это перенесенное отображение есть не что иное, как S, антипод на $U_q(\mathfrak{sl}_2)$. Как хорошо известно, S также удовлетворяет условию регулярности фон Неймана, откуда следует (14.64) в ограничении на $PU_{K,L,norm}^{(bialg)}$.

В этом рассуждении можно заменить φ_P изоморфизмом Φ^{-1} : $\Phi(U_q(\mathfrak{sl}_2)) \to U_q(\mathfrak{sl}_2)$, где Φ – вложение (14.42). Тем самым получаем (14.64) ограниченное на $\Phi(U_q(\mathfrak{sl}_2))$. Однако эта техника неприменима к $QU_{K,L,norm}^{(bialg)}$, поскольку последняя не является подкоалгеброй.

Заметим, что проекция $\Phi(U_q(\mathfrak{sl}_2))$ в прямое слагаемое $QU_{K,L,norm}^{(bialg)}$ совпадает с $QU_{K,L,norm}^{(bialg)}$. Это связано с тем, что базис Пуанкаре-Биркгофа-Витта $\left\{ k^i e^j f^k \right\}_{j,k \geq 0}$ алгебры $U_q(\mathfrak{sl}_2)$, перенесенный посредством Φ, имеет вид

$$\left\{ (K+L)^i E^j F^k \right\}_{i,j,k \geq 0} \cup \left\{ (\overline{K}+\overline{L})^i E^j F^k \right\}_{i>0, j,k \geq 0}.$$

Эти векторы проектируются в $QU_{K,L,norm}^{(bialg)}$ в векторы

$$\left\{ QL^i E^j F^k \right\}_{i,j,k \geq 0} \cup \left\{ \overline{L}^i E^j F^k \right\}_{i>0, j,k \geq 0},$$

которые, как было показано выше, образуют базис в $QU_{K,L,norm}^{(bialg)}$. Таким образом, для заданного $X \in U_{K,L,norm}^{(bialg)}$ найдется $x \in U_q(\mathfrak{sl}_2)$ такой, что $QX = Q\Phi(x)$. Используя это, получаем

$$(\mathrm{id}\star\mathrm{T}\star\mathrm{id})(QX) = (\mathrm{id}\star\mathrm{T}\star\mathrm{id})((1-P)\Phi(x)) = \Phi(x) - P\Phi(x) = Q\Phi(x) = QX.$$

Подобные вычисления применимы и к проверке второй части (14.64), что завершает его проверку на $QU_{K,L,norm}^{(bialg)}$, поэтому и на всем $U_{K,L,norm}^{(bialg)}$.

Назовем антиморфизм T со свойством (14.64) антиподом, *регулярным* по фон Нейману, и назовем биалгебру с антиподом, регулярным по фон Нейману, алгеброй фон Неймана-Хопфа.

С другой стороны, стандартная алгебра Дринфельда-Джимбо $U_q(\mathfrak{sl}_2)$ (которая является областью целостности JANTZEN [1996]) не допускает вложения $U_{K,L,norm}^{(bialg)}$, т.к. последняя содержит делители нуля (см., например, (14.16)).

Рассмотрим возможность построения структуры алгебры Хопфа на $U_{K,L,twist}^{(bialg)}$. Определим антиморфизм S алгебры $U_{K,L,twist}^{(bialg)}$ теми же формулами, что и (14.59) – (14.60):

$$
\begin{aligned}
&\mathrm{S}(K) = \overline{K}, \ \ \mathrm{S}(\overline{K}) = K, \\
&\mathrm{S}(L) = \overline{L}, \ \ \mathrm{S}(\overline{L}) = L, \\
&\mathrm{S}(E) = -E(\overline{K} + \overline{L}), \\
&\mathrm{S}(F) = -(K + L)F.
\end{aligned}
\tag{14.65}
$$

На образующих алгебры $U_{K,L,twist}^{(bialg)}$ имеем

$$(\mathrm{id} \star \mathrm{S})(K) = (\mathrm{S} \star \mathrm{id})(K) = (\mathrm{S} \star \mathrm{id})(\overline{K}) = (\mathrm{id} \star \mathrm{S})(\overline{K}) = 1, \tag{14.66}$$

$$(\mathrm{id} \star \mathrm{S})(L) = (\mathrm{S} \star \mathrm{id})(L) = (\mathrm{S} \star \mathrm{id})(\overline{L}) = (\mathrm{id} \star \mathrm{S})(\overline{L}) = 0, \tag{14.67}$$

$$(\mathrm{id} \star \mathrm{S})(E) = (\mathrm{S} \star \mathrm{id})(E) = (\mathrm{S} \star \mathrm{id})(F) = (\mathrm{id} \star \mathrm{S})(F) = 0. \tag{14.68}$$

Обобщение техники из [JANTZEN, 1996, стр. 35] позволяет продолжить нужные соотношения на всю алгебру.

Заметим, что соотношения $(\mathrm{id} \star \mathrm{S})(X) = (\mathrm{S} \star \mathrm{id})(X) = \varepsilon(X) \cdot 1$ имеют место для любого $X \in U_{K,L,twist}^{(bialg)}$. Таким образом, $U_{K,L}^{(Hopf)} \overset{def}{=} (U_{K,L,twist}^{(bialg)}, \mathrm{S})$ является алгеброй Хопфа, а $U_{K,L}^{(vN-Hopf)} \overset{def}{=} (U_{K,L,norm}^{(bialg)}, \mathrm{T})$ является алгеброй фон Неймана-Хопфа.

14.7. Квазикоммутативность и регулярные R-матрицы

Перейдем к рассмотрению некоторых универсальных R-матриц специального вида для $U_{K,L}^{(vN-Hopf)}$ и $U_{K,L}^{(Hopf)}$. Чтобы избежать необходимости работы с формальными рядами (что является стандартной ситуацией для R-матриц общего вида), мы обратимся к рассмотрению квазикоммутативных биалгебр KASSEL [1995]. Такие биалгебры порождают R-матрицы сравнительно простого вида, допускающие (при некоторых дополнительных предположениях) описание явными формулами KASSEL [1995], JANTZEN [1996].

Биалгебра $U^{(bialg)} = (C, B, \mu, \eta, \Delta, \varepsilon)$ называется квазикоммутативной, если существует обратимый элемент $R \in U^{(bialg)} \otimes U^{(bialg)}$, называемый универсальной R-матрицей, для которого KASSEL [1995]

$$\Delta^{cop}(b) = R\Delta(b)R^{-1}, \qquad \forall b \in U^{(bialg)}, \qquad (14.69)$$

где Δ^{cop} – противоположное коумножение в $U^{(bialg)}$, кроме того R-матрица квазикоммутативной биалгебры $U^{(bialg)}$ удовлетворяет соотношениям

$$(\Delta \otimes \text{id})(R) = R_{13}R_{23}, \qquad (\text{id} \otimes \Delta)(R) = R_{13}R_{12}, \qquad (14.70)$$

где для $R = \sum_i s_i \otimes t_i$, $R_{12} = \sum_i s_i \otimes t_i \otimes 1$, и т.п. DRINFELD [1989]. В дальнейшем мы предполагаем $q^n = 1$, что противоположно по отношению к нашему предшествующему контексту.

Рассмотрим двусторонний идеал $I_{\mathfrak{sl}_2}$ в $U_q^{(alg)}(\mathfrak{sl}_2)$, порожденный $\{k^n - 1, e^n, f^n\}$, наряду с соответствующей факторалгеброй $\widehat{U}_q^{(alg)}(\mathfrak{sl}_2) = U_q^{(alg)}(\mathfrak{sl}_2)/I_{\mathfrak{sl}_2}$.

Следующий результат известен [KASSEL, 1995, стр. 230]. Универсальная R-матрица для $\widehat{U}_q^{(alg)}(\mathfrak{sl}_2)$ имеет вид

$$\widehat{R} = \sum_{0 \le i,j,m \le n-1} A_m^{ij}(q) \cdot e^m k^i \otimes f^m k^j, A_m^{ij}(q)$$

$$= \frac{1}{n} \frac{(q - q^{-1})^m}{[m]!} q^{\frac{m(m-1)}{2} + 2m(i-j) - 2ij}, \qquad (14.71)$$

где $[m]! = [1][2] \dots [m]$, $[m] = (q^m - q^{-m})/(q - q^{-1})$. Теперь используем вложение (14.42) для получения аналога этой теоремы для $U_{K,L}^{(Hopf)}$. Подобным образом, рассмотрим факторалгебру $\widehat{U}_{K+L}^{(Hopf)} = U_{K,L}^{(Hopf)}/I_{K+L}^{(Hopf)}$, где двусторонний идеал $I_{K+L}^{(Hopf)}$ порожден множеством $\{K^n + L^n - 1, E^n, F^n\}$. Тогда можно показать, что универсальная R-матрица для $\widehat{U}_{K,L}^{(Hopf)}$ имеет вид

$$\widehat{R}_{K+L}^{(Hopf)} = \sum_{0 \le i,j,m \le n-1} A_m^{ij}(q) \cdot E^m(K^i + L^i) \otimes F^m(K^j + L^j). \qquad (14.72)$$

Действительно, в силу морфизма $\widehat{\Phi} : \widehat{U}_q^{(alg)}(\mathfrak{sl}_2) \to \widehat{U}_{K+L}^{(Hopf)}$ индуцированного (14.42) и приведенного выше явного вида R-матрицы для $\widehat{U}_{K,L}^{(Hopf)}$, достаточно (ввиду обратимости R) проверить соотношение $\Delta^{cop}(b)\widehat{R}_{K+L}^{(Hopf)} = \widehat{R}_{K+L}^{(Hopf)}\Delta(b)$ для $b = K, \overline{K}$, поскольку Δ и Δ^{cop} являются морфизмами алгебр. Это сводится к проверке следующих равенств

$$(K \otimes K + L \otimes L)(E^m(K^i + L^i) \otimes F^m(K^j + L^j))$$
$$= (E^m(K^i + L^i) \otimes F^m(K^j + L^j))(K \otimes K + L \otimes L), \qquad (14.73)$$

и

$$(\overline{K} \otimes \overline{K} + \overline{L} \otimes \overline{L})(E^m(\overline{K}^i + \overline{L}^i) \otimes F^m(\overline{K}^j + \overline{L}^j))$$
$$= (E^m(\overline{K}^i + \overline{L}^i) \otimes F^m(\overline{K}^j + \overline{L}^j))(\overline{K} \otimes \overline{K} + \overline{L} \otimes \overline{L}), \qquad (14.74)$$

с использованием коммутационных соотношений. Кроме того, (14.70) преобразуется посредством $\widehat{\Phi}$ в нужные нам соотношения, поскольку $\widehat{R}_{K+L}^{(Hopf)}$ лежит в тензорном квадрате образа $\widehat{\Phi}$.

Аналогичные соображения позволяют получить описание явного вида для универсальной R-матрицы в случае $U_{K,L}^{(vN-Hopf)}$. Рассмотрим факторалгебру $\widehat{U}_{K+L}^{(vN-Hopf)} = U_{K,L}^{(vN-Hopf)} / I_{K,L}^{(vN-Hopf)}$, где двусторонний идеал $I_{K,L}^{(vN-Hopf)}$ порождается множеством $\{K^n + L^n - 1, E^n, F^n\}$. Тогда универсальная R-матрица для $\widehat{U}_{K+L}^{(vN-Hopf)}$ имеет вид

$$\widehat{R}_{K+L}^{(vN-Hopf)} = \sum_{0 \leq i,j,m \leq n-1} A_m^{ij}(q) \cdot E^m(K^i + L^i) \otimes F^m(K^j + L^j). \quad (14.75)$$

Как видно из построения, приведенные нами R-матрицы удовлетворяют уравнению Янга-Бакстера KASSEL [1995].

Отметим, что $\widehat{R}_{K+L}^{(vN-Hopf)}$ не согласована с разложением в прямую сумму (14.43). Мы приведем другую концепцию R-матрицы, которая в нашем случае будет соответствовать разложению (14.43), однако, в отличие от описанного выше, будет необратима.

Назовем биалгебру $\widetilde{U}^{(bialg)} = (C, B, \mu, \eta, \Delta, \varepsilon)$ *почти квазикоммутативной*, если существует элемент $\widetilde{R} \in \widetilde{U}^{(bialg)} \otimes \widetilde{U}^{(bialg)}$, который назовем универсальной почти-R-матрицей, такой, что

$$\Delta^{cop}(b)\widetilde{R} = \widetilde{R}\Delta(b), \qquad \forall b \in \widetilde{U}^{(bialg)},$$

где Δ^{cop} – противоположное коумножение в $\widetilde{U}^{(bialg)}$, а также элемент $\widetilde{R}^\dagger \in \widetilde{U}^{(bialg)} \otimes \widetilde{U}^{(bialg)}$ такой, что

$$\widetilde{R}\widetilde{R}^\dagger\widetilde{R} = \widetilde{R}, \qquad \widetilde{R}^\dagger\widetilde{R}\widetilde{R}^\dagger = \widetilde{R}^\dagger. \qquad (14.76)$$

При этом $\widetilde{R}^\dagger$ является обратным Мура-Пенроуза для почти-R-матрицы $\widetilde{R}$ NASHED [1976], RAO AND MITRA [1971]. Назовем почти квазикоммутативную биалгебру $\widetilde{U}^{(bialg)}$ *сплетенной*, если ее почти-R-матрица удовлетворяет (14.70).

Рассмотрим факторалгебру $\widehat{U}_{K,L}^{(vN-Hopf)} = U_{K,L}^{(vN-Hopf)} / I_{K,L}^{(vN-Hopf)}$, где двусторонний идеал $I_{K,L}^{(vN-Hopf)}$ порождается следующим множеством $\{K^n - P, L^n - Q, E^n, F^n\}$. Тогда универсальная почти-R-матрица для $\widehat{U}_{K,L}^{(vN-Hopf)}$ имеет вид

$$\widehat{R}_{K,L}^{(vN-Hopf)} = \widehat{R}_{PP}^{(vN-Hopf)} + \widehat{R}_{QQ}^{(vN-Hopf)},$$

где

$$\widehat{R}_{PP}^{(vN-Hopf)} = \sum_{0 \le i,j,m \le n-1} A_m^{ij}(q) \cdot E^m K^i \otimes F^m K^j, \widehat{R}_{QQ}^{(vN-Hopf)}$$

$$= \sum_{0 \le i,j,m \le n-1} A_m^{ij}(q) \cdot E^m L^i \otimes F^m L^j. \tag{14.77}$$

Заметим, что универсальная почти-R-матрица $\widehat{R}_{K,L}^{(vN-Hopf)}$ может быть также представлена в виде

$$\widehat{R}_{K,L}^{(vN-Hopf)} = (P \otimes P)\widehat{R}_{PP}^{(vN-Hopf)} + (Q \otimes Q)\widehat{R}_{QQ}^{(vN-Hopf)}. \tag{14.78}$$

Действительно, как было показано выше, $U_{K,L}^{(vN-Hopf)}$ допускает разложение в прямую сумму (14.43), причем каждое прямое слагаемое изоморфно $U_q(\mathfrak{sl}_2)$. После факторизации по идеалу $I_{K,L}^{(vN-Hopf)}$ получаем

$$\widehat{U}_{K,L}^{(vN-Hopf)} = PU_{K,L}^{(vN-Hopf)}P \Big/ \Big\{ I_{K,L}^{(vN-Hopf)} \cap PU_{K,L}^{(vN-Hopf)}P \Big\}$$
$$+ QU_{K,L}^{(vN-Hopf)}Q \Big/ \Big\{ I_{K,L}^{(vN-Hopf)} \cap QU_{K,L}^{(vN-Hopf)}Q \Big\}. \tag{14.79}$$

Каждое прямое слагаемое в правой расти равенства (14.79) очевидным образом изоморфно $\widehat{U}_q^{(alg)}(\mathfrak{sl}_2)$, причем указанные изоморфизмы переводят $1 \in \widehat{U}_q^{(alg)}(\mathfrak{sl}_2)$ в P и Q, соответственно. Из явного вида R-матрицы для $\widehat{U}_q^{(alg)}(\mathfrak{sl}_2)$ следует, что каждое из слагаемых в (14.78) удовлетворяет условиям определения R-матрицы и (14.70), поэтому тем же свойством обладает и их сумма $\widehat{R}_{K,L}^{(vN-Hopf)}$. Кроме того, существуют $\widehat{R}_{PP}^{(vN-Hopf)\dagger}$, $\widehat{R}_{QQ}^{(vN-Hopf)\dagger} \in \widehat{U}_{K,L}^{(vN-Hopf)} \otimes \widehat{U}_{K,L}^{(vN-Hopf)}$ такие, что

$$\widehat{R}_{PP}^{(vN-Hopf)} \widehat{R}_{PP}^{(vN-Hopf)\dagger} = \widehat{R}_{PP}^{(vN-Hopf)\dagger} \widehat{R}_{PP}^{(vN-Hopf)} = P \otimes P,$$
$$\widehat{R}_{QQ}^{(vN-Hopf)} \widehat{R}_{QQ}^{(vN-Hopf)\dagger} = \widehat{R}_{QQ}^{(vN-Hopf)\dagger} \widehat{R}_{QQ}^{(vN-Hopf)} = Q \otimes Q.$$

Следовательно, условие регулярности фон Неймана (14.76) выполнено для

$$\widehat{R}^{(vN-Hopf)} = \widehat{R}_{PP}^{(vN-Hopf)} + \widehat{R}_{QQ}^{(vN-Hopf)},$$

поскольку $\widehat{R}_{PP}^{(vN-Hopf)}$, $\widehat{R}_{PP}^{(vN-Hopf)\dagger}$ и $\widehat{R}_{QQ}^{(vN-Hopf)}$, $\widehat{R}_{QQ}^{(vN-Hopf)\dagger}$ взаимно ортогональны.

14.8. Скрещенные произведения

Покажем, как представить алгебры $U_{K,L,norm}^{(alg)}$ и $U_{K,L,twist}^{(alg)}$ в виде скрещенных произведений с инволютивным автоморфизмом. В терминах генераторов и соотношений конструкция выглядит следующим образом[1]. Добавим к списку образующих k, k^{-1}, e, f алгебры $U_q(\mathfrak{sl}_2)$ генератор s, а к списку соотношений (14.3) — следующие соотношения

$$s^2 = 1, \quad sk = ks, \quad se = \varepsilon es, \quad sf = \varepsilon fs,$$

где $\varepsilon = +1$ для $U_{K,L,norm}^{(alg)}$ и $\varepsilon = -1$ для $U_{K,L,twist}^{(alg)}$. Тогда изоморфизм между двумя реализациями имеет вид

$$e \mapsto E, \quad f \mapsto F, \quad k \mapsto K+L, \quad k^{-1} \mapsto \overline{K}+\overline{L}, \quad s \mapsto K\overline{K} - L\overline{L},$$

а обратный изоморфизм выглядит следующим образом

$$E \mapsto e, F \mapsto f, K \mapsto k\frac{1+s}{2}, \overline{K} \mapsto k^{-1}\frac{1+s}{2},$$
$$L \mapsto k\frac{1-s}{2}, \overline{L} \mapsto k^{-1}\frac{1-s}{2}. \tag{14.80}$$

Для $U_{K,L,norm}^{(alg)}$ приведенное выше описание может быть обобщено на случай расширения алгебры $U_q(\mathfrak{sl}_2)$, содержащего n попарно ортогональных идемпотентов $P_0, \ldots P_{n-1}$ так что $\sum_{j=0}^{n-1} P_j = 1$. А именно, добавим списку образующих k, k^{-1}, e, f алгебры $U_q(\mathfrak{sl}_2)$ генератор t, а к списку соотношений (14.3) — следующие соотношения

$$t^n = 1, \quad tk = kt, \quad te = et, \quad tf = ft.$$

Пусть θ — первообразный корень из единицы, например $\theta = e^{2\pi i/n}$, где i — мнимая единица. Положим

$$P_j = \frac{1}{n}\sum_{k=0}^{n-1}\left(\theta^j s\right)^k, \qquad j = 0, 1, \ldots, n-1.$$

Можно проверить, что $P_j^2 = P_j$, $P_j P_l = 0$ для $j \neq l$, и $\sum_{j=0}^{n-1} P_j = 1$.

---

[1]Мы благодарны П.Этингофу за идею этой конструкции.

14.9. Конечномерные представления

Ниже предлагается способ построения представлений алгебр $U_{K,L,norm}^{(alg)}$ и $U_{K,L,twist}^{(alg)}$ по известным конечномерным представлениям $U_q(\mathfrak{sl}_2)$. Пусть V — n-мерное векторное пространство и $\pi : U_q(\mathfrak{sl}_2) \to \mathrm{End}\, V$ является одним из представлений, описанных в KASSEL [1995]. Рассмотрим векторное пространство удвоенной размерности $V \oplus V$. Построим представление $\Pi_{norm} : U_{K,L,norm}^{(alg)} \to \mathrm{End}\,(V \oplus V)$ алгебры $U_{K,L,norm}^{(alg)}$ следующим образом

$$\Pi_{norm}(K) = \begin{pmatrix} \pi(k) & 0 \\ 0 & 0 \end{pmatrix}, \; \Pi_{norm}(\overline{K}) = \begin{pmatrix} \pi(k^{-1}) & 0 \\ 0 & 0 \end{pmatrix},$$

$$\Pi_{norm}(L) = \begin{pmatrix} 0 & 0 \\ 0 & \pi(k) \end{pmatrix}, \; \Pi_{norm}(\overline{L}) = \begin{pmatrix} 0 & 0 \\ 0 & \pi(k^{-1}) \end{pmatrix},$$

$$\Pi_{norm}(E) = \begin{pmatrix} \pi(e) & 0 \\ 0 & \pi(e) \end{pmatrix}, \; \Pi_{norm}(F) = \begin{pmatrix} \pi(f) & 0 \\ 0 & \pi(f) \end{pmatrix}.$$

Непосредственная проверка показывает, что данное определение согласуется с соотношениями (14.3) и (14.40). Аналогично строится представление $\Pi_{twist} : U_{K,L,twist}^{(alg)} \to \mathrm{End}\,(V \oplus V)$ алгебры $U_{K,L,twist}^{(alg)}$

$$\Pi_{twist}(K) = \begin{pmatrix} \pi(k) & 0 \\ 0 & 0 \end{pmatrix}, \; \Pi_{twist}(\overline{K}) = \begin{pmatrix} \pi(k^{-1}) & 0 \\ 0 & 0 \end{pmatrix},$$

$$\Pi_{twist}(L) = \begin{pmatrix} 0 & 0 \\ 0 & \pi(k) \end{pmatrix}, \; \Pi_{twist}(\overline{L}) = \begin{pmatrix} 0 & 0 \\ 0 & \pi(k^{-1}) \end{pmatrix},$$

$$\Pi_{twist}(E) = \begin{pmatrix} 0 & \pi(e) \\ \pi(e) & 0 \end{pmatrix}, \; \Pi_{twist}(F) = \begin{pmatrix} 0 & \pi(f) \\ \pi(f) & 0 \end{pmatrix}.$$

Отметим, что Π_{norm} есть прямая сумма двух представлений, в то время, как представление Π_{twist} согласуется с разложением Пирса алгебры $U_{K,L,twist}^{(alg)}$ (14.45).

Таким образом, мы построили две новые биалгебры, содержащие $U_q(\mathfrak{sl}_2)$ в качестве подалгебры, а также идемпотенты (и, значит, делители нуля). В некоторых частных случаях приведены явные формулы для R-матриц. Определено новое понятие почти-R-матрицы, удовлетворяющее условию регулярности фон Неймана. Аналогичным образом можно рассмотреть аналог $U_q(\mathfrak{sl}_n)$ с подходящим, но более громоздким семейством идемпотентов. Также представляет интерес рассмотрение суперсимметричных вариантов указанных структур. Предположительно, этот подход упростит дальнейшее изучение биалгебр, распадающихся в прямые суммы, что представляет собой новый вариант обобщения стандартных алгебр Дринфельда-Джимбо.

СПИСОК АВТОРОВ

1. *Дж. А. Голдин* (*G. A. Goldin*), Университет Ратгерса, Нью Брансвик, США.

   Глава 2 на стр. 21 и Дуплий ет al. [2007], Duplij et al. [2008].

2. *С. А. Дуплий* (*S. Duplij*), Институт математики, Мюнстер, Германия.

   Главы 1-14, и Дуплий [1999a,b, 2013].

   Также, Duplij and Wess [2001], Duplij and Zima [2000], Duplij et al. [2004].

3. *В. В. Калашников* (*V. V. Kalashnikov*), Харьковский национальный университет им. В. Н. Каразина, Харьков, Украина.

   Глава 12 на стр. 181 и Дуплий ет al. [2005], Duplij and Kalashnikov [2004].

4. *А. Т. Котвицкий* (*A. T. Kotvytskiy*), Харьковский национальный университет им. В. Н. Каразина, Харьков, Украина.

   Глава 3 на стр. 39 и Duplij and Kotvytskiy [2004, 2007, 2013a,b].

5. *О. И. Котульская* (*O. I. Kotulskaya*), Харьковский национальный университет им. В. Н. Каразина, Харьков, Украина.

   Главы 7, 8, 9, 11 на стр. 93, 113, 127, 157 и Дуплий and Котульская [2002], Duplij and Kotulska [2003, 2004], Duplij et al. [2005a,b].

6. *Е. А. Маслов* (*E. A. Maslov*), Харьковский национальный университет им. В. Н. Каразина, Харьков, Украина.

   Глава 12 на стр. 181 и Дуплий ет al. [2005].

7. **А. С. Садовников** (**A. S. Sadovnikov**), Харьковский национальный университет им. В. Н. Каразина, Харьков, Украина.

ГЛАВЫ 10, 11, 13 на стр. 143, 157, 191 и ДУПЛИЙ AND САДОВНИКОВ [2002, 2004], DUPLIJ AND SADOVNIKOV [2002, 2003], DUPLIJ ET AL. [2005a,b].

8. **М. В. Чурсин** (**M. V. Chursin**), Харьковский национальный университет им. В. Н. Каразина, Харьков, Украина.

ГЛАВА 5 на стр. 69 и ДУПЛИЙ AND ЧУРСИН [2000].

9. **С. Д. Синельщиков** (**S. D. Sinel'shchikov**), Физико-технический институт низких температур, Харьков, Украина.

ГЛАВА 14 на стр. 205 и ДУПЛИЙ AND СИНЕЛЬЩИКОВ [2009], DUPLIJ AND SINEL'SHCHIKOV [2009a,b].

10. **В. М. Штелень** (**V. M. Shtelen**), Университет Ратгерса, Нью Брансвик, США.

ГЛАВА 2 на стр. 21 и ДУПЛИЙ ET AL. [2007], DUPLIJ ET AL. [2008].

Литература

Abe, E. [1980]. *Hopf Algebras*. Cambridge: Cambridge Univ. Press.

Abramov, V., R. Kerner, and B. Le Roy [1997]. Hypersymmetry: a $\mathbb{Z}_3$-graded generalization of supersymmetry. *J. Math. Phys.* **38**, 1650–1669.

Aichelburg, P. C. [1973]. Implications of classical two-tensor gravity. *Phys. Rev.* **D8** (2), 377–384.

Aichelburg, P. C., R. Mansouri, and H. K. Urbantke [1971]. Exact wave-type solution to f-g theory of gravity. *Phys. Rev. Lett.* **27**, 1533–1534.

Alvares-Gaumé, L., C. Gomes, and G. Sierra [1989]. Quantum group interpretation of some conformal field theory. *Phys. Lett. B* **220**, 142–152.

Alvarez-Gaume, L. and J. L. Manes [1991]. Supermatrix models. *Mod. Phys. Lett.* **A6**, 2039–2050.

Andrzejewski, K., J. Gonera, P. Machalski, and P. Maślanka [2010]. Modified Hamiltonian formalism for higher-derivative theories. *Phys. Rev.* **D82**, 045008.

Arnold, V. I. [1989]. *Mathematical methods of classical mechanics*. Berlin: Springer.

Arnowitt, R., P. Nath, and B. Zumino [1975]. Superfield densities and action principle in superspace. *Phys. Lett.* **B56** (1), 81–86.

Artin, E. [1987]. *Geometric Algebra*. Dordrecht: Reidel.

Babichev, E., C. Deffayet, and R. Ziour [2010]. The recovery of general relativity in massive gravity via the Vainshtein mechanism. *Phys. Rev.* **D82**, 104008.

Backhouse, N. B. and A. G. Fellouris [1985]. Grassmann analogs of classical matrix groups. *J. Math. Phys.* **26** (6), 1146–1151.

BAILIN, D. AND A. LOVE [1994]. *Supersymmetric Gauge Field Theory and String Theory*. Bristol: Institute of Physics.

BARANOV, A. M. AND A. S. SCHWARZ [1987]. On the multiloop contribution to the string theory. *Int. J. Mod. Phys.* **A2** (6), 1773.

BARTOCCI, C., U. BRUZZO, AND D. HERNANDEZ-RUIPEREZ [1991]. *The Geometry of Supermanifolds*. Dordrecht: Kluwer.

BARUT, A. O. AND R. RACZKA [1986]. *Theory of Group Representations and Applications*. Singapore: World Sci.

BAXTER, R. [1982]. *Exactly Solved Models in Statistical Mechanics*. London: Academic Press.

BAXTER, R. J. [1972]. Partition function for the eight-vertex model. *Ann. Phys.* **70**, 193–228.

BEN-ISRAEL, A. AND T. N. E. GREVILLE [1974]. *Generalized Inverses: Theory and Applications*. New York: Wiley.

BENIOFF, P. [1980]. The computer as a physical system: A microscopic quantum mechanical Hamiltonian model of computers as represented by Turing machines. *J. Stat. Phys.* **22**, 563–591.

BEREZIN, F. A. [1987]. *Introduction to Superanalysis*. Dordrecht: Reidel.

BERGSHOEFF, E. A., O. HOHM, AND P. K. TOWNSEND [2009]. Massive gravity in three dimensions. *Phys. Rev. Lett.* **102**, 201301.

BERGVELT, M. J. AND J. M. RABIN [1996]. Super curves, their Jacobians, and super KP equations, *preprint* Univ. California, San Diego, 64 p., alg-geom/9601012.

BERNSTEIN, J. AND D. LEITES [1987]. The supermanifolds. In: D. LEITES (Ed.), *Seminar on Supermanifolds*, Number 14, Stockholm: Univ. Stockholm, pp. 1–44.

BLAS, D. [2006]. Bigravity and massive gravity. *AIP Conf. Proc.* **841**, 397–401.

BÖHM, G., F. NILL, AND K. SZLACHÁNYI [1999]. Weak Hopf algebras **I**. Integral theory and C^*-structure. *J. Algebra* **221**, 385–438.

BÖHM, G. AND K. SZLACHÁNYI [1996]. A coassociative C^*-quantum group with nonintegral dimensions. *Lett. Math. Phys.* **35**, 437–456.

BORN, M. AND L. INFELD [1934]. Foundations of the new field theory. *Proc. Roy. Soc. London* **A144**, 425–454.

BOULANGER, N., T. DAMOUR, L. GUALTIERI, AND M. HENNEAUX [2001]. Inconsistency of interacting, multigraviton theories. *Nucl. Phys.* **B597**, 127–171.

BOULLION, T. L. AND P. L. ODELL [1971]. *Generalized Inverse Matrices.* New York: Wiley.

BOULWARE, D. AND S. DESER [1972]. Can gravitation have a finite range? *Phys. Rev.* **D6**, 3368–3382.

BROWN, H. R. AND P. R. HOLLAND [1999]. The Galilean covariance of quantum mechanics in the case of external fields. *American J. Phys.* **67**, 204–214.

BRYLINSKI, J. L. AND R. BRYLINSKI [1994]. Universal quantum gates. In: *Mathematics of Quantum Computation*, Boca Raton: Chapman & Hall/CRC Press, pp. 124–134.

CAMPBELL, S. L. AND C. D. MEYER [1979]. *Generalized Inverses of Linear Transformations.* Boston: Pitman.

CARINENA, J. F. [1990]. Theory of singular Lagrangians. *Fortsch. Physik* **38** (9), 641–679.

CARTER, J. S. AND M. SAITO [1996]. On formulation and solutions of simplex equations. *J. Mod. Phys.* **A11**, 4453–4463.

CARTIER, P. AND D. FOATA [1969]. Problemes combinatoires de commutation et rearrangements. *Lecture Notes Math.* **85**, 88.

CAYLEY, A. [1845]. On certain results relating to quaternions. *Phil. Mag.* **26**, 141–145.

CHAMSEDDINE, A. H., R. ARNOWITT, AND P. NATH [2001]. Supergravity unification. *Nucl.Phys. Proc. Suppl.* **101**, 145–153.

CHANG, D., I. PHILLIPS, AND I. ROZANSKY [1992]. R-matrix approach to quantum superalgebras $su_q(m|n)$. *J. Math. Phys.* **33** (11), 3710–3715.

CHARI, V. AND A. PRESSLEY [1996]. *A Guide to Quantum Groups.* Cambridge: Cambridge University Press.

CIRILO-LOMBARDO, D. J. [2007]. On the mathematical structure and hidden symmetries of the born-infeld field equations. *J. Math. Phys.* **48**, 032301.

CLEVE, R., A. EKERT, C. MACCHIAVELLO, AND M. MOSCA [1998]. Quantum algorithms revisited. *Phil. Trans. Royal Soc. London* **A454**, 339–354.

CLIFFORD, A. H. AND G. B. PRESTON [1961]. *The Algebraic Theory of Semigroups*, Volume 1. Providence: Amer. Math. Soc.

COHN, J. D. [1987]. $N = 2$ super Riemann surfaces. *Nucl. Phys.* **B284** (2), 349–364.

COHN, P. M. [1977]. Skew-field constructions. *London Math. Soc. Lecture Note Series* **27**, 253.

CONNES, A. [1994]. *Noncommutative Geometry*. New York: Academic Press.

COOPER, F. AND B. FREEDMAN [1983]. Spontaneous supersymmetry breaking in quantum mechanics. *Ann. Phys.* **146** (2), 262–288.

CRANE, L. AND J. M. RABIN [1988]. Super Riemann surfaces: uniformization and Teichmüller theory. *Commun. Math. Phys.* **113** (4), 601–623.

DAELE, A. V. [1995]. The Haar measure on a compact quantum group. *Proc. Amer. Math. Soc.* **123** (10), 3125–3128.

DAMOUR, T. AND I. I. KOGAN [2002]. Effective lagrangians and universality classes of nonlinear bigravity. *Phys. Rev.* **D66**, 104024.

DAMOUR, T., I. I. KOGAN, AND A. PAPAZOGLOU [2002]. Non-linear bigravity and cosmic acceleration. *Phys. Rev.* **D66**, 104025.

DANILOV, G. S. [1996]. Unimodular transformations of the supermanifolds and the calculation of the multi-loop amplitudes in the superstring theory. *Nucl. Phys.* **B463**, 443–488.

DAVIS, D. L. AND D. W. ROBINSON [1972]. Generalized inverses of morphisms. *Linear Algebra Appl.* **5**, 329–338.

DE WIT, B. [1999]. Supermembranes and super matrix models, *preprint* Inst. Theor. Phys., Utrecht, 41 p.; THU-99/05, hep-th/9902051.

DE BOER, J., P. A. GRASSI, AND P. VAN NIEUWENHUIZEN [2003]. Non-commutative superspace from string theory. *Phys. Lett.* **B574**, 98–104.

DE CONCINI, C. AND V. KAC [1990]. Representations of quantum groups at roots of 1. In: A. CONNES, M. DUFLO, AND R. RENTCHLER (Eds.), *Operator Algebras, Unitary Representations, Envelopping Algebras and Invariant Theory*, Boston-Basel-Berlin: Birkhäuser, pp. 471–506.

DEFFAYET, C., G. DVALI, AND G. GABADADZE [2002]. Accelerated universe from gravity leaking to extra dimensions. *Phys. Rev.* **D65** (4), 044023.

DEFFAYET, C. AND J. MOURAD [2004a]. Multigravity from a discrete extra dimension. *Phys. Lett.* **B589**, 48–58.

DEFFAYET, C. AND J. MOURAD [2004b]. Some properties of multigravity theories and discretized brane worlds. *Int. J. Theor. Phys.* **43**, 855–864.

DELDUC, F., F. GIERES, S. GOURMELEN, AND S. THEISEN [1999]. Non-standard matrix formats of Lie superalgebras. *Int. J. Mod. Phys.* **A14**, 4043–4051.

DELIGNE, P., P. ETINGOF, D. S. FREED, L. C. JEFFREY, D. KAZHDAN, J. W. MORGAN, D. R. MORRISON, AND E. WITTEN (Eds.) [1999]. *Quantum Fields and Strings: A Cource for Mathematicians*, Volume 1, 2, Providence. American Mathematical Society.

DE RHAM, C. AND G. GABADADZE [2010]. Generalization of the fierz-pauli action. *Phys. Rev.* **D82**, 044020.

DEUTSCH, D. [1985]. Quantum theory, the Church-Turing principle and the universal quantum computer. *Proc. Roy. Soc. London* **A400**, 96–117.

DEUTSCH, D. [2004]. Qubit field theory, *preprint* Clarendon Laboratory, Oxford, 23 p., quant-ph/0401024.

DE WITT, B. S. [1992]. *Supermanifolds* (2nd ed.). Cambridge: Cambridge Univ. Press.

DI FRANCESCO, P., P. H. GINSPARG, AND J. ZINN-JUSTIN [1995]. 2-D Gravity and random matrices. *Phys. Rept.* **254**, 1–133.

DIEDONNE, J. [1943]. Les determinantes sur un corps non-commutatif. *Bull. Soc. Math. France* **71**, 27–45.

DIENES, K. R. AND C. KOLDA [1997]. Twenty open questions in Supersymmetric Particle Physics, *preprint* Inst. Adv. Study, Princeton, 64 p., hep-ph/9712322.

DI FRANCESCO, P., P. MATHIEU, AND D. SÉNÉCHAL [1997]. *Conformal Field Theory*. Berlin: Springer-Verlag.

DIJKGRAAF, R. [1992]. Intersection theory, integrable hierarchies and topological field theory. In: *New symmetry principles in quantum field theory. Proceedings, NATO Advanced Study Institute, Cargese, France, July 16-27, 1991*, pp. 95–158. [NATO Sci. Ser. B295 (1992)].

DIJKHUIZEN, M. S. AND T. H. KOORNWINDER [1994]. CQG algebras: a direct algebraic approach to quantum groups. *Lett. Math. Phys.* **32**, 315–330.

DIRAC, P. A. M. [1964]. *Lectures on Quantum Mechanics*. New York: Yeshiva University.

DMITRIEV, V. A. [1998]. Group theoretical approach to determine structure of complex and composite media constitutive tensors. *Electronics Lett.* **34** (8), 743–745.

DRAGON, N., H. GÜNTER, AND U. THEIS [1997]. Supergravity with a noninvertible vierbein, *preprint* Univ. Hannover, Hannover, 8 p.; ITP-UH-21/97, hep-th/9707238.

DRAZIN, M. P. [1958]. Pseudo inverses in associative rings and semigroups. *Amer. Math. Monthly* **65**, 506–514.

DRINFELD, V. G. [1985]. Hopf algebras and the quantum Yang-Baxter equation. *Dokl. Akad. Nauk SSSR* **282**, 1060–1064.

DRINFELD, V. G. [1986]. Quantum groups. In: L. D. FADDEEV (Ed.), *Zap. nauchnyh seminarov LOMI*, Volume 155, pp. 18–49. Leningrad: Nauka.

DRINFELD, V. G. [1987]. Quantum groups. In: A. GLEASON (Ed.), *Proceedings of the ICM, Berkeley*, Phode Island: AMS, pp. 798–820.

DRINFELD, V. G. [1989]. On almost cocommutative hopf algebras. *Leningrad Math. J.* **1**, 321–342.

DRINFELD, V. G. [1992]. On some unsolved problems in quantum group theory. *Lect. Notes. Math.* **1510**, 1–8.

DUBOVSKY, S. L., P. G. TINYAKOV, AND I. I. TKACHEV [2005]. Massive graviton as a testable Cold-Dark-Matter candidate. *Phys. Rev. Lett.* **94** (18), 181102.

DUPLIJ, S. [1991a]. On $N = 4$ super Riemann surfaces and superconformal semigroup. *J. Phys.* **A24** (13), 3167–3179.

DUPLIJ, S. [1991b]. On semigroup nature of superconformal symmetry. *J. Math. Phys.* **32** (11), 2959–2965.

DUPLIJ, S. [1996a]. Ideal structure of superconformal semigroups. *Theor. Math. Phys.* **106** (3), 355–374.

DUPLIJ, S. [1996b]. Noninvertibility and "semi-" analogs of (super) manifolds, fiber bundles and homotopies, *preprint* Univ. Kaiserslautern, Kaiserslautern, 30 p.; KL-TH-96/10, q-alg/9609022.

DUPLIJ, S. [1996c]. On an alternative supermatrix reduction. *Lett. Math. Phys.* **37** (3), 385–396.

DUPLIJ, S. [1996d]. Supermatrix representations of semigroup bands. *Pure Math. Appl.* **7** (3-4), 235–261.

DUPLIJ, S. [1997a]. Noninvertible $N=1$ superanalog of complex structure. *J. Math. Phys.* **38** (2), 1035–1040.

DUPLIJ, S. [1997b]. Some abstract properties of semigroups appearing in superconformal theories. *Semigroup Forum* **54** (2), 253–260.

DUPLIJ, S. [1998a]. On semi-supermanifolds. *Pure Math. Appl.* **9** (3-4), 283–310.

DUPLIJ, S. [1998b]. On superconformal-like transformations and their nonlinear realization. In: J. WESS AND E. A. IVANOV (Eds.), *Supersymmetries and Quantum Symmetries*, Heidelberg: Springer-Verlag, pp. 243–251.

DUPLIJ, S. [1998c]. Superconformal-like transformations and nonlinear realizations. *Southwest J. Pure and Appl. Math.* **2**, 85–112.

DUPLIJ, S. [2000]. On supermatrix operator semigroups. *Quasigroups and Related Systems* **7** (1), 71–98.

DUPLIJ, S. [2001]. Semigroups of supermatrices and one-parameter idempotent superoperators. *J. Kharkov National Univ., ser. Nuclei, Particles and Fields* **510** (1(13)), 11–23.

DUPLIJ, S. [2003]. On supermatrix idempotent operator semigroups. *Linear Algebra Appl.* **360**, 59–81.

DUPLIJ, S. [2009]. Generalized duality, Hamiltonian formalism and new brackets, *preprint* Kharkov National University, Kharkov, 24 p., arXiv:math-ph/1002.1565v7 (To appear in J. Math. Phys. Analysis. Geom., 2013).

DUPLIJ, S. [2011]. A new Hamiltonian formalism for singular Lagrangian theories. *J. Kharkov National Univ., ser. Nuclei, Particles and Fields* **969** (3(51)), 34–39.

DUPLIJ, S. [2013]. *Semisupermanifolds and semigroups.* Charleston: Createspace Publishing. Second Printing.

DUPLIJ, S., G. A. GOLDIN, AND V. M. SHTELEN [2008]. Generalizations of nonlinear and supersymmetric classical electrodynamics. *J. Phys. A: Math. Gen.* **A41**, 304007.

DUPLIJ, S. AND O. KOTULSKA [2004]. Structure of supermatrix models. *J. Kharkov National Univ., ser. Nuclei, Particles and Fields* **642** (3(25)), 45–49.

DUPLIJ, S. AND F. LI [2001a]. On regular solutions of quantum Yang-Baxter equation and weak Hopf algebras. *J. Kharkov National Univ., ser. Nuclei, Particles and Fields* **521** (2(14)), 15–30.

DUPLIJ, S. AND F. LI [2001b]. Regular solutions of quantum Yang-Baxter equation from weak Hopf algebras. *Czech. J. Phys.* **51** (12), 1306–1311.

DUPLIJ, S. AND W. MARCINEK [2000]. Higher regularity properties of mappings and morphisms, *preprint* Univ. Wrocław, Wrocław, 12 p.; IFT UWr 931/00, math-ph/0005033.

DUPLIJ, S. AND W. MARCINEK [2001a]. Noninvertibility, semisupermanifolds and categories regularization. In: S. DUPLIJ AND J. WESS (Eds.), *Noncommutative Structures in Mathematics and Physics*, Dordrecht: Kluwer, pp. 125–140.

DUPLIJ, S. AND W. MARCINEK [2001b]. Semisupermanifolds and regularization of categories, modules, algebras and Yang-Baxter equation. In: *Supersymmetry and Quantum Field Theory*, Amsterdam: Elsevier Science Publishers, pp. 110–115.

DUPLIJ, S. AND A. SADOVNIKOV [2002]. Regular supermatrix solutions for quantum yang-baxter equation. *J. Kharkov National Univ., ser. Nuclei, Particles and Fields* **569** (3(19)), 15–22.

DUPLIJ, S. AND A. SADOVNIKOV [2003]. On the structure of quantum linear semigroup. *J. Kharkov National Univ., ser. Nuclei, Particles and Fields* **601** (2(22)), 32–40.

DUPLIJ, S., W. SIEGEL, AND J. BAGGER (Eds.) [2004]. *Concise Encyclopedia of Supersymmetry And Noncommutative Structures In Mathematics And Physics.* Dordrecht-Boston-London: Kluwer Academic Publishers. Second printing, Springer Science and Business Media, Berlin-New York-Heidelberg, 2005.

DUPLIJ, S. AND S. SINEL'SHCHIKOV [2009a]. Quantum enveloping algebras, von Neumann regularity and the Pierce decomposition. In: B. DRAGOVICH AND Z. RAKIC (Eds.), *Proceedings of 5th Mathematical Physics Meeting: Summer School in Modern Mathematical Physics, 6 - 17 July 2008,* Belgrade: Institute of Physics, pp. 243–255.

DUPLIJ, S. AND S. SINEL'SHCHIKOV [2009b]. Quantum enveloping algebras with von Neumann regular Cartan-like generators and the Pierce decomposition. *Commun. Math. Phys.* **287** (1), 769–785.

DUPLIJ, S. AND J. WESS (Eds.) [2001]. *Noncommutative Structures in Mathematics and Physics.* Dordrecht: Kluwer.

DUPLIJ, S. AND V. G. ZIMA (Eds.) [2000]. *Supersymmetric Structures in Mathematics and Physics.* Kiev: UkrINTI.

DUPLIJ, S. A. AND V. V. KALASHNIKOV [2004]. Quantum information, qubits and their generalizations. In: *Karazin Natural Science Studios*, Kharkov: Kharkov National Univ., pp. 169–171.

DUPLIJ, S. A. AND O. I. KOTULSKA [2003]. Quasideterminants, noncommutative determinants and noninvertible supermatrix structures. *J. Kharkov National Univ., ser. Nuclei, Particles and Fields* **585** (1(21)), 19–27.

DUPLIJ, S. A., O. I. KOTULSKA, AND A. S. SADOVNIKOV [2005a]. Constant solutions of quantum Yang-Baxter equation over Grassmann algebra. *J. Kharkov National Univ., ser. Nuclei, Particles and Fields* **657** (1(26)), 23–34.

DUPLIJ, S. A., O. I. KOTULSKA, AND A. S. SADOVNIKOV [2005b]. Quantum Yang-Baxter equation and constant R-matrix over Grassmann algebra. *J. Zhejiang Univ. Sci.* **A6** (10), 1065–1079.

DUPLIJ, S. A. AND A. T. KOTVYTSKIY [2004]. Lagrangians in nonlinear multigravity models. *J. Kharkov National Univ., ser. Nuclei, Particles and Fields* **642** (3(25)), 3–7.

DUPLIJ, S. A. AND A. T. KOTVYTSKIY [2007]. Coincidence limit and generalized interaction term structure in multugravity. *J. Kharkov National Univ., ser. Nuclei, Particles and Fields* **784** (3(25)), 61–66.

DUPLIJ, S. A. AND A. T. KOTVYTSKIY [2013a]. Generalized interaction in multigravity. *Theor. Math. Phys.* **177** (1), 1400–1411.

DUPLIJ, S. A. AND A. T. KOTVYTSKIY [2013b]. Multigravity and Pauli-Fierz model. *J. Kharkov National Univ., ser. Nuclei, Particles and Fields* **1041** (2(58)), 81—-92.

DUVAL, C. AND V. OVSIENKO [1998]. Lorentzian worldlines and Schwarzian derivative, *preprint* Centre de Phys. Theor., Marseille, 4 p.; CPT-98/P.3691, math.DG/9809062.

DYE, H. A. [2003]. Unitary solutions to the Yang-Baxter equation in dimension four. *Quantum Information Processing* **2**, 117–150.

EKERT, A. AND R. JOZSA [1996]. Quantum quantum computation and Shor's factoring algorithm. *Rev. Mod. Phys.* **68**, 733–745.

ETINGOF, P. [2001]. Geometric crystals and set-theoretical solutions to the quantum Yang-Baxter equation, *preprint* MIT, Cambridge, 10 p., math.QA/0112278.

ETINGOF, P., R. GURALNICK, AND A. SOLOVIEV [2000]. Indecomposable set-theoretical solutions to the quantum Yang-Baxter equation on a set with prime number of elements, *preprint* MIT, Cambridge, 9 p., math.QA/0007170.

ETINGOF, P. AND V. RETAKH [1999]. Quantum determinants and quasideterminants. *Asian J. Math.* **3** (2), 345–352.

ETINGOF, P., T. SCHEDLER, AND A. SOLOVIEV [1997]. On set-theoretical solutions to the quantum Yang-Baxter equation, *preprint* MIT, Cambridge, 4 p., q-alg/9707027.

ETINGOF, P., T. SCHEDLER, AND A. SOLOVIEV [1999]. Set-theoretical solutions to the quantum Yang-Baxter equation. *Duke Math. J.* **100** (2), 169–209.

FADDEEV, L. D., N. Y. RESHETIKHIN, AND L. A. TAKHTAJAN [1989]. Quantization of Lie groups and Lie algebras. *Algebra i Analiz* **1**, 178–206.

FADDEEV, L. D., N. Y. RESHETIKHIN, AND L. A. TAKHTAJAN [1990]. Quantum Lie groups and Lie algebras. *Leningrad Math. J.* **1**, 193–236.

FALQUI, G. AND C. REINA [1990]. A note on global structure of supermoduli spaces. *Commun. Math. Phys.* **128** (2), 247–261.

FARKAS, H. AND I. KRA [1980]. *Riemann Surfaces*. Berlin: Springer-Verlag.

FERRARA, S. [1994]. Supergravity and the quest for a unified theory, *preprint* CERN, Geneva, 15 p., hep-th/9405065.

FEYNMAN, R. [1982]. Simulating physics with computers. *Int. J. Theor. Phys.* **21**, 467–468.

FRIEDAN, D. [1986]. Notes on string theory and two dimensional conformal field theory. In: M. GREEN AND D. GROSS (Eds.), *Unified String Theories*, Singapore: World Sci., pp. 118–149.

FUSHCHICH, W. I., V. M. SHTELEN, AND N. I. SEROV [1993]. *Symmetry Analysis and Exact Solutions of Equations of Nonlinear Mathematical Physics*. Dordrecht: Kluwer.

FUSHCHICH, W. I. AND I. TSIFRA [1985]. On symmetries of nonlinear equations of electrodynamics. *Theor. Math. Phys.* **64** (1), 41–50.

GALINDO, A. AND M. A. MARTIN-DELGADO [2002]. Information and computation: Classical and quantum aspects. *Rev. Mod. Phys.* **74**, 348.

GATES, S. J., M. T. GRISARU, M. ROCEK, AND W. ZIEGEL [1983]. *Superspace, or One Thousand and One Lessons in Supersymmetry*. Reading: Benjamin.

GELFAND, I., S. GELFAND, V. RETAKH, AND R. WILSON [2002]. Quasideterminants, *preprint* Rutgers Univ., Piscataway, 39 p.

GERASIMOV, A., D. LEBEDEV, AND A. MOROZOV [1991]. Possible implications of integrable systems for string theory. *Int. J. Mod. Phys.* **A06** (06), 977–988.

GERASIMOV, A., A. MARSHAKOV, A. MIRONOV, A. MOROZOV, AND A. ORLOV [1991]. Matrix models of two-dimensional gravity and Toda theory. *Nucl. Phys.* **B357**, 565–618.

GIBBONS, G. W. AND K. HASHIMOTO [2000]. Non-linear electrodynamics in curved backgrounds. *J. High Energy Phys.* **09**, 013–021.

GIDDINGS, S. B. AND P. NELSON [1988]. Line bundles on super Riemann surfaces. *Commun. Math. Phys.* **118**, 289–302.

GINSPARG, P. H. [1991]. Matrix models of 2-d gravity. In: *Trieste HEP Cosmol. Conference,1991*, pp. 785–826.

GITMAN, D. M. AND I. V. TYUTIN [1986]. *Canonical quantization of constrained fields.* M.: Nauka.

GOGILIDZE, S. A., A. M. KHVEDELIDZE, AND V. N. PERVUSHIN [1996]. On Abelianization of first class constraints. *J. Math. Phys.* **37** (4), 1760–1771.

GOLDIN, G. A. AND V. M. SHTELEN [2001]. On Galilean invariance and nonlinearity in electrodynamics and quantum mechanics. *Phys. Lett.* **A279**, 321–326.

GOLDIN, G. A. AND V. M. SHTELEN [2004]. Generalization of Yang-Mills theory with nonlinear constitutive equations. *J. Phys. A: Math. Gen.* **37**, 10711–10718.

GOOD, I. J. [1981]. Generalized determinants and generalized variance. *J. Statist. Comput. Simulation* **12** (3-4), 311–315.

GRACIA-BONDIA, J. M., J. C. VARILLY, AND H. FIGUEROA [2001]. *Elements of noncommutative geometry.* Boston: Birkhaeuser.

GREEN, J. A., W. D. NICOLS, AND E. J. TAFT [1980]. Left Hopf algebras. *J. Algebra* **65**, 399–411.

GRIB, A. A. AND Y. V. PAVLOV [2006]. Superheavy particles and the dark matter problem. *Grav. Cosmol.* **12**, 159–162.

GROVER, L. K. [1997]. Quantum mechanics helps in searching for a needle in a haystack. *Phys. Rev. Lett.* **79**, 325–328.

GU, P. [1997]. A set-theoretical solution of the Yang-Baxter equation and "metahomomorphisms" of groups. *Chinese Sci. Bull.* **42** (15), 1602–1606.

HABER, H. E. [1993]. The supersymmetric top-ten lists, *preprint* Univ. California, Santa Cruz, 26 p., hep-ph/9308209.

HANNESTAD, S. [2006]. Dark energy and dark matter from cosmological observations. *Int. J. Mod. Phys.* **A21**, 1938–1949.

HARTWIG, R. R. [1976]. Block generalized inverses. *Arch. Rat. Mech. Anal.* **61** (1), 197–251.

HASSAN, S. F. AND R. A. ROSEN [2012]. Bimetric gravity from ghost-free massive gravity. *J. High Energy Phys.* **2012** (2), 1–12.

HAWKINS, J. B., , AND A. BEN-ISRAEL [1973]. On generalized matrix functions. *Linear and Multilinear Algebra* **1** (2), 163–171.

HAYASHI, T. [1991]. An algebra related to the fusion rules of Wess-Zumino-Witten models. *Lett. Math. Phys.* **22**, 291–296.

HAYASHI, T. [1999]. Face algebras and unitarity of $SU(N)_L - TQFT$. *Commun. Math. Phys.* **203** (1), 211–247.

HENNEAUX, M. AND C. TEITELBOIM [1994]. *Quantization of Gauge Systems*. Princeton: Princeton University Press.

HERMANN, R. [1994]. *Quantum and Fermion Differential Geometry*. Brookline: Math. Sci. Press.

HIETARINTA, J. [1992]. All solutions to the constant quantum Yang-Baxter equation in two dimensions. *Phys. Lett.* **A165**, 245–251.

HIETARINTA, J. [1993]. Solving the two-dimensional constant quantum Yang-Baxter equation. *J. Math. Phys.* **34**, 1725–1756.

HIETARINTA, J. [1997]. Permutation-type solutions to the Yang-Baxter and other n-simplex equations. *J. Phys.* **A30**, 4757–4771.

HOWIE, J. M. [1995]. *Fundamentals of Semigroup Theory*. Oxford: Clarendon Press.

HRUBY, J. [2004]. Supersymmetry and qubit field theory, *preprint* Institute of Physics, Prague, 20 p., quant-ph/0402188.

HU, P. [1993]. Holomorphic mappings between spaces of different dimensions. **I**. *Math. Z.* **214**, 567–577.

HU, S.-J. AND M. C. KANG [1996]. Efficient generation of the ring of invariants. *J. Algebra* **180**, 341–363.

ISHAM, C. J., A. SALAM, AND J. STRATHDEE [1971]. f-Dominance of gravity. *Phys. Rev.* **D3** (4), 867–873.

JACKSON, J. D. [1999]. *Classical Electrodynamics*. New York: Wiley.

JANTZEN, J. C. [1996]. *Lectures on Quantum Groups.* Providence, R.I.: American Mathematical Society.

JIMBO, M. [1985]. A q-difference analogue of $U(\mathfrak{g})$ and the Yang-Baxter equation. *Lett. Math. Phys.* **10**, 63–69.

JIMBO, M. [1986]. Quantum R-matrix for the generalized Toda system: an algebraic approach. In: H. J. DE VEGA AND N. SANCHEZ (Eds.), *Field theory, Quantum Gravity and Strings*, Volume 246 of *Lecture Notes in Phys.*, pp. 335–361. Berlin: Springer.

JOSEPH, A. [1993]. Faithfully flat embeddings for minimal primitive quotients of quantized enveloping algebras. In: A. JOSEPH AND S. SHNIDER (Eds.), *Quantum Deformations of Algebras and their Representations*, Volume 7 of *Israel Math. Conf. Proc.*, pp. 79–106. Berlin.

JOSEPH, A. AND G. LETZTER [1992]. Local finiteness for the adjoint action for quantized enveloping algebras. *J. Algebra* **153**, 289–318.

JOYAL, A. AND R. STREET [1993]. Braided tensor categories. *Adv. Math.* **102**, 20–78.

KAC, V. G. [1993]. *Infinite-dimensional Lie algebras.* Moscow: Mir.

KAKU, M. [1998]. *Introduction to Superstrings and M-Theory.* Berlin: Springer-Verlag.

KALLOSH, R. [1999]. Black holes, branes and superconformal symmetry, *preprint* Stanford Univ., Stanford, 9 p.; SU-ITP-99/4, hep-th/9901095.

KASSEL, C. [1995]. *Quantum Groups.* New York: Springer-Verlag.

KASSEL, C. AND V. TURAEV [1995]. Double construction for monoidal categories. *Acta Math.* **175**, 1–48.

KAUFFMAN, L. H. [1991]. *Knots and Physics.* Singapure: World Sci.

KAUFFMAN, L. H. AND S. J. LOMONACO [2004]. Braiding operators are universal quantum gates. *New J. Phys.* **6**, 134–139.

KAZAKOV, V. A. AND A. A. MIGDAL [1993]. Induced QCD at large N. *Nucl. Phys.* **B397**, 214–238.

KETOV, S. V. [1995]. *Conformal Field Theory.* Singapore: World Sci.

KHARCHEV, S. AND A. MARSHAKOV [1993]. Topological versus nontopological theories and p-q duality in $c \leq 1$ 2-d gravity models. In: E. A. M. BIANCHI (Ed.), *International Workshop on String Theory, Quantum Gravity and the Unification of Fundamental Interactions Rome, Italy, September 21-26, 1992*, pp. 331–346.

KHARCHEV, S. AND A. MARSHAKOV [1995]. On p-q duality and explicit solutions in $c \leq 1$ 2-d gravity models. *Int. J. Mod. Phys.* **A10**, 1219–1236.

KHARCHEV, S., A. MARSHAKOV, A. MIRONOV, AND A. MOROZOV [1993]. Generalized Kontsevich model versus Toda hierarchy and discrete matrix models. *Nucl. Phys.* **B397**, 339–378.

KHOROSHKIN, S. M. AND V. N. TOLSTOY [1991]. Universal R-matrix for quantized (super)algebras. *Commun. Math. Phys.* **141** (3), 599.

KNIZHNIK, V. G. [1989]. *Multiloop Amplitudes in the Theory of Quantum Strings and Complex Geometry*. London: Harwood Academic.

KODAIRA, K. [1986]. *Complex Manifolds and Deformations of Complex Structure*. Berlin: Springer-Verlag.

KOGORODSKI, L. I. AND Y. S. SOIBELMAN [1998]. *Algebras of Functions on Quantum Groups*. Providence: AMS.

KONECHNY, A. AND A. SCHWARZ [1997]. On $(k \oplus l \mid q)$-dimensional supermanifolds, *preprint* Univ. of California, Davis, 19 p., hep-th/9706003.

KONTSEVICH, M. [1992]. Intersection theory on the moduli space of curves and the matrix Airy function. *Commun. Math. Phys.* **147**, 1–23.

KOTVYTSKIY, A. T. AND D. V. KRUCHKOV [2011]. Dynamical symmetry breaking in R^N quantum gravity. *Acta Polytechnika* **51** (4), 54–58.

KOYAMA, K., G. NIZ, AND G. TASINATO [2011]. Strong interactions and exact solutions in non-linear massive gravity. *Phys. Rev.* **D84**, 064033.

LAMBE, L. A. AND D. E. RADFORD [1997]. *Introduction to the Quantum Yang-Baxter Equation and Quantum Groups: An Algebraic Approach*. Dordrecht: Kluwer.

LANCZOS, C. [1962]. *The variational principles of mechanics* (Second ed.). Toronto: Univ. Toronto Press.

LANDAU, L. D. AND E. M. LIFSHITZ [1969]. *Mechanics*. Oxford: Pergamon Press.

LANDAU, L. D. AND E. M. LIFSHITZ [1988]. *Classical theory of fields*. Oxford: Pergamon Press.

LAUBENBACHER, R. AND I. SWANSON [1998]. Permanental ideals, *preprint* New Mexico State Univ., Las Cruces, 13 p., math.RA/9812112.

LE BELLAC, M. AND J.-M. LEVY-LEBLOND [1973]. Galilean electromagnetism. *Nuovo Cimento* **B14**, 217–233.

LEBRUN, C. AND M. ROTHSTEIN [1988]. Moduli of super Riemann surfaces. *Commun. Math. Phys.* **117** (1), 159–176.

LEITES, D. [1987]. Selected problems of supermanifold theory. *Duke Math. J.* **54** (2), 649–656.

LE ROY, B. [1996]. A $\mathbb{Z}_3$-graded generalization of supermatrices. *J. Math. Phys.* **37**, 474–483.

LI, F. [1998]. Set-theoretical solutions of the Yang-Baxter equation in inverse semigroup, *preprint* Zhijang Univ., Hangzhou, 4 p.

LI, F. AND S. DUPLIJ [2002]. Weak Hopf algebras and singular solutions of quantum Yang-Baxter equation. *Commun. Math. Phys.* **225** (1), 191–217.

LINKS, J., M. SCHEUNERT, AND M. D. GOULD [1994]. Diagonalization of the braid generator on unitary irreps of quantum supergroups. *Lett. Math. Phys.* **32** (3), 231–240.

LONGHI, G., L. LUSANNA, AND J. M. PONS [1989]. On the many-time formulation of classical particle dynamics. *J. Math. Phys.* **30** (8), 1893–1912.

LORAN, F. [2005]. Non-Abelianizable first class constraints. *Commun. Math. Phys.* **254**, 167—178.

LU, J. H., M. YAN, AND Y. C. ZHU [2000]. On set-theoretical Yang-Baxter equation. *Duke. Math. J.* **104** (1), 1–18.

LUSZIG, G. [1993]. *Introduction to Quantum Groups*. Boston: Birkhạuser.

LYUBASHENKO, V. [1995]. Tangles and Hopf algebras in braided categories. *J. Pure Appl. Algebra* **98**, 245–278.

MADORE, J. [1995]. *Introduction to Noncommutative Geometry and its Applications*. Cambridge: Cambridge University Press.

MAJID, S. [1995]. *Foundations of Quantum Group Theory.* Cambridge: Cambridge University Press.

MAKEENKO, YU., A. MARSHAKOV, A. MIRONOV, AND A. MOROZOV [1991]. Continuum versus discrete Virasoro in one matrix models. *Nucl. Phys.* **B356**, 574–628.

MALDACENA, J. [1997]. The large N limit of superconformal field theories and supergravity, *preprint* Harvard Univ., Cambridge, 20 p.; HUTP-97/A097, hep-th/9711200.

MANIN, Y. [1989]. Multiparametric quantum deformation of the general linear supergroup. *Commun. Math. Phys.* **123**, 123–135.

MANIN, Y. I. [1991]. *Topics in Noncommutative Differential Geometry.* Princeton: Princeton University Press.

MARANGOS, J. [1999]. Slow light in cool atoms. *Nature* **397**, 559–560.

MARCINEK, W. [1996]. Categories and quantum statistics. *Rep. Math. Phys.* **38** (2), 149–174.

MARMO, G., G. MENDELLA, AND W. TULCZYJEW [1997]. Constrained Hamiltonian systems as implicit differential equations. *J. Phys.* **A30**, 277–293.

MARSHAKOV, A., A. MIRONOV, AND A. MOROZOV [1992]. On equivalence of topological and quantum 2-d gravity. *Phys. Lett.* **B274**, 280–288.

MENZO, M. R. AND W. M. TULCZYJEW [1978]. Infinitesimal symplectic relations and generalized Hamiltonian dynamics. *Ann. Inst. Henri Poincaré* **A4**, 349–367.

MIŠKOVIĆ, O. AND J. ZANELLI [2003]. Dynamical structure of irregular constrained systems. *J. Math. Phys.* **44** (9), 3876–3887.

MOHAPATRA, R. N. [1999]. Supersymmetric Grandunification: An update, *preprint* Univ. Maryland, College Park, 77 p., hep-ph/9911272.

MOORE, C. C. [1964]. Compactifications of symmetric spaces II: the Cartan domains. *Amer. J. Math.* **86**, 358–378.

MOORE, E. H. [1922]. On the determinant of an Hermitian matrix of quaternionic elements. *Bull. Amer. Math. Soc.* **28**, 161–162.

MOROZOV, A. [1991]. Integrable systems and double-loop algebras in string theory. *Mod. Phys. Lett.* **A06** (16), 1525–1531.

NAKAMURA, T. AND S. HAMAMOTO [1996]. Higher derivatives and canonical formalisms. *Progr. Theor. Phys.* **95** (3), 469–484.

NASHED, M. Z. [1976]. *Generalized Inverses and Applications.* New York: Academic Press.

NICHOLS, W. D. AND E. J. TAFT [1982]. *The Left Antipodes of a Left Hopf Algebra.* Contemp. Math. 13. Providence: Amer. Math . Soc.

NICHOLSON, V. A. [1975]. Matrices with permanent equal to one. *Linear Algebra and Appl.* **12**, 185–188.

NIKSHYCH, D. AND L. VAINERMAN [2000]. Finite quantum groupoids and their applications, *preprint* Univ. California, Los Angeles, 44 p., math.QA/0006057.

NINNEMANN, H. [1992]. Deformations of super Riemann surfaces. *Commun. Math. Phys.* **150** (2), 267–288.

ODESSKII, A. [2002]. Set-theoretical solutions to the Yang-Baxter relation from factorization of matrix polynomials and θ-functions, *preprint* Max-Planck-Institut fьr Mathematik, Bonn, 9 p., math.QA/0205051.

OKNIŃSKI, J. [1998]. *Semigroups of Matrices.* Singapore: World Sci.

OKNIŃSKI, J. AND M. S. PUTCHA [1991]. Complex representation of matrix semigroup. *Trans. Amer. Math. Soc.* **323**, 563–581.

PASQUIER, V. AND H. SALEUR [1990]. Common structures between finite systems and conformal field theories through quantum groups. *Nuclear Phys. B* **330**, 523–556.

PAULOS, M. F. AND A. J. TOLLEY [2012]. Massive gravity theories and limits of ghost-free bigravity models. *J. High Energy Phys.* **2012** (9), 2–18.

PENROSE, R. [1955]. A generalized inverse for matrices. *Math. Proc. Cambridge Phil. Soc.* **51**, 406–413.

PETRICH, M. [1984]. *Inverse Semigroups.* New York: Wiley.

PIERCE, R. S. [1982]. *Associative algebras.* New York: Springer-Verlag.

PONS, J. M. [2005]. On Dirac's incomplete analysis of gauge transformations. *Stud. Hist. Philos. Mod. Phys.* **36**, 491–518.

PUTCHA, M. S. [1983]. Matrix semigroups. *Proc. Amer. Math. Soc.* **88**, 386–390.

RABIN, J. M. [1985]. Manifold and supermanifold: Global aspects of supermanifold theory. In: P. G. BERGMANN AND V. DE SABBATA (Eds.), *Topological Properties and Global Structure of Space and Time*, New York: Plenum Press, pp. 169–176.

RABIN, J. M. [1987]. Supermanifolds and super Riemann surfaces. In: H. C. LEE, V. ELIAS, G. KUNSTATTER, ET AL. (Eds.), *Super Field Theories*, New York: Plenum Press, pp. 557–569.

RABIN, J. M. [1991]. Status of the algebraic approach to super Riemann surfaces. In: L.-L. CHAU AND W. NAHM (Eds.), *Physics and Geometry*, New York: Plenum Press, pp. 653–668.

RABIN, J. M. [1995]. Super elliptic curves. *J. Geom. Phys.* **15**, 252–280.

RABIN J. M. [1986]. Berezin integration on general fermionic supermanifolds. *Commun. Math. Phys.* **103**, 431–445.

RABSON, G. [1969]. *The Generalized Inverses in Set Theory and Matrix Theory*. Providence: Amer. Math. Soc.

RADFORD, D. [1971]. A free rank 4 Hopf algebra with antipode of order 4. *Proc. Amer. Math. Soc.* **30** (1), 55–58.

RAO, C. R. AND S. K. MITRA [1971]. *Generalized Inverse of Matrices and its Application*. New York: Wiley.

REGGE, T. AND C. TEITELBOIM [1976]. *Constrained Hamiltonian Systems*. Rome: Academia Nazionale dei Lincei.

REUTENAUER, C. [1996]. Inversion height in free fields. *Selecta Math.* **2** (1), 93–109.

RITTENBERG, V. AND M. SCHEUNERT [1978]. Elementary constructions of graded Lie groups. *J. Math. Phys.* **19**, 709–713.

ROGERS, A. [1980]. A global theory of supermanifolds. *J. Math. Phys.* **21** (5), 1352–1365.

ROGERS, A. [1981]. Some examples of compact supermanifolds with non-Abelian fundamental group. *J. Math. Phys.* **22** (3), 443–444.

ROGERS, A. [1986]. Graded manifolds, supermanifolds and infinite--dimensional Grassmann algebras. *Commun. Math. Phys.* **105**, 374–384.

ROSLY, A. A., A. S. SCHWARZ, AND A. A. VORONOV [1988]. Geometry of superconformal manifolds. *Commun. Math. Phys.* **119** (1), 129–152.

ROTHSTEIN, M. [1985]. Deformations of complex supermanifolds. *Proc. Amer. Math. Soc.* **95** (2), 255–260.

RUBAKOV, V. A. AND P. G. TINYAKOV [2008]. Infrared-modified gravities and massive gravitons. *Phys.-Usp.* **51**, 759–792.

SCHEDLER, T. [1999]. Construction and properties of set-theoretical solutions of the quantum Yang-Baxter equation, *preprint* Harward Univ., Cambridge, 20 p.

SCHIRMACHER, A., J. WESS, AND B. ZUMINO [1991]. The two parameter deformation of $GL(2)$ its differential calculus, and Lie algebra. *Z. Phys.* **49**, 317–321.

SCHOTTENLOHER, M. [1997]. A mathematical introduction to conformal field theory. *Lect. Notes Phys.* **M43**, 1–142.

SCHOUTENS, K. [1988]. $O(N)$-extended superconformal field theory in superspace. *Nucl. Phys.* **B295** (4), 634–652.

SCHRÖDINGER, E. [1985]. *Space-Time Structure.* Cambridge: Cambridge University Press.

SCHWARZ, J. H. AND N. SEIBERG [1998]. String theory, supersymmetry, unification, and all that, *preprint* Inst. Adv. Study, Princeton, 22 p.; IASSNS-HEP-98/27, hep-th/9803179.

SEIBERG, N. [1998]. The Superworld, *preprint* Inst. Adv. Study, Princeton, 15 p., hep-th/9802144.

SEIBERG, N. AND E. WITTEN [1999]. String theory and noncommutative geometry. *J. High Energy Phys.* **9909**, 032.

SEMENOFF, G. W. AND R. J. SZABO [1997]. Fermionic matrix models. *Int. J. Mod. Phys.* **A12**, 2135–2292.

SHNIDER, S. AND S. STERNBERG [1993]. *Quantum Groups.* Boston: International Press.

SHOR, P. W. [1994]. Algorithms for quantum computation: Discrete logarithms and factoring. In: *Proceeding of the 35th Annual Symposium on Foundations of Computer Science*, Los Alarnitos: IEEE Computer Society Press, pp. 124–134.

SIEGEL, C. [1971]. *Topics in Complex Function Theory.* New York: Wiley.

SKLYANIN, E. K. AND L. D. FADDEEV [1978]. Quantum mechanical approach to completely integrable field theory models. *Dokl. Akad. Nauk SSSR* **243**, 1430–1433.

SKLYANIN, E. K., L. A. TAKHTADZHYAN, AND L. D. FADDEEV [1979]. Qantum inverse problem method. I. *Teoret. Mat. Fiz.* **40** (2), 194–220.

SOLOVIEV, A. [2002]. Non-unitary set-theoretical solutions to the quantum Yang-Baxter equation. *Math. Res. Lett.* **7**, 577–596.

STUDY, E. [1920]. Zur theorie der lineare gleichungen. *Acta Math.* **42**, 1–61.

SUNDERMEYER, K. [1982]. *Constrained Dynamics.* Berlin: Springer-Verlag.

SWEEDLER, M. E. [1969]. *Hopf Algebras.* New York: Benjamin.

TAFT, E. J. [1971]. The order of the antipode of fnite-dimensional Hopf algebra. **68** (511), 2631–2633.

TAKHTADZHYAN, L. A. AND L. D. FADDEEV [1979]. The quantum method of the inverse problem and the heisenberg XYZ-model. *Uspekhi Mat. Nauk* **34** (5), 13–63.

TATA, X. [1997]. What is supersymmetry and how do we find it?, *preprint* Univ. Hawaii, Honolulu, 89 p., hep-ph/9706307.

TIAN, Y. [1998]. The Moore-Penrose inverses of $m \times n$ block matrices and their applications. *Linear Algebra Appl.* **283** (1), 35–60.

TIAN, Y. [2001]. How to characterize the Moore-Penrose inverses of a matrix. *Kyungpook Math. J.* **41** (1), 1–15.

TULCZYJEW, W. M. [1977]. The Legendre transformation. *Ann. Inst. Henri Poincaré* **A27** (1), 101–114.

247

TULCZYJEW, W. M. AND P. URBAŃSKI [1999]. A slow and careful Legendre transformation for singular Lagrangians. *Acta Phys. Pol.* **B30** (10), 2909–2977.

TURAEV, V. G. [1994]. *Quantum Invariants of Knots and 3-Manifolds*. Berlin, New York: Walter de Gruyter.

TURING, A. [1937]. On computable numbers with an application to the Entscheidungsproblem. *Proc. London Math. Society* **42**, 230–265.

URRUTIA, L. F. AND N. MORALES [1994]. The Cayley-Hamilton theorem for supermatrices. *J. Phys.* **A27** (6), 1981–1997.

VAINSHTEIN, A. I. [1972]. To the problem of nonvanishing gravitation mass. *Phys. Lett.* **B39**, 393–394.

VAN NIEUWENHUIZEN, P. AND P. WEST [1989]. *Principles of Supersymmetry and Supergravity*. Cambridge: Cambridge Univ. Press.

VAN DAM, H. AND M. J. G. VELTMAN [1970]. Massive and massless Yang-Mills and gravitational fields. *Nucl. Phys.* **B22**, 397–411.

VESELOV, A. P. [2002]. Yang-Baxter maps and integrable dynamics, *preprint* Loughborough Univ., Loughborough, 15 p., math.QA/0205335.

VINOGRADOV, A. P. [2002]. On the form of constitutive equations in electrodynamics. *Physics-Uspekhi* **45** (3), 331–338.

VON NEUMANN, J. [1936]. On regular rings. *Proc. Nat. Acad. Sci. USA* **22**, 707–713.

WALD, R. M. [1984]. *General Relativity*. Chicago: University of Chicago Press.

WEINBERG, S. [1972]. *Gravitation and cosmology: principles and applications of the general theory of relativity*. New York: Wiley.

WEINBERG, S. [1995–2000]. *The Quantum Theory of Fields. Vols. 1,2,3.* Cambridge: Cambridge University Press.

WEINSTEIN, A. AND P. XU [1992]. Classical solutions of the quantum Yang-Baxter equation. *Commun. Math. Phys.* **148**, 309–343.

WERNER, R. F. [1989]. Quantum states with Einstein-Podolsky-Rosen correlations admitting a hidden-variable model. *Phys. Rev.* **A40**, 4277–4286.

WESS, J. AND J. BAGGER [1983]. *Supersymmetry and Supergravity*. Princeton: Princeton Univ. Press.

WESS, J. AND B. ZUMINO [1990]. Covariant differential calculus on the quantum hyperplane. *Nucl. Phys. (Proc. Suppl.)* **B18**, 302–312.

WILLIAMS, C. P. AND S. H. CLEARWATER [1998]. *Explorations in Quantum Computing*. New York-Berlin-Heidelberg: Springer-Verlag.

WITTEN, E. [1981]. Dynamical breaking of supersymmetry. *Nucl. Phys.* **B188**, 513–537.

WITTEN, E. [1988]. Topological quantum field theory. *Commun. Math. Phys.* **117**, 353.

WITTEN, E. [1990]. On the structure of the topological phase of two-dimensional gravity. *Nucl. Phys.* **B340**, 281–332.

WITTEN, E. [1991]. Two-dimensional gravity and intersection theory on moduli space. *Surveys Diff. Geom.* **1**, 243–310.

WORONOWICZ, S. L. [1980]. Pseudospaces, pseudogroups, and Pontryagin duality. In: K. OSTERWALDER (Ed.), *Proceedings of the International Conference on mathematics and Physics, Lausanne 1979*, Volume 116 of *Lecture Notes in Phys.*, pp. 407–412. Berlin: Springer.

WORONOWICZ, S. L. [1987]. Compact matrix pseudogroups. *Comm. Math. Phys.* **111** (4), 613–665.

WORONOWICZ, S. L. [1989]. Differential calculus on compact matrix pseudogroups (quantum groups). *Commun. Math. Phys.* **122**, 125–170.

WORONOWICZ, S. L. [1991]. A remark on compact matrix quantum groups. *Lett. Math. Phys.* **21**, 35–39.

WU, L.-A. AND D. A. LIDAR [2002]. Qubits as parafermions. *J. Math. Phys.* **43** (9), 4506–4525.

YANG, C. N. [1967]. Some exact results for the many-body problem in one dimension with repulse delta-function interaction. *Phys. Rev. Lett.* **19**, 1312–1315.

ZAKHAROV, V. I. [1970]. Linearized gravitation theory and the graviton mass. *JETP Lett.* **12**, 312–315.

ZHANG, R. B. [1991]. Graded representations of the Temperley-Lieb algebra, quantum supergroups, and the Jones polynomial. *J. Math. Phys.* **32** (10), 2605–2613.

ZHANG, R. B. AND M. D. GOULD [1991]. Universal R-matrices and invariants of quantum supergroups. *J. Math. Phys.* **32** (12), 3261–3267.

ZHANG, Y., L. H. KAUFFMAN, AND M.-L. GE [2005]. Yang-Baxterization, Universal quantum gate, and Hamiltonians, *preprint* Univ. Illinois, Chicago, 36 p., quant-ph/0502015.

АЛЬФОРС, Л. [1986]. *Преобразования Мёбиуса в многомерном пространстве*. М.: Мир.

АПАНАСОВ, Б. Н. [1991]. *Геометрия дискретных групп и многообразий*. М.: Наука.

БАРАНОВ, М. А., И. В. ФРОЛОВ, AND А. С. ШВАРЦ [1987]. Геометрия двумерных суперконформных теорий поля. *Теор. мат. физ.* **70** (1), 92–103.

БЕРДОН, А. [1986]. *Геометрия дискретных групп*. М.: Наука.

БЕРЕЗИН, Ф. А. [1979]. Математические основы суперсимметричных теорий поля. *Ядерная физика* **29** (6), 1670–1687.

БЕРЕЗИН, Ф. А. [1983]. *Введение в алгебру и анализ с антикоммутирующими переменными*. М.: Изд-во МГУ.

БЕРЕЗИН, Ф. А. AND Г. И. КАЦ [1970]. Группы Ли с коммутирующими и антикоммутирующими параметрами. *Мат. сборник* **82** (3), 343–359.

БЕРЕЗИН, Ф. А. AND Д. А. ЛЕЙТЕС [1975]. Супермногообразия. *ДАН ССCP* **224** (3), 505–508.

БОГДАНОВ, Ю. И., Л. А. КРИВИЦКИЙ, AND С. П. КУЛИК [2003]. Статистическое восстановление квантовых состояний оптических трехуровневых систем. *Письма в ЖЭТФ* **78** (6), 804–806.

БОТВИННИК, Б. И., В. М. БУХШТАБЕР, С. П. НОВИКОВ, AND С. А. ЮЗВИНСКИЙ [2000]. Алгебраические Аспекты теории Умножений В Комплексных Кобордизмах. *Успехи мат. наук* **55** (1), 5–24.

БУХШТАБЕР, В. М. [1998]. Преобразования Янга-Бакстера. *Успехи мат. наук* **53** (6), 1343–1379.

ВАЙНТРОБ, А. Ю. [1986]. Деформации комплексных суперпространств и когерентных пучков на них. In: *Современные проблемы математики. Итоги науки и техники*, Volume 9, М.: ВИНИТИ, pp. 125–211.

ВЕЙЛЬ, Г. [1947]. *Классические группы, их инварианты и представления.* М.: ИЛ.

ВЕСС, Ю. AND Д. БЕГГЕР [1986]. *Суперсимметрия и супергравитация.* М.: Мир.

ВЛАДИМИРОВ, В. С. AND И. В. ВОЛОВИЧ [1984]. Суперанализ. **I.** Дифференциальное исчисление. *Теор. мат. физ.* **59** (1), 3–27.

ВОЛКОВ, Д. В. [1987]. Тенденции в развитии суперсимметричных теорий. *Укр. физ. журнал* **32** (7), 1782–1801.

ВОЛКОВ, Д. В. AND В. П. АКУЛОВ [1972]. Об универсальном взаимодействии нейтрино. *Письма в ЖЭТФ* **16** (11), 621–624.

ВОРОНОВ, А. А., Ю. И. МАНИН, AND И. Б. ПЕНКОВ [1986]. Элементы супергеометрии. In: *Современные проблемы математики. Итоги науки и техники*, Volume 9, М.: ВИНИТИ, pp. 3–25.

ГАНТМАХЕР, Ф. Р. [1988]. *Теория матриц.* М.: Наука.

ГЕЛЬФАНД, И. М. AND В. С. РЕТАХ [1991]. Детерминанты матриц над антикоммутативными кольцами. *Функц. анализ и его прил.* **25** (2), 91–102.

ГЕЛЬФАНД, И. М. AND В. С. РЕТАХ [1993]. Теория некоммутативных детерминантов и характеристических функций графов. *Функц. анализ и его прил.* **26** (4), 231–246.

ГОЛЬФАНД, Ю. А. AND Е. П. ЛИХТМАН [1971]. Расширение генераторов группы Пуанкаре и нарушение P-инвариантности. *Письма в ЖЭТФ* **13** (8), 452–455.

ГРИН, М., Д. ШВАРЦ, AND Э. ВИТТЕН [1990]. *Теория суперструн. Введение.*, Volume 1. М.: Мир.

ДЕМИДОВ, Е. Е. [1998]. *Квантовые группы.* М.: Факториал.

ДОЙЧ, Д. [1999]. Квантовая теория, принцип Черча-Тьюринга и универсальный квантовый компьютер. *Квантовый компьютер и квантовые вычисления* **2**, 157.

ДУБРОВИН, Б. А., С. П. НОВИКОВ, AND А. Т. ФОМЕНКО [1986]. *Современная геометрия*. М.: Наука.

ДУПЛИЙ, С. А. [1991]. О типах $N = 2$ суперконформных преобразований. *Теор. мат. физ.* **86** (1), 138–143.

ДУПЛИЙ, С. А. [1996]. Идеальное строение суперконформных полугрупп. *Теор. мат. физ.* **106** (3), 355–374.

ДУПЛИЙ, С. А. [1999a]. Необратимость и дополнительные симметрии на гиперболической суперплоскости. *Вестник ХНУ, сер. "Ядра, частицы, поля"* **463** (4(8)), 3–6.

ДУПЛИЙ, С. А. [1999b]. Суперконформно-подобные сплетающие четность морфизмы, деформации и нечетные коциклы. *Вестник ХНУ, сер. "Ядра, частицы, поля"* **453** (3(7)), 3–8.

ДУПЛИЙ, С. А. [2000]. *Полусупермногообразия и полугруппы*. Харьков: Крок.

ДУПЛИЙ, С. А. [2013]. Частичный гамильтонов формализм, многовременная динамика и сингулярные теории. *Вестник ХНУ, сер. "Ядра, частицы, поля"* **1059** (3(59)), 10–21.

ДУПЛИЙ, С. А., Д. А. ГОЛДИН, AND В. М. ШТЕЛЕНЬ [2007]. Нелинейная классическая суперсимметричная электродинамика. *Вестник ХНУ, сер. "Ядра, частицы, поля"* **781** (3(35)), 53–62.

ДУПЛИЙ, С. А., В. В. КАЛАШНИКОВ, AND Е. А. МАСЛОВ [2005]. Квантовая информация, кубиты и квантовые алгоритмы. *Вестник ХНУ, сер. "Ядра, частицы, поля"* **657** (1(26)), 103–108.

ДУПЛИЙ, С. А. AND О. И. КОТУЛЬСКАЯ [2002]. Суперматричные структуры и обобщенные обратные. *Вестник ХНУ, сер. "Ядра, частицы, поля"* **548** (1(17)), 3–14.

ДУПЛИЙ, С. А. AND А. С. САДОВНИКОВ [2002]. Регулярные суперматричные решения квантового уравнения Янга-Бакстера. *Вестник ХНУ, сер. "Ядра, частицы, поля"* **642** (3(25)), 111–116.

ДУПЛИЙ, С. А. AND А. С. САДОВНИКОВ [2004]. Структура квантовой линейной полугруппы с регулярным параметром квантования. *Вестник ХНУ, сер. "Ядра, частицы, поля"* **569** (3(19)), 15–22.

ДУПЛИЙ, С. А. AND С. Д. СИНЕЛЬЩИКОВ [2009]. Квантовые универсальные обертывающие алгебры с идемпотентами и разложения Пирса. *Вестник ХНУ, сер. "Ядра, частицы, поля"* **845** (1(41)), 3–15.

ДУПЛИЙ, С. А. AND М. В. ЧУРСИН [2000]. О строении гладких полусупермногообразий. *Вестник ХНУ, сер. "Ядра, частицы, поля"* **481** (2(10)), 22–26.

ДЬЕДОННЕ, Ж. [1974]. *Геометрия классических групп*. М.: Мир.

КАЦ, Г. И. AND А. И. КОРОНКЕВИЧ [1971]. Теорема Фробениуса для функций от коммутирующих и антикоммутирующих аргументов. *Функц. анализ и его прил.* **5** (1), 78–80.

КИРИЛЛОВ, А. А. [1978]. *Элементы теории представлений*. М.: Наука.

КИТАЕВ, А., А. ШЕНЬ, AND М. ВЯЛЫЙ [1999]. *Классические и квантовые вычисления*. М.: МЦНМО.

КЛИФФОРД, А. AND Г. ПРЕСТОН [1972]. *Алгебраическая теория полугрупп*, Volume 1. М.: Мир.

КНИЖНИК, В. Г. [1986]. Суперконформные алгебры в двух измерениях. *Теор. мат. физ.* **66** (1), 68–72.

КОНЦЕВИЧ, М. Л. [1991]. Теория пересечений на пространстве модулей кривых. *Функц. анализ и его прил.* **25** (2), 50–57.

ЛЕЙТЕС, Д. А. [1974]. Спектры градуированно коммутативных колец. *Успехи мат. наук* **29** (3), 209–210.

ЛЕЙТЕС, Д. А. [1975]. Определенный аналог детерминанта. *Успехи мат. наук* **30** (3), 156.

ЛЕЙТЕС, Д. А. [1980]. Введение в теорию супермногообразий. *Успехи мат. наук* **35** (1), 3–57.

ЛЕЙТЕС, Д. А. [1983]. *Теория супермногообразий*. Петрозаводск: Карельский филиал АН СССР.

ЛЕЛОН-ФЕРРАН, Ж. [1989]. *Основания геометрии*. М.: Мир.

МАНИН, Ю. И. [1984]. *Калибровочные поля и комплексная геометрия*. М.: Наука.

МИНК, Х. [1982]. *Перманенты*. М.: Мир.

НАТАНЗОН, С. М. [1989]. Пространства модулей супперимановых поверхностей. *Мат. заметки* **45** (4), 111–116.

ПАХОМОВ, В. Ф. [1974]. Автоморфизмы тензорного произведения Абелевой И Грассмановой Алгебр. *Мат. заметки* **16** (1), 65–74.

ПОСТНИКОВ, М. М. [1987]. *Гладкие многообразия*. М.: Наука.

ПОСТНИКОВ, М. М. [1988]. *Дифференциальная геометрия*. М.: Наука.

ПЯТЕЦКИЙ-ШАПИРО, И. И. [1961]. *Геометрия классических областей и теория автоморфных функций*. М.: Физматгиз.

СТИН, Э. [2000]. *Квантовые вычисления*. Ижевск: НИЦ Регулярная и хаотическая динамика.

СТИНРОД, Н. [1953]. *Топология косых произведений*. М.: Мир.

УЭСТ, П. [1989]. *Введение в суперсимметрию и супергравитацию*. М.: Мир.

ХЕЛГАСОН, С. [1987]. *Группы и геометрический анализ*. М.: Мир.

ХОЛЕВО, А. С. [2002]. *Введение в квантовую теорию информации*. М.: МЦНМО.

ХОРОВИЦ, П. AND У. ХИЛЛ [1986]. *Искусство схемотехники*, Volume 1. М.: Мир.

ХРЕННИКОВ, А. Ю. [1997]. *Суперанализ*. М.: Наука.

ХЭМФРИ, Д. [1980]. *Линейные алгебраические группы*. М.: Наука.

ЦИШАНГ, Х., Э. ФОГТ, AND Х. Д. КОЛДЕВАЙ [1988]. *Поверхности и разрывные группы*. М.: Наука.

ЦЫМБАЛ, В. П. [1992]. *Теория информации и кодирование*. К.: Высшая школа.

ШОР, П. В. [1999]. Полиномиальные по времени алгоритмы разложения числа на простые множители и нахождения дискретного логарифма для квантового компьютера. *Квантовый компьютер и квантовые вычисления* **2**, 200.

www.ingramcontent.com/pod-product-compliance
Lightning Source LLC
Chambersburg PA
CBHW070705190326
41458CB00004B/851